U0803185

中国环境监理发展

高 宇 等/著

中国环境出版集团·北京

图书在版编目（CIP）数据

中国环境监理发展/高宇等著. —北京：中国环境出版集团，2023.3

ISBN 978-7-5111-5431-6

Ⅰ. ①中… Ⅱ. ①高… Ⅲ. ①环境监理—研究—中国 Ⅳ. ①X328

中国国家版本馆 CIP 数据核字（2023）第 026512 号

出 版 人 武德凯
责任编辑 谭嫣辞 孔 锦
封面设计 岳 帅

出版发行 中国环境出版集团
（100062 北京市东城区广渠门内大街 16 号）
网 址：http://www.cesp.com.cn
电子邮箱：bjgl@cesp.com.cn
联系电话：010-67112765（编辑管理部）
发行热线：010-67125803，010-67113405（传真）
印　　刷 玖龙（天津）印刷有限公司
经　　销 各地新华书店
版　　次 2023 年 3 月第 1 版
印　　次 2023 年 3 月第 1 次印刷
开　　本 787×1092 1/16
印　　张 14
字　　数 300 千字
定　　价 79.00 元

著作委员会

主　　任　牟维勇

主　　笔　高　宇

副 主 笔　袁　宇　梁吉艳　梁吉哲　李　峰　宋有涛　张国徽

著者名单　迟新东　何　云　刘　华　李　峰　李红玲　李楠楠

　　　　　李新鑫　梁吉哲　曲建伟　孙云鹏　王芷健　吴　阳

前 言

随着社会主义现代化步伐的日益加快，我国对环境保护的重视程度也在不断提高。尤其是改革开放以来，随着经济的高速发展，工程类项目也在不断增加，但在建设的同时还带来了不容忽视的环境问题，如项目施工期出现的大气环境、水环境、声环境污染及固体废物污染等。20 世纪 80 年代，我国就已建立环境影响评价制度以及“三同时”制度，用来保障建设项目在施工的同时减少对周围生态环境的影响。这两种制度虽然对建设项目施工产生的污染进行了规范和控制，但是对于有关部门批复环境影响报告后与竣工验收前期间所产生的环境问题，并没有有效的监督管理手段，而环境监理正好与此相衔接，我国就将发展环境监理提到了环境保护事业的日程中。自我国接触环境监理制度以来，主要是由各省（区、市）自主探索，经过多年来的推进，我国环境监理行业也迎来了新的发展。

本书将环境监理的发展史分为 4 个阶段。第一阶段为孕育阶段。1995 年以前我国已接触过环境监理的概念，但只是作为萌芽期，1995 年后我国开展环境监理工作，黄河小浪底工程为我国环境监理的首次尝试。第二阶段为试点阶段。2002 年，国家环境保护总局等六部门联合发布《关于在重点建设项目中开展工程环境监理试点的通知》（环发〔2002〕141 号），要求对拟建的涉及面广、规模大、区域环境敏感且多样化、具有鲜明代表性的 13 个重点建设项目进行环境监理试点工作，在国内外引起了广泛关注。第三阶段为展开阶段。2004 年前后，部分省份就已经开始对环境监理进行探索；2010 年，国家开始进行了部分省份试点，第一批建设项目环境监理试点省份为辽宁省和江苏省；2012 年，国家批复了第二批建设项目环境监理试点省份名单，其中包括河北省、山西省、内蒙古自治区、浙江省、安徽省、河南省、湖南省、陕西省、青海省、四川省、重庆市。第四阶段为转折阶段。2016 年至今，环境保护部将试点通知废止，试点工作已经全部结束，开始进行全面推广。

本书共分为 8 章及附录，高宇、王芷健撰写第 1、3、4、7 章；孙云鹏、朱子杰撰写第 2 章；李新鑫、高宇撰写第 5 章；迟新东、高宇撰写第 6 章；梁吉哲、何云、曲建伟撰写第 8 章 8.1 节，李峰、刘华、李楠楠撰写第 8 章 8.2、8.3 节；王芷健、高宇、吴阳撰写附录。

由于著者水平有限，书中难免存在疏漏与不妥之处，恳请广大读者批评指正。

著　者

2022 年 12 月

目　录

第1章　绪　论

1.1　环境监理的背景

1.1.1　环境监理产生的背景

自 1978 年我国开始实行改革开放以来，随着我国对内改革工作的深入，在基础设施建设方面有了重大的发展，如交通建设、水利项目等重大工程在不断增建，但这些项目建造时所带来的环境影响也是不容忽视的。虽然我国当时已有了相应的环境保护制度，但对于突然增加的建设项目，我国当时并没有建立完善的确定建设项目在建设时和运营时对环境是否造成危害的制度。为此，我国开始了一系列建设项目环境保护制度方面的改革。20 世纪 70 年代末，我国引入了环境影响评价的概念，1973 年 8 月，第一次全国环境保护会议制定的《关于保护和改善环境的若干规定（试行草案）》中首次提出了“三同时”（同时设计、同时施工、同时投产）制度；1979 年 9 月 13 日发布的《中华人民共和国环境保护法（试行）》中对环境影响评价制度化、法律化，同时又对“三同时”制度做了进一步规定；1981 年 5 月，国家计划委员会、国家基本建设委员会、国家经济委员会、国务院环境保护领导小组颁发了《基本建设项目环境保护管理办法》，将环境影响评价制度与“三同时”制度相结合的同时纳入建设项目的环境管理。虽然环境影响评价制度和“三同时”制度确保了建设项目在建设前期的环境保护措施，但在建设期间并没有人员监督环境保护工作是否合格、所产生的环境影响是否在允许的范围内。特别是一些大型建设项目（如水利、交通、电力、化工、矿产资源开发等），这些建设项目建设周期长、占地面积大，主体工程配套的环保工程投资巨大，在施工阶段对当地生态环境的影响较大。如果处理不当，易造成当地环境污染、景观环境破坏、生态环境功能恶化等问题。为了有效减少建设项目带来的环境污染，我国开始尝试环境监理制度。

1.1.2　环境监理的定义

建设项目环境监理是指建设项目环境监理单位受建设单位委托，根据有关环境保护法律法规、建设项目环境影响评价及其批复文件、环境监理合同等，对建设项目实施专业化的环境保护咨询和技术服务，协助和指导建设单位全面落实建设项目各项环境保护措施。

环境监理作为一种第三方的咨询服务活动，具有服务性、科学性、公正性、独立性的特点。环境监理借助其在环保专业及环境管理等业务领域的技术优势，引导和帮助建设单位有效落实环评文件和设计文件提出的各项要求，在建设单位授权范围内，协助建设单位强化对承包商的指导和监督，有效落实建设项目“三同时”制度。广域的环境监理还包括建设项目前期设计阶段、后期生态环境设施试运行和运行阶段的全方位第三方生态环境咨询服务活动。

1.2 环境监理的实践

1.2.1 试点工程

20 世纪 90 年代，随着我国改革开放的进程加快，利用外资的建设项目逐渐增多。在这一时期，世界银行、亚洲开发银行等国际金融组织的贷款项目以及不少外商外资合资项目，都把实现工程环境监理作为基本条件之一。我国于 1995 年在利用世界银行贷款建设的黄河小浪底水利枢纽工程开创了我国工程环境监理工作的先例，1997 年在世界银行贷款的万家寨引黄工程中进行了环境监理工作的探索。之后，在内资项目长江重要堤防隐蔽工程中首次开展工程环境监理工作。大型项目工程环境监理工作的实施为水利工程施工期间的环境监理工作提供了理论与实践基础。

为贯彻《建设项目环境保护管理条例》，落实国务院第五次全国环境保护会议的精神，《2002 年全国环境保护工作要点》中明确提出：做好能源、交通、水利、城市基础设施及各类资源开发项目的环境监管，加强国家重大工程建设以及涉及自然保护区项目的“三同时”监督，开展工程环境监理试点。加强建设项目设计和施工阶段的环境管理，控制施工阶段的环境污染和生态破坏。

2002 年 3 月，国家环境保护总局在北京组织召开了关于在生态影响类项目中开展施工期环境监理试点工作的研讨会；同年 5 月，在北京举行了建设项目工程环境监理试点和行政监察工作会议。

2002 年 10 月 13 日，国家环境保护总局等六部门联合发布《关于在重点建设项目中开展工程环境监理试点的通知》（环发〔2002〕141 号），建议在建设阶段逐步实施建设阶段环境监理体系，13 个对环境影响较大的国家核心建设项目确定进行环境监理，其中水利建设项目 6 项，包括云南澜沧江小湾水电站工程、黄河公伯峡水电站工程、重庆芙蓉江江口水电站工程、四川岷江紫坪铺水利枢纽工程、广西右江百色水利枢纽工程、尼尔基水利枢纽工程；道路交通建设项目 5 项，包括青藏铁路格尔木至拉萨段，渝怀铁路，上海至瑞丽国道主干线（贵州境）清镇至镇宁段高速公路，上海至瑞丽国道主干线湖南省邵阳至怀化、怀化至新晃高速公路，青岛至银川国道主干线银川至古窑子高速公路。港口码头建设项目 1 项，为上海国际航运中心洋山深水港区一期工程；供气管线建设项目 1 项，为西气东输管道工程。上述工程表明我国环境管理体制逐渐完善，国家逐步从原来的行政管理体制向全过程管理体制转变。

2004 年，国务院通过了《建设项目环境保护管理条例》（修订草案征求意见稿），新增了第十九条“在施工周期长、生态环境影响大的水利、水电、交通、铁道、矿业等建设项目的施工期间，建设单位要委托有资质的单位对防治环境污染和生态破坏的对策措施落实情况进行工程环境监理”。2017 年 6 月 21 日，《国务院关于修改〈建设项目环境保护管理条例〉的决定》（国务院令　第 682 号）于国务院第 177 次常务会议通过，并于 2017 年 10 月 1 日起施行。

1.2.2　建立公司

我国早期的环境监理项目（如黄河小浪底工程）委托于国外的环境监理公司，后来经过不断的学习和发展，成立了属于我们自己的环境监理公司。

辽宁省是最早开展建设项目环境监理的省份之一。但在发展之初，情况并不乐观，存在制度不完善、机构不明确、业主不认同等问题。2004 年，中国第一个专业环境监理公司——辽宁省环保集团碧海环境保护有限公司（以下简称辽宁碧海）成立。辽宁碧海是进行建设项目环境监理的专业化监理公司，隶属辽宁碧海环境服务业集团，是目前全国组建最早、规模最大、业绩最突出的建设项目环境监理单位。辽宁碧海自成立以来，自主研发参考教材，建立经营模式。在没有成功案例的情况下，查资料、立课题、开展理论研究，不断完善环境监理管理制度，编写理论教材，取得了显著成效。

辽宁碧海执笔编写了《建设项目环境监理概论》《典型行业建设项目环境监理工作指南》《建设项目环境监理工作案例选编》，共计 80 余万字。这些作品被生态环境部作为全国环境影响评价工作会议材料，被浙江工商大学选定为教材。该公司参与编写的《建设项目环境监理》成为全国培训专用教材。他们还完成了省级科研课题“建设项目环境监理机制研究”，与江苏省环境科学研究院共同编制了《建设项目施工期环境监理技术导则》，并完成了省级课题“石化项目环境监理技术规范研究”的科学技术成果鉴定，为环境监理工作提供了强有力的技术支撑。

辽宁碧海具有建设项目环境监理资质证书、工程监理企业资质证书、环保专项资金项目监理资格证书，拥有国家注册环评工程师、注册监理工程师、一级建造师等一批专业化人才队伍。2013 年，受辽宁大学邀请，辽宁碧海工程师为环境专业学生授课。该公司还为多家高校提供实习平台，推动理论与实践相结合，展示了其雄厚的实力。

辽宁碧海成立了西南分公司、江苏分公司，承担了中石油四川石化炼化一体化项目、中缅油气管道及云南成品油管道工程等大型环境监理项目，公司业务涉及几十个行业200余个项目，遍布10余个省（区、市），其突出业绩吸引了全国20余个省（区、市）的环保工作者考察调研。辽宁碧海在行业内起到了带头作用，为我国后来的环境监理公司做了模范。

1.2.3 试点省份

随着试点工程的逐步开展，部分省份也逐渐开始自主探索。特别是辽宁省对于环境监理的研究一直走在全国的前列。2004—2007年辽宁省经历了4个阶段的探索工作，2009年省环境监理队伍还前往四川省，参与了四川大炼油项目的环境监理工作。辽宁省的不断探索得到了环境保护部的认可。2010年6月，环境保护部印发《关于同意将辽宁省列为建设项目施工期环境监理工作试点省的复函》（环办函〔2010〕630号），辽宁省成为全国第一个建设项目环境监理试点省份。江苏省向辽宁省学习、借鉴发展环境监理的经验，2011年7月，环境保护部发布《关于同意将江苏省列为建设项目环境监理工作试点省份的函》（环办函〔2011〕821号），江苏省成为我国第二个建设项目环境监理试点省份。

2012年，在辽宁省和江苏省省内开展环境监理工作情况较好的条件下，环境保护部继续增加环境监理试点省份，发布《关于进一步推进建设项目环境监理试点工作的通知》（环办〔2012〕5号），同意将河北省、山西省、内蒙古自治区、浙江省、安徽省、河南省、湖南省、陕西省、青海省、四川省、重庆市列为第二批建设项目环境监理试点省份。上述地区应根据当地环境特点、建设项目特征和环境管理实际需要，就建设项目环境监理管理和技术规范体系、环境监理市场化运作方式、环境监理机构准入、环境监理队伍建设、环境监理收费等进行全方位探索。在试点工作期间，各省（区、市）环境保护厅（局）每半年向环境保护部报送工作进展情况。尚未开展建设项目环境监理工作的地区，也应根据环境保护管理新要求，尽快启动建设项目环境监理工作，逐步建立和规范建设项目环境监理管理制度、环境监理队伍和技术规范体系。全国范围内共13个省（区、市）开展环境监理工作，经过4年时间，部分省份已达到全面发展的阶段，并且出台了相应的规定与办法，如《湖南省建设项目环境保护管理办法》《辽宁省建设项目环境监理管理办法》《呼和浩特市环境保护局环境监理管理办法》《江苏省建设项目环境监理从业人员管理与考核办法（暂行）》和《江苏省建设项目环境监理机构管理与考核办法（暂行）》等。

2016年4月，环境保护部发布《关于废止〈关于进一步推进建设项目环境监理试点工作的通知〉的通知》，取消了所有试点省份，这表明我国环境监理工作试验部分已经结束，可以在全国推广，环境监理工作同环境影响评价制度以及“三同时”制度一样正式纳入我国环境保护工作中。

1.3 环境监理的成果

环境监理在我国从无到有经过了无数英才多年的摸索与实践才有了今天的成绩。本书将环境监理发展 20 多年历程得到的成果分为工程成果、教育成果、经济成果、理论成果四个部分进行介绍。

1.3.1 工程成果

环境监理发展初期，我国以国家重点项目（如黄河小浪底工程、青藏铁路工程、四川大炼油工程等）为试点，一方面为国家带来了经济效益和社会效益；另一方面也对我国环境监理的尝试有着重要意义，为我国建设项目环境管理道路的探索提供了宝贵的经验。

1.3.1.1 黄河小浪底工程

黄河小浪底工程是黄河干流上的一座集减淤、防洪、防凌、供水灌溉、发电等功能于一体的大型综合性水利工程，其工程量巨大、建设周期较长且资金耗费巨大。因资金不足，我国向世界银行申请资助，经世界银行批准后，该项目也成为我国最早与国际接轨的大型水电工程。黄河小浪底工程实行的是项目法人责任制、建设招投标制、工程监理制，是按世界银行采购规则和FIDIC条款要求进行国际招投标并严格按照国际合同管理模式进行工程管理的一项国际工程，其中大坝工程、泄洪工程和引水发电系统均为国际标准。大型水利工程对环境的影响在国际金融组织贷款项目评估中被列为 A 类，一直备受世界银行官员的关注。

1995 年 9 月，环境监理工程师进驻工地，在施工区和移民安置区开展环境监理工作，这在我国水利水电工程建设中尚属首次。实践证明，黄河小浪底工程引入的环境监理，是一种先进的环境管理模式，它能与工程建设紧密结合，使环境管理工作融入整个工程实施过程，变被动的环境管理为主动的环境管理，变事后管理为过程管理，有效地预防和减少施工过程中的环境污染和生态破坏。环境监理在黄河小浪底工程中的成功运用，对促进大型基本建设项目施工期环境保护管理工作具有深远的意义。黄河小浪底工程的环境保护实践也得到了世界银行专家的高度评价，被世界著名环保专家鲁德威格博士称赞为“发展中国家建设项目环境管理的典范”。

1.3.1.2 青藏铁路工程

在中国铁路建设史上，青藏铁路是第一个在建设施工期开展工程环境监理试点，并建立了工程环境监理制度的项目。新建的青藏铁路格尔木至拉萨段全长 1 142 km，其中经过海拔 4 000 m 以上地段 960 km、连续多年冻土区 550 km，线路最高点海拔为 5 072 m，是目前世界上海拔最高、线路最长、自然环境条件最为恶劣的高原铁路。

在铁路建设项目环境管理中，科研设计阶段有环境影响评价指导设计，验收阶段有竣工环保验收控制工程环保设施的落实，而施工期的环境管理一直是个薄弱环节。为了控制施工期对生态环境的影响，确保“三同时”制度落实，实现建设高原生态环保型铁路的目标，在铁道部关注下，青藏铁路建设创造性地建立了由青藏铁路建设总指挥部统一组织领导、施工单位具体落实并承担责任、工程监理单位负责施工过程环保工作的日常监理、环保监理单位对施工单位和工程监理单位的环保工作质量实施全面监控的“四位一体”环保管理体系。青藏铁路建设总指挥部建立了由指挥长主管、工程技术部负责环保技术的优化和环保实施方案审查、工程监理部负责环保实施过程的质量监督控制、合同财务部负责合同和资金管理的环保管理组织机构；各施工标段按照总指挥部要求，均建立了由指挥部领导挂帅、环保部门主管、项目施工队专职环保人员具体负责的两级环保管理体系和自上而下的环保目标责任制。在青藏铁路建设中形成了一个纵向统一领导、分级管理，横向分工合作、协调一致、职责分明的管理机制。此次青藏铁路建设开拓性地引入了环境监理机制，首次实现了建设项目前期环境影响评价、施工期环境监理和后期竣工环保验收的全过程环境控制，有效地控制了施工活动对青藏铁路沿线环境的影响。

通过几年来的努力，环境监理制度的实施在青藏铁路建设期的环境保护工作中起到了非常重要的作用。自 2002 年以来，环境监理单位赴现场重点检查 8 300 点次，发出环境监理通知 91 份、备忘录 66 份，对 430 处工点提出整改要求，实现了对施工期全方位、分阶段的环境监督管理。通过环境监理人员的检查、指导和宣传，青藏铁路施工期突出环境保护的做法得到了广泛推广，及时纠正了部分违反环保要求的施工行为。环境监理制度为青藏铁路建设环境保护工作做出了应有的贡献。这一制度得到了铁道部、国家环境保护总局、青藏铁路建设总指挥部的好评。环境监理具有很好的示范作用，相关部门也总结经验准备在其他重点工程中推广，希望这一制度能够进一步完善，为保护环境发挥更大作用。

时任国家环境保护总局环评司司长祝兴祥对此次建设项目环境评价为：青藏铁路工程是我国工程环境监理做得最好的一次，有专门的第三方环境监理人员。青藏铁路作为国家环境保护示范工程，环境监理不仅取得了显著成效，而且应将其建设的环保经验推广至其他建设项目。

1.3.1.3 “西气东输”工程

2000 年 2 月国务院第一次会议批准启动“西气东输”工程，这是仅次于长江三峡工程的又一重大投资项目，是拉开“西部大开发”序幕的标志性建设工程，也是我国 13 个国家重点工程中首次实行工程环境监理的试点之一。

“西气东输”工程采取中外合作的方式监管工程，严格按照国际上通行的招投标程序，选择了来自美国的 Universal 环球咨询服务公司作为外方监理，中油朗威监理有限责任公司作为中方监理，组成“西气东输”管道工程监理总部。环境保护是监理的重要工作内容。据中国石油西气东输管道分公司健康安全环境管理体系（HSE 管理体系）总监姜昌亮博士介绍，尽管“西气东输”工程在生态保护、环境保护和水土保持上难度很大，但从东段的建设实践效果来看，环境监理很有成效，在地貌恢复、搭架施工方面，包括整个恢复措施的采取都非常不错。这种管理模式对工业污染型的建设项目有效，但对于交通、水利水电、石油开发及管线建设等工程效果较差。因为这类工程对生态环境的影响开始于勘探、选线阶段，重点发生于施工建设期，等到工程竣工验收时，生态破坏早已发生，尤其是对自然保护区、生态功能保护区、湿地、珍稀动植物及其栖息地、自然景观的环境破坏已不可逆转。

时任国家环境保护总局环评司司长祝兴祥对此评价：对生态环境影响较大的建设项目实施工程环境监理，可以使环境管理工作融入整个工程项目建设，变事后管理为全程管理，是我国环境管理水平的一次飞跃。

1.3.1.4 四川大炼油工程

中国石油四川石化炼化一体化项目建设地点为四川省彭州市隆丰镇，厂址位于成都市、彭州市规划的四川石化基地内。区域内地势平坦开阔，属湔江冲洪积扇中部的老马牧河谷河床，由松散沉积物组成，地表为复垦的低产河滩地和荒地。

鉴于中国石油四川石化炼化一体化项目所在地的地理位置特殊，周边环境较为敏感，为了最大限度地降低项目建设过程对周边生态环境的影响和做好建设期环境保护措施“三同时”制度的管理和协调工作，中国石油四川石化有限责任公司特别委托了辽宁碧海作为整个项目建设期的环境监理单位，承担该项目建设全过程的环境监理工作。辽宁碧海于 2009 年 7 月正式成立了四川石化项目环境监理部进驻项目施工现场并开展环境监理工作。

为较好地完成环境监理工作任务，辽宁碧海依靠多年炼化项目环境管理经验，并结合中国石油四川石化炼化一体化项目先进的一体化项目管理团队+项目管理咨询+设计采购施工点承包（IPMT+EPC）建设管理模式，采取了设立环境监理部驻地专业化管理，环境监理专业管理团队融入四川石化项目业主及总承包商的 HSE 管理体系的管理方法，通过环境监理与参建单位之间管理模式的相互融合，使得环境监理在建设过程中能够充分发挥应有的作用。环境监理人员以业主的专业化管理团队身份加入参建队伍，开展各项环境保护工作，既让环境监理真正做到了全面了解施工过程中全部环境保护措施的关键节点，又明确了环境监理在管理团队中的监督地位，为环境监理的监理和监督的双重职能找到了一个合适的节点。

1.3.2 教育成果

随着环境监理的不断开展与深入，教育行业也开始引进环境监理，相关教材也相继出版，各高校、职业技术院校等也开始设立环境监理相关专业课程。环境监理进入校园，一方面为环境监理行业带来了大量人才；另一方面也为环境监理行业发展注入了新鲜血液，为环境监理事业发展添砖加瓦。

1.3.2.1 教材出版

各单位自主开展了环境监理教材的编写，供环境监理行业作为参考资料与学校教材使用，如方婧等编写的《环境监理》被浙江省选定为普通高校“十三五”新形态教材；广东省建设项目环境监理培训教材《建设项目环境监理技术与实践》系统地阐述了环境监理的基本概念和工作流程与内容，深入分析生态类和工业类建设项目环境监理的技术方法，并作为广州地区部分职业学院环境监理教材使用。

1.3.2.2 课程设立

（1）校内专业课

浙江工商大学设立环境监理选修课，长安大学环境工程专业设立建设项目环境监理课程，西安工程大学设立环境监理课程等，为培养专业的环境监理人员奠定基础。

（2）环境监理技术人员培训班

中国环境影响评价网自 2011 年起，每年定期举办建设项目施工期环境监理技术人员培训班，帮助准备从事或已经从事环境监理行业的人员系统地学习环境监理相关知识。

（3）校外培训

针对想学习环境监理的社会人士，相关的培训机构也提供了环境监理辅导课程。

1.3.3 经济成果

随着环境监理事业的发展，环境监理相关产业也随之发展起来。一方面是环境监理企业的建立，环境监理企业通过招募有环境监理资质的环境监理工程师，组建环境监理队伍，与项目负责人签订环境监理相关合同后，对承建单位的建设行为及建设过程中的环境保护进行直接监督管理的专业化服务活动。另一方面是环境监理工程师培训产业，自 2012 年起环境监理工程师需要通过考试获得“全国环境监理工程师”证书才能进行环境监理工作。培训机构通过专业人员辅导环境监理工程师来系统地进行环境监理工作的培训，为环境监理工程师日后工作提供经验与技能。

1.3.4 理论成果

1.3.4.1 环境监理理论体系的形成

我国的环境监理经过国家重点项目和省份试点工作，积累了大量经验，并根据经验形成了规范和法规。经过多年的探索，环境监理也形成了一套体系，现有的环境监理体系包括环境监理的委托与工作程序、环境监理管理体系、职责与权利。

国家没有出台统一的环境监理工作程序，而是由各省（区、市）自主探索。国内环境监理的一般流程如图 1-1 所示，某第三方机构的流程如图 1-2 所示，辽宁省环境监理流程如图 1-3 所示。

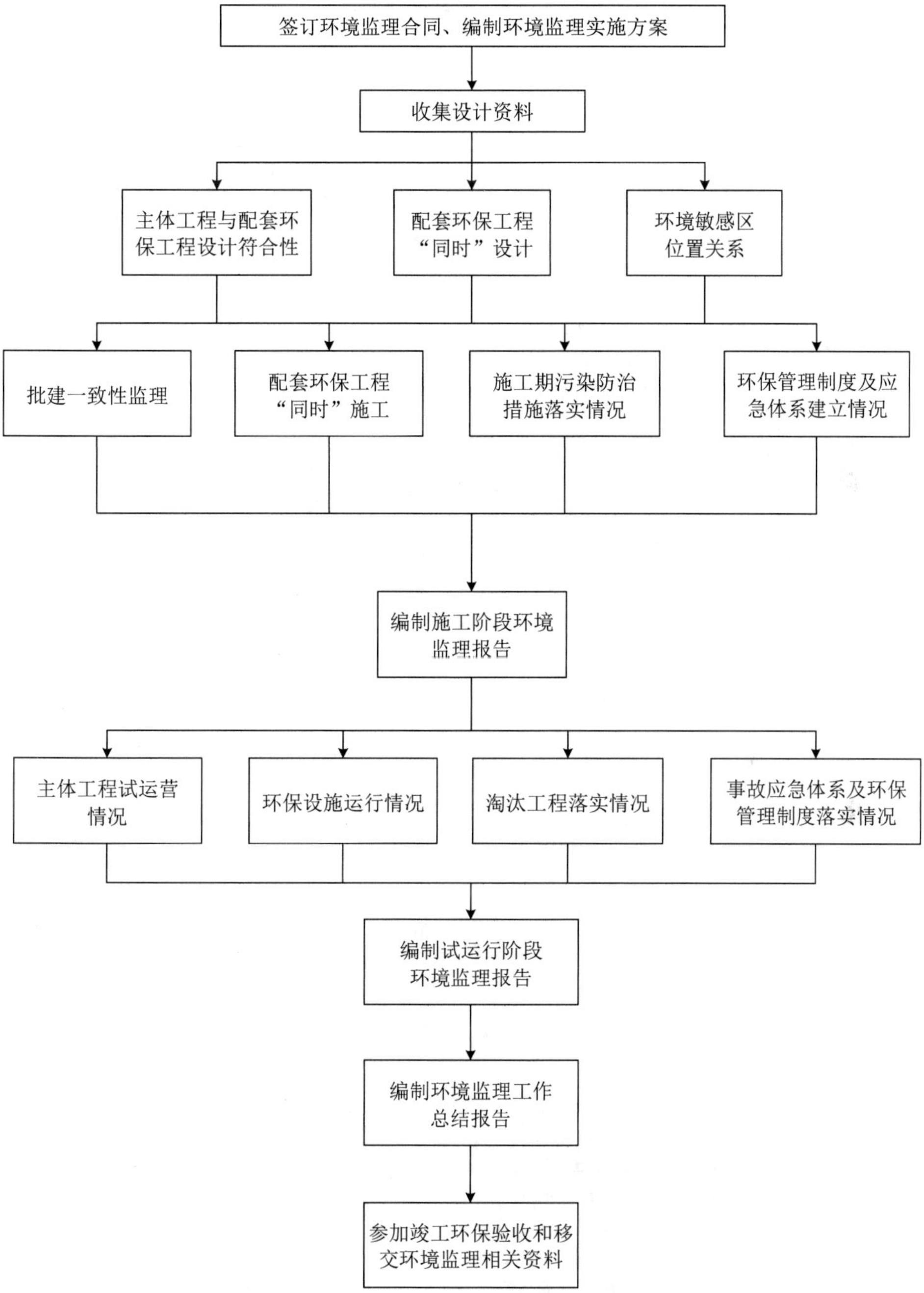

图1-1 国内环境监理的一般流程

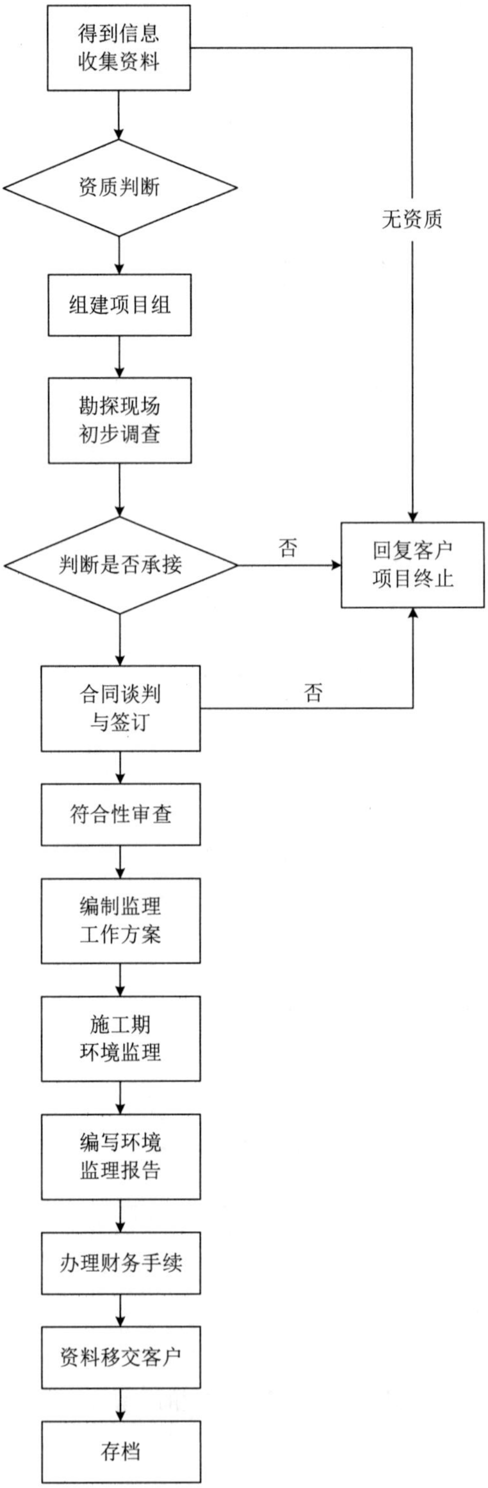

图 1-2 某第三方机构的环境监理流程

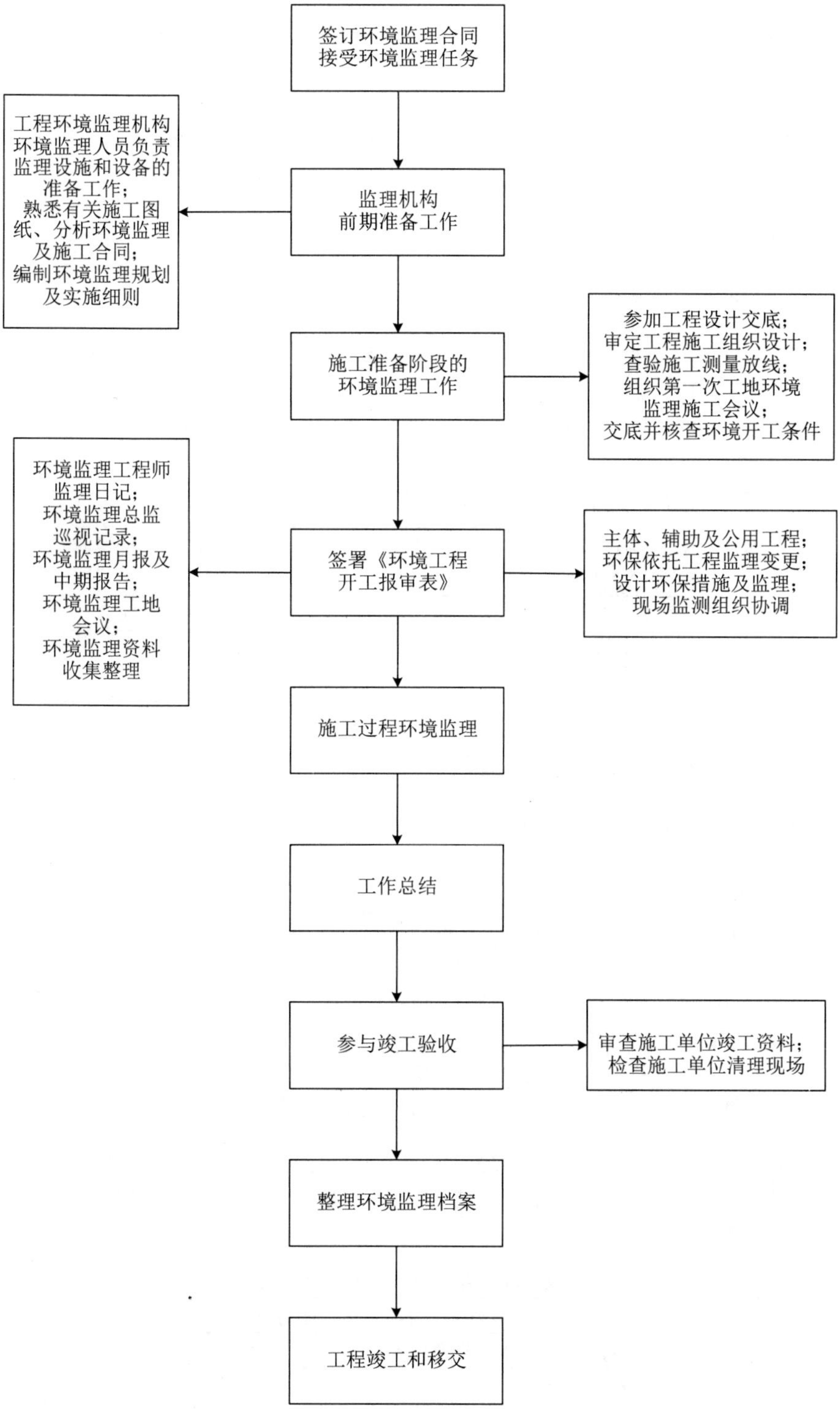

图 1-3　辽宁省环境监理流程

1.3.4.2 环境监理指导教材

2010 年，辽宁省环境保护厅组织编写了“辽宁省建设项目环境监理培训教材”(《建设项目环境监理概论》《典型行业建设项目环境监理工作指南》《建设项目环境监理工作案例选编》)。这套书的出版为推进环境监理试点工作的开展起到促进作用，同时对监理队伍的日常工作起到积极的指导作用，并为队伍的规范化建设奠定了基础。

1.3.4.3 相关文件

各省（区、市）相关文件的出台见表 1-1。

表 1-1 各省（区、市）出台的相关文件

省（区、市）	年份	文件
辽宁	2007	《辽宁省建设项目环境监理管理暂行办法》
	2011	《辽宁省建设项目环境监理管理办法》
江苏	2011	《江苏省建设项目环境监理工作方案》
		《江苏省环境保护厅关于申请江苏省建设项目环境监理单位资质及其工作范围有关事项的通知》
	2012	《江苏省建设项目环境监理从业人员管理与考核办法（暂行）》
		《江苏省建设项目环境监理机构管理与考核办法（暂行）》
		《关于加强建设项目环境监理机构与从业人员管理的通知》
		《江苏省建设项目环境监理工作方案》
河北	2012	《河北省人民政府关于进一步加强环境保护工作的决定》
山西	2007	《山西省重点工业污染监督条例》
		《关于在项目建设中推行环境工程监理工作的通知》
		《关于落实重点工业污染建设项目环境工程监理工作的通知》
	2010	《关于进一步加强建设项目环境工程监理工作的通知》
	2011	《关于开展环境监理工作的通知》
内蒙古	2007	《内蒙古自治区环境保护局环境监理管理办法（试行）》
	2010	《呼和浩特市环境保护局环境监理管理办法》
	2012	《关于印发〈内蒙古自治区建设项目环境监理机构管理暂行规定〉的通知》
		《内蒙古自治区建设项目环境监理机构管理暂行规定》
		《内蒙古自治区人民政府办公厅关于印发自治区建设项目环境监理管理暂行办法的通知》
		《内蒙古自治区建设项目环境监理管理暂行办法》
浙江	2004	《浙江省建设项目环境保护管理办法》
		《关于在建设项目中推行环境监理的通知》
	2012	《浙江省建设项目环境监理试点工作实施方案》
安徽	2012	《安徽省建设项目环境监理试点工作实施办法》
		《安徽省建设项目环境监理技术指南（试行）》
河南	2006	《河南省建设项目环境保护管理条例（草案征求意见稿）》
湖南	2011	《湖南省环境保护厅建设项目“三同时”监督管理试行办法》
	2013	《关于公布湖南省建设项目环境监理单位的通知》
		《湖南省建设项目环境保护管理办法》

省（区、市）	年份	文件
陕西	2004	《陕西省环保局关于在建设项目中加强工程环境监理的通知》
	2008	《关于进一步加强建设项目环境监理工作的通知》
		《关于加强建设项目环境监理管理工作的通知》
	2017	《陕西省建设项目环境监理管理暂行规定》
青海	2008	《青海省建设项目环境监理管理办法（试行）》
	2011	《青海省建设项目环境监理管理办法（试行）》（修订）
	2012	《建设项目施工期环境监理导则》
四川	2012	《四川省人民政府关于加强环保重点工作及贯彻国家环境保护“十二五”规划的实施意见》（该文件已于 2017 年 12 月 29 日宣布失效）
重庆	2011	《重庆市环境保护局关于在重点建设项目中开展工程环境监理试点的通知》
		《重庆市环境保护局关于印发重庆市建设项目环境监理技术规范（试行）的通知》
		《重庆市建设项目环境监理技术规范（试行）》
		《建设项目环境监理培训证书管理办法》
		《建设项目环境监理工程师培训方案》
北京	2015	《污染场地修复工程环境监理技术导则》
广东	2012	《广东省建设项目环境监理工作指南（试行）》
	2020	《广东省建设用地土壤污染修复工程环境监理技术指南（试行）》
	2021	《建设项目环境监理文件编制指南》
甘肃	2012	《甘肃省建设项目环境监理管理办法》

1.4 环境监理的演变

1.4.1 孕育阶段

1972 年，联合国在瑞典斯德哥尔摩召开联合国人类环境会议。会议通过了全球性保护环境的《人类环境宣言》和《行动计划》。同年 10 月，联合国大会第 27 届会议把每年 6 月 5 日定为“世界环境日”。每年的 6 月 5 日，世界各国都开展群众性的环境保护宣传纪念活动，以唤起全世界人民都来保护人类赖以生存的环境，共同努力，自觉采取行动参与环境保护，同时要求各国政府和联合国系统为推进环境保护进程做出贡献。自此，我国也开始加入环境保护的队伍。20 世纪 70 年代末，我国开始引入西方环保理念（如环境影响评价），但在 90 年代才开始注重战略环评问题。而“三同时”制度比环境影响评价制度出现得要早些，出现在 1973 年出台的《关于保护和改善环境的若干规定（试行草案）》中，并在 1979 年的《中华人民共和国环境保护法（试行）》中作了进一步规定。环境影响评价（以下简称环评）制度和“三同时”制度的同时实行对项目单位实施环境保护工程起到了强制作用，但由于环境管理部门监管力量不足，环境监管过多依赖环评和验收，对项目建设过程的环境监管力度不够，而这更容易让建设单位在有意或无意中产生污染环境问题。

在此期间，随着生态破坏对环境的影响越来越明显，建设项目的环境保护全过程监督开始逐步发展，在建设阶段逐渐形成了第三方的环境监理方法。90 年代中期，在我国申请世界银行贷款的过程中，世界银行、亚洲发展银行等国际金融组织提出了环境监理的要求，将实施环境监理作为项目贷款的基本条件之一。1995 年世界银行贷款的黄河小浪底工程首次引进了工程环境监理的模式，揭开了我国环境监理工作的序幕。

早期的环境监理是指环境监察，是一种政府对于环境所采取的监督保护行为，是产生环境污染和破坏的项目和企业所采取的一种监督执法行为。环境监理在环境管理和排污收费实践中逐步发展。1990 年，国务院发布的《国务院关于进一步加强环境保护工作的决定》（国发〔1990〕65 号文）中明确指出“要加强基层环境监督执法队伍建设，增强执法力量”。1991 年，国家环境保护局总结了我国一些省（区、市）的项目实施经验、组织草案，通过了《环境监理工作暂行办法》，环境监理工作在全国普遍开展起来。在此阶段，环境监理是指在环保监管功能范围内的现场监督和执法。在我国环境保护法律制度基本建立的背景下，解决执法不严问题的关键在于加强污染源的监督管理，加强现场监督检查，切实执行“三同时”制度，运行污染控制设施，发放污染物排放许可证，建立健全污染物排放收费制度和污染事故报告制度。

1.4.2 试点阶段

2002 年 10 月，国家环境保护总局等六部门联合发布《关于在重点建设项目中开展工程环境监理试点的通知》（环发〔2002〕141 号），明确了对青藏铁路格尔木至拉萨段、渝怀铁路等 13 个建在生态敏感区、对生态环境影响突出的国家重点工程实行工程环境监理试点。

2004 年 6 月，交通部发布的《关于开展交通工程环境监理工作的通知》（交环发〔2004〕314 号）指出，为了有效地控制工程施工阶段的生态环境影响和环境污染，自 2002 年开始，交通部先后组织开展了洋山深水港区一期工程、宁夏银川至古窑子段高速公路工程、贵州三穗至凯里段高速公路工程和湖南邵阳至怀化段高速公路工程环境监理试点工作，有效地解决了施工期的环境问题，受到了社会各界的好评。根据工程环境监理试点工作经验，交通部决定在行业内开展工程环境监理工作，并作为工程监理的重要组成部分，纳入工程监理管理体系。工程环境监理工作，主要依据国家和地方有关环境保护的法律法规和文件、工程环境影响报告书、有关的技术规范及设计文件等，工程环境监理包括生态保护、水土保持、地质灾害防治、绿化、污染物防治等方面。为开展好这项工作，交通部还制定了《开展交通工程环境监理工作实施方案》。

青藏铁路格尔木至拉萨段、“西气东输”管道等工程顺利竣工，在生态环境保护方面，环境监理起到了至关重要的作用，而且还为我国环境监理事业培养了大批的人才，为后续环境监理的探索提供了经验。

1.4.3　展开阶段

试点工作相继开展以后，各省（区、市）对环境监理也开始摸索。

2004 年 3 月，浙江省环境保护局发布了《关于在建设项目中推行环境监理的通知》（浙环发〔2004〕23 号），要求对建材、电力、水利、围涂、交通运输、市政等工程实行环境监理制度，并将环境监理总结报告作为环保验收的资料之一。同时要求监理公司定期向环境保护主管部门提交环境监理报告，发现重大环境问题及时向环境保护主管部门报告。

2004 年 12 月，为控制施工阶段的环境污染和生态破坏，海南省“三亚大隆水库工程”聘请海南省艾科环境技术服务公司对施工过程进行环境监理，并由海南省环境科学院监测站对宁远河下游的环境进行监测，首创海南省对大型水利工程进行环境监理的先例。

2007 年，为了严格执行环境保护“三同时”制度，进一步加强建设项目施工阶段的环境管理，控制施工阶段的生态破坏和环境污染，辽宁省环境保护局印发了《辽宁省建设项目环境监理管理暂行办法》，要求对于在施工期环境污染或生态破坏较大的建设项目，通过招投标等方式委托环境监理机构开展环境监理。先后组织辽宁蒲石河抽水蓄能电站工程、辽宁华锦化工集团 45 万 t/a 乙烯改（扩）建工程等一批大型重点工程开展建设项目环境监理工作，并取得了显著成效。

2007 年，山西省环境保护局发布了《关于在项目建设中推行环境工程监理工作的通知》（晋环发〔2007〕306 号），对冶金、电力、化工、建材、焦化、煤炭、跨区域、流域重大项目等试行环境工程监理制度。要求实行环境工程监理的建设项目，必须在项目竣工环境保护验收前提交环境工程监理报告，作为竣工环境保护验收的依据之一。2010 年，山西省环境保护厅发布《关于进一步加强建设项目环境工程监理工作的通知》（晋环发〔2010〕160 号），要求加强领导、健全机制、强化管理，充分认识环境工程监理工作的重要性和必要性。

2008 年，青海省环境保护局发布了《青海省建设项目环境监理管理办法（试行）》，要求加强建设项目施工阶段的环境管理工作，严格执行建设项目环境保护“三同时”制度，防止建设项目施工期生态破坏和环境污染，开展环境监理工作。

2008 年 6 月，陕西省环境保护局发布了《关于进一步加强建设项目环境监理工作的通知》（陕环发〔2008〕14 号），要求建设项目施工过程中在开展工程监理的同时开展环境监理。同年 7 月，陕西省环境保护局发布了《关于加强建设项目环境监理管理工作的通知》，对环境监理工作及管理程序作出具体的要求。

2010 年 6 月，环境保护部印发《关于同意将辽宁省列为建设项目施工期环境监理工作试点省的复函》（环办函〔2010〕630 号），同意将辽宁省作为建设项目环境监理试点省份，推进了辽宁省建设项目施工期环境监理工作的开展。

2011 年 5 月，辽宁省环境保护厅印发《辽宁省建设项目环境监理管理办法》，促进了环境监理的规范化，切实做好建设项目施工期环境保护工作。

2012 年 1 月，环境保护部印发《关于进一步推进建设项目环境监理试点工作的通知》（环办（2012）5 号），明确了环境监理的定位、功能，开展环境监理的建设项目类型（敏感区、高风险、施工期等），环境监理重点关注内容，环境监理制度建设等，同意将河北省、山西省、内蒙古自治区、浙江省、安徽省、河南省、湖南省、陕西省、青海省、四川省、重庆市列为第二批建设项目环境监理试点省级行政区。为了培养建设工程环境监理领域专业人才，促进工程环境监理工作的开展，中国环境科学学会和中国建设教育协会在主管部委指导下合作开展“全国环境监理工程师”证书培训考试工作。

2013 年 6 月 29 日，全国建设项目环境监理管理及技术交流会在沈阳市召开。辽宁省环境保护厅、环境保护部环评司、环境保护部评估中心、环境保护部东北环境督查中心、沈阳建筑大学、各监理试点省环境保护厅等单位领导、试点省环境监理机构负责人、辽宁省地市级环境保护局领导及省内 16 家环境监理机构负责人参加了本次会议。会议期间，辽宁省环境保护厅、江苏省环境保护厅、陕西省环境保护厅、重庆市环境保护局、内蒙古自治区环境保护厅 5 个试点代表及辽宁碧海和湘潭环科所两个环境监理机构的代表进行了典型经验交流，并就环境监理事业的发展进行深入的讨论。在辽宁省环境保护厅的倡议下，全票通过成立环境监理联合会。此次会议的召开，促进了全国环境监理业务交流，对引领监理行业创新发展起到了积极的促进作用，标志着全国环境监理事业由各省（区、市）的“单兵作战”转为“群团协作”，对推进全国的环境监理事业发展有着深远意义。

1.4.4 转折阶段

2016 年 4 月 7 日，环境保护部发布《关于废止〈关于进一步推进建设项目环境监理试点工作的通知〉的通知》，这表明我国环境监理试点阶段的结束，全面实行环境监理阶段开始。

随着国内外政治、经济的变化，环境监理也随时代的步伐前进。国内行政体制的改革、各省（区、市）环境保护厅的变化、各类资质的取消与权限下放等，这些改革对环境监理起着推动作用。在这些变动下，环境监理迎来了新的困惑、机遇与挑战，各类权力的下放、《环境保护法》的修订、环评资质的取消、建设项目竣工环保验收行政许可的取消、排污许可证的审核发放、现代环境治理体系建设的提出等，这些是机遇，也是挑战。

第 2 章　国际环境监理

2.1　国际环境监理概述

2.1.1　国际环境监理简介

国际环境监理一般是指独立于业主和承包人的第三方，受项目建设单位委托，以环境影响评价文件及生态环境主管部门批复、环境监理合同为依据，运用建设单位所赋予的权利对工程建设期的环境保护等实行全面监理，及时、公正、合理地做好协调工作，努力协调好业主、承包商、国家和公众利益的关系，使工程环保措施得以顺利实施。

建设工程监理制度在国际上已有较长的发展历史，发达国家已形成了一套较为完善的监理体系的运行机制，可以说，建设工程监理已成为建设领域中的一项国际惯例。世界银行、亚洲开发银行等国际金融机构和发达国家政府贷款的工程建设项目，都把建设工程监理作为贷款条件之一。

建设工程监理制度的起源可以追溯到 16 世纪，随着社会对房屋建造技术要求的不断提高，建筑师队伍出现了专业分工，其中有一部分建筑师专门向社会传授技艺，为工程建设单位提供技术咨询服务，解答疑难问题，或受聘监督管理施工，建设工程监理制度开始萌芽。18 世纪 60 年代的英国产业革命，促进了整个欧洲大陆城市化和工业化的发展进程，社会大兴土木，建筑业空前繁荣，然而工程建设项目建设单位却越来越感到，单靠自己的监督管理来实现建设工程高质量的要求比较困难，建设工程监理的必要性开始为人们所认识。19 世纪初，随着建设领域商品经济关系的日趋复杂，为了明确工程建设项目建设单位、设计者、施工者之间的责任界限，建设工程监理可以维护各方面的经济利益并加快工程进度。英国政府于 1830 年以法律手段推出了总承包合同制度，这项制度要求每个建设项目由一个施工单位总包，这样就出现了招标交易方式，同时也促进了建设工程监理制度的发展。

自 20 世纪 50 年代末起，科学技术飞速发展，工业和国防建设以及人民生活水平不断提高，需要建设大量的大型、巨型工程（如航天工程、大型水利工程、核电站、大型钢铁公司、石油化工企业和新城市开发等)。对于这些投资巨大、技术复杂的工程建设项目,无论是投资者还是建设者都不能承担由于投资不当或项目组织管理失误而带来的损失。因此,项目建设单位在投资前要聘请有经验的咨询人员进行投资机会论证和项目的可行性研究,在此基础上再进行决策。在工程建设项目的设计、实施等阶段,还要进行全面的建设工程监理,以保证实现其投资目的。

2.1.2 国际环境监理的工作内容及方法

国外对环境管理问题关注较早,欧美一些国家(地区)早在20世纪80年代就已着手建立环境保护法律体系和管理体制,并形成了环境监理制度。

在美国,环境保护部门直接负责项目规划和实施过程中的资源环境保护,拥有环境管理和监督职能。同时,在各个工程项目中都分别设有专门的环境监理部门,在环境管理和监督上基本不受其他部门的干扰,从而能够有效地保证"环保优先"。

在工程环境监理实施过程中,充分体现"尊重自然、恢复自然"的理念。工程环境监理的主要内容是将对自然的扰动、破坏努力控制在最小限度内,如在施工前是否先将树木或树桩移走,建成后搬回原地栽植;在动物出没的地段是否建设通道,避免对动物栖息地的分割;是否尽量避绕森林、湿地、草原等重要生态区域等。在施工过程中,尽快恢复原来的自然群落,提高行车安全性和舒适性,提供和谐的公路景观也是工程环境监理的重要内容。而这些环保措施,都有专门的环境管理和监理机构专职施行和监督。

澳大利亚的环境监理部门非常重视项目施工对环境的影响,在施工过程中着重对水、空气、土壤、动植物、生态平衡进行保护,以及解决噪声等污染问题。当对环境造成严重的、不可恢复的污染时,监理部门要通知执法部门,并对责任公司及责任人处以重罚。其施工中环境监理主要有:第一,实行施工单位环境监理资格证制度。环境保护部门依照各施工单位的环境保护的业绩评定其环境监理资质,具有相应资质的施工单位才能承担相应的建设工程环境监理工作。第二,严格实行施工计划审批制。施工单位在承揽项目后和开工前要编制详细的环境保护计划,该计划要经过政府部门和监理机构批准后才能开工。第三,完善监测制度。施工单位在施工过程中,每月都要做一次环境监测报告,在施工过程中对水、空气、土壤等的影响以及噪声等污染进行实时监测。环境监理部门要定期进行检查并亲自抽查监测,以检验施工单位自检的可靠性。另外,还有环境警察实施对执行环保法律行为的监察,确保环保标准落到实处。第四,环境监理部门认真执行环保标准,监督施工单位执行。

加拿大建立了比较完善的环保法规体系,环保意识深入人心,民众对建设项目环境监理的参与感也较强。加拿大的环境管理执法有较强的力度和可操作性,对违法行为进行重罚,并由政府派出环境监督官员监督项目各个阶段的环境保护和环境监理工作。为避免生态环境在公路建设和维护中遭到破坏,交通部门在承包合同中明确规定承包商必须承担的环保义务，并由环境监理部门监督实施。“尊重自然、恢复自然”的理念在加拿大的环境建设中得到了充分的体现。在施工环境监理中，加拿大注重将对自然的扰动、破坏控制在最小限度内：对在施工中受影响的地区，事后应通过选种适宜的花草树木等措施使其恢复生态平衡；应详细调查每一棵树木，并尽可能地保护它们；针对野生动物经常出没的路段，应有针对性地设置环保标志保护动物；应调查大型动物季节性迁徙或为觅食而经常走过的路径，使之形成安全的动物通道等。目前，加拿大新斯科舍省和安大略省的交通部门对高速公路工程建设都制订了详细的环境管理和监理计划。

德国为了避免和减少建设对环境造成的影响，有关部门拟定了长期保护措施及严格的工程环境监理制度。公路沿线和自然风景区的保护，在规划、设计、施工及养护等环节都要重视。施工期间的环境保护效果主要靠环境监理来保证。由于施工使环境受到影响或破坏时，环境监理机构应及时指出，并责成施工单位进行补偿。此外，德国工程环境监理主要还包含以下内容：在公路建设、营运及工程扩建中，严格监测居民区内的交通噪声是否超标，如果超出所规定的极限值，公路建设项目的承担者必须采取相应的噪声防护措施；同时还应对空气中有害物质的极限值进行监测，如果超标，就要根据有关规定采取补救措施；是否尽最大可能避免对自然和风景区产生有害的影响；对无法避免的侵害必须通过自然保护措施和风景保护措施加以补偿。

瑞士政府制定了非常严格的法规，要求在公路施工期间设有专门的环境监理机构，采取严格的环境监理制度，落实环境保护措施，防止对环境造成污染。政府规定，公路项目施工完成后，施工单位必须把现场恢复到自然状态，完全消除人工痕迹。该项工作由专门的环境监理机构负责监督执行。

2.1.3 国际监理工程师的质量控制方法

国际监理公司根据工程项目的规模大小、工程技术复杂程度、交通运输及自然条件等因素，建立一整套行之有效、系统性的质量监督和检查程序，要求中标的承包商必须遵守这一监理程序，履行检查和验收手续。国际咨询工程师联合会（Fédération lnternationale Des lngénieurs Conseils，FIDIC）第38.1条规定，没有工程师的批准，任何工程不得覆盖或掩蔽，承包人应保证工程有充分的机会对将会予以覆盖或掩蔽的任何工程进行检查和测量。必须注意的是，施工中的每一道工序，必须经过监理工程师检查、验收签证，未经检查认可的项目决不可进行下一道工序施工，否则监理工程师不予验工计价；其质量不符合标准规定时，甚至勒令承包商拆除返工，以免造成不必要的损失。所以，每一道工序在施工前，必须提前填写工序施工申请单，一般提前3天送到监理工程师手中。国际监理工程师主要采用的质量控制方法有以下6种。

（1）现场监督法

该方法主要是检查正在进行的施工工序。目的是防止承包商在施工过程中出现质量隐患和事故苗头，以尽早地发现质量问题，并帮助承包商现场解决。一般是由路基结构监理工程师、桥涵结构监理工程师和材料监理工程师全天候、全过程、全方位地现场监督检查。例如，桥涵结构监理工程师在施工前要检查模板的支护质量、钢筋的绑扎质量；在施工过程中，要监督混凝土的灌注质量，自始至终守在现场；混凝土施工完毕，要在工序施工申请单上签字，作为验工计价的原始凭证。

（2）实地测量法

实地测量法的基本任务是保证公路几何要素（曲线偏角等）、里程、坐标方位和桥涵结构物的几何尺寸、控制轴线、水准点完全符合合同、图纸和规范要求的精度等级，以避免施工完毕出现错误。这是必不可少的一个检查方法。承包商每次申请施行下道工序之前，测量监理工程师总是要实地反复核对公路、桥涵的里程、坐标方位、轴线、水准点，以保证承包项目的各部分结构尺寸准确无误。

（3）随机抽样法

该方法包括两个方面：一是检查材料，分为进场前检查和堆料场检查；二是检查结构物的质量是否合格。执行者主要是材料监理工程师，对进场前的材料（如路基填料）进行取样，以及对堆料场堆放的水泥、砂、碎石、卵石、块石、片石、钢材、沥青及半成品、成品等用于工程的所有材料进行抽样检查，以便将不满足规范要求的材料消灭在材料源和工程施工的最初阶段。另外，还包括用回弹仪、内窥镜等仪器抽查混凝土的强度是否达到设计等级等。

（4）试验检查法

该方法是对公路路基面密实度的试验检查，桥涵混凝土结构的强度检查，施工工艺过程的试验检查（如预应力钢筋混凝土的预加应力），原材料、混合料的试验和检查等。试验检查法有时是在工地实验室进行，有时是在专门的驻地实验室进行。如试验监理工程师进行混凝土配合比试验、水质鉴定化验、砂和卵石级配试验、钢材力学性能试验等，并用核子密度仪对路基土石方碾压的密实度、含水率等技术指标进行打点检查。试验不合格的项目，监理工程师将责令承包商予以改正或返工。

（5）验收检查法

该方法是对公路施工的单个分单位工程、桥涵单个构件或桥涵结构物的某一独立部分进行检查验收。由驻地道路监理工程师、桥涵结构监理工程师负责组织专业监理工程师及承包商检查，对于确认合格的工程项目则履行签证手续，填写分部工程或分单位工程验收检查表，1 式 3 份，承包商要存档保留 1 份，据此由计量监理工程师给予签发月份、季度工作量完成清单，作为业主付款的原始凭证，以便承包商验工。

（6）签发指令法

该方法是指承包商在施工过程中，一旦出现某些质量问题，驻地监理工程师代表会立即签发限期整改的通知书、会议纪要、备忘录、简报等指令性文件，提请承包商注意或改正，对于不遵守合同、拒不改正的承包商，监理工程师有权予以罚款或停工，直到上报申请业主确认承包商违约，给予取消合同为止。

2.1.4　国际环境监理的重点

2.1.4.1　环境监理主要工作内容

国际竞争日趋激烈，世界各国对环境保护日益关注。工程的监理工作更会对国家形象产生极为关键的影响，而在国际方面，环境监理的重点更是与国内有所不同。

大气污染防治措施的环境监理包括检查和监测施工期大气污染防治达标排放情况，施工影响区域应达到规定的环境质量标准。施工期生产废水和生活污水的环境监理包括废水和污水来源、排放量、水质标准、处理设施的建设过程和处理效果等，检查和监测是否达到了污水排放标准。固体废物处理措施的环境监理包括施工废渣、生活垃圾的产生与处理，监督固体废物处理的程序和达标情况，保证工程所在地现场清洁整齐，不污染环境。噪声控制措施的环境监理，为防止噪声危害，对产生强烈噪声或振动的污染源，应按环评文件要求进行防治。监督施工区域及其影响区域的噪声环境质量达到相应的标准，重点是靠近生活营地和居民区的施工地，必须避免噪声扰民。野生动植物及生态保护措施的环境监理主要是监督各种迁移、隔离、改善栖息地环境、人工增殖等方面措施的落实情况。人群健康措施的环境监理包括监督生活饮用水安全可靠，要求建设单位预防传染性疾病在施工人员中传播，并保证必要的生活安全及卫生条件等。

2.1.4.2　环境监理的目标及重点

①帮助建设单位协调解决项目施工涉及的环境问题，处理好与当地环保部门的关系，防止因污染问题引发社会矛盾而影响工程建设，确保工程顺利施工。

②按施工方的要求，负责审查各承包单位（施工单位）的环保资质、环保实施措施或方案；负责对施工期各承包单位环保工作达标验收制定各环保单项考评奖惩制度和办法等。

③监督监理建设项目对沿线、地面水、地下水、农田等所造成的影响，保护措施落实情况，以及生态保护、各类污染防治措施的施工计划和各项环保资金的落实情况。

④对建设项目环保工程的质量（会同工程监理）、费用、进度实施全过程监控，严格要求，防止出现问题，确保工程运营后能长期、有效地发挥环境效益和社会效益。

⑤按照各级环保部门的要求，对工程建设过程中的环境保护与环保设施施工进行旁站巡视和组织环境质量监测，发现问题及时提出建议和协调解决，并分别向建设单位和环保部门报送监理月报或阶段报告。

⑥按照环评报告表及批复的要求，协助施工期建设单位组织有资质的环境监测单位，实施施工期间地表水、空气环境、声环境的环境监测，并适时向业主和当地环保部门提交施工期环境监测情况的分析报告。

⑦参与工程环保竣工验收并提交环境监理工作总结报告，对建设项目在建设工程中执行环境保护法律法规、标准、规范、程序的情况和各项规定措施的落实情况进行评价与总结，作为工程竣工验收的重要依据。

2.1.5 国际环境监理的特点

近年来，发达国家的环境监理制度正逐步向法治化、程序化发展，在西方国家的工程建设领域中已形成工程建设项目建设单位、施工单位和监理单位三足鼎立的基本格局。进入 20 世纪 80 年代后，建设监理制度在国际上得到了较大的发展。一些发展中国家也开始效仿发达国家的做法，结合本国实际，设立或引进工程监理机构，对工程建设项目实施环境监理。目前，在国际上工程建设监理已成为工程建设必须遵循的制度。国外的建设工程监理与国内有较大的区别，具体特点如下。

（1）起步早、规模大、社会化程度高

国外的建设工程监理有近百年的历史，最早的监理公司——伊伯森国际工程公司成立于 1881 年。由于国情不同，国内外对监理公司的称呼和理解也不尽相同。国内称为监理公司，尽管实行“四控制、两管理”的全方位监理，但在实际工作中往往是对施工过程的监督和管理。国外则称为工程咨询公司、顾问公司或管理公司。工程咨询公司或顾问公司的业务范围较广，负责规划、设计和施工，而管理公司（CM 公司）直接管理施工，比较接近于我国的监理公司。在国外，建设工程监理的社会化程度相当高，不仅国家的重点建设项目要实行监理，一般的民用建筑同样要委托监理。从监理的范围来看，不仅包括酒店、写字楼、商业设施、公路、桥梁、机场、工业厂房、学校等工程，也包括普通的民用住宅建设。只要有工程项目，一般都要找咨询公司，这已成为惯例。国外监理的覆盖率在 95% 以上。

（2）管理科学规范、工作效率高

国外的监理虽然是全过程监理，但一般偏重前期阶段（如可行性研究、规划、设计等）。咨询公司所做的大多是策划性的工作，是业主的参谋和顾问。国外实行的是高技术、高智能、现代化的监理，他们特别重视开发和利用新技术、新材料，办公全部使用计算机管理，工作效率极高。他们不限于施工现场的控制，更注重在技术上、方法上、效益上的控制，在工程项目监理上组成项目监理班子，并由工程师、业主、施工承包商参加，共同研究建设过程中的有关问题。监理工程师负责解释文件、合同，签发付款单，主抓工程进度。由于承包商是通过招标竞争而来的，他们非常重视本公司的信誉，重视产品质量，偷工减料的现象极少，但“高估冒算”的现象时常发生，因此，业主非常依靠顾问公司来核查各种资料文件（如审查承包商的工程量清单、操作手册、设计说明等）。国外的监理工程师具有极高的权威性，由他们签发的各种指令（如“开工令”“停工令”“付款令”等）都具有法律效力。在工程竣工交付使用阶段，由监理工程师进行验收、结算、审核工程资料，并办理工程竣工移交手续。

（3）监理（咨询顾问）公司同其他组织的关系

监理（咨询顾问）公司与政府部门的关系：在国外，政府部门负责制定有关法律管理监理（咨询顾问）公司的资质，但不过问具体业务。由于市场机制的作用，那些资质低、信誉差、技术水平低的监理（咨询顾问）公司很难生存和发展。

监理（咨询顾问）公司与法制的关系：工程质量是承包商或营建公司的生命线，监理（咨询顾问）公司和业主主要依靠法律手段来控制质量。由于国外的法制健全、执法严格、民众的法律意识强，因此，谁也不敢贸然违反法律而不顾工程质量。

监理方与业主的关系是委托和被委托方的合同关系，监理（咨询）工程师行使业主所授予的权利。

监理方与承包商的关系既是监理与被监理的关系，同时也是合作关系。承包商服从监理方，一切施工资料、施工组织方案、进度计划都必须报监理方。监理工程师下达的指令，承包商必须坚决执行。

2.2　国际环境监理发展新趋势

2.2.1　国际监理行业的发展现状

截至 2020 年年底，美国有 4 000 多家监理（咨询）公司，从业人员 100 余万人；英国有 1 000 余家监理（咨询）公司；德国起步相对较晚，但发展迅速，已有 2 000 余家监理（咨询）企业。由于工程咨询业的市场容量大、利润高，国际咨询市场一直被发达国家垄断。在美国《工程新闻记录》2005 年公布的世界较大 200 家监理（咨询）企业排名榜中，美、英两国的公司超过一半，其国际经营额占 200 家公司总营业额的 56.7%。

200 家监理（咨询）公司的业务遍及全球 130 多个国家和地区，其中，亚洲地区占 30.8%，欧洲地区占 25.7%，非洲地区占 13.0%，拉美/加勒比海地区占 9.1%，美加地区占 10.0%。亚洲地区是 200 强企业角逐最激烈的市场，中国又是其中之最，已有 140 多家国外工程咨询公司进入中国市场。

当前，国际工程咨询正纵向发展，全过程咨询不断成熟并成为主流。咨询理念不断创新，从工程技术咨询发展到项目管理咨询和战略咨询；管理思想不断创新，20 世纪 80 年代后的核心竞争力和企业再造理论的应用使得一些巨型公司开始出现，并走出国门。从国内咨询发展到国际咨询，涌现了一些著名的国际工程咨询公司，如柏克德公司（Bechtel）、艾麦克公司（AMEC）等。在国外工程咨询方式中，总承包成为最盛行的方式之一。为了节省成本并提高项目投产的时效性，业主不再像 90 年代中期以前那样倾向于工程分包，而是希望由一个总承包商负责工程项目的前期规划、总体设计、设备采购甚至施工管理。这样，一方面，对承包商提出了更高的经济、管理和技术素质要求，加大了国际竞争的难度；另一方面，为提高融资能力，国际工程咨询商之间新的战略联盟正在形成，日本、美国、英国和韩国甚至早在几年前就开始协商成立国家间的工程咨询和承包业的保险担保联盟。与此同时，专业工程管理公司的地位日渐突出，而且利润水平也比较高。

近 20 年来，欧洲、美国、日本等发达国家和地区的工程监理（咨询）制度正向着法治化、程序化的方向发展，成为项目建设管理工作的必循制度。如美国制定的“统一建筑管理法规”，日本制定的“建筑法”和“建筑基准法”，新加坡制定的“建筑管制法案”“建筑师法案”“专业工程师法案”，中国香港特别行政区制定的“建筑物条例”及“建筑管理法规”等，都对工程监理（咨询）的内容、方法以及从业人员资质做出了详细的规定。20 世纪 80 年代以后，工程监理（咨询）制度在国际上得到很大的发展。不少发展中国家也开始仿效发达国家的做法，逐步实行该制度。许多国际金融组织（如世界银行、亚洲开发银行、非洲开发银行等），也都把对建设项目实行工程监理（咨询）制度作为提供贷款的先决条件之一。

2.2.2 国际监理行业的发展主要趋势

国外工程建设监理（咨询）行业起源于产业革命发生以前的 16 世纪，是社会商品经济发展和社会分工细化以及社会化大生产的产物。16 世纪，由于社会上对建筑技术要求的不断提高，使传统的建筑方法不能适应，从而开始发生变化。建筑队伍开始专业分工，设计方与施工方开始分离，部分设计师开始从事为建设单位方提供技术服务，也有人员直接被建设单位方聘用，对施工单位进行监督管理。在施工过程中，这些人员负责监督工程质量，计算完成的工程量。这可以说是世界工程建设监理行业的雏形。

1830 年，随着土木工程建设技术的逐渐提高，英国政府首次推出总承包合同制度，这意味着每个在建工程项目都由某一个承包方进行承包。工程项目的招投标交易方式应运而生，工程建设监理制度得到了进一步的发展。

1913 年，欧洲 5 个独立的工程师协会联合成立了国际咨询工程师联合会，工程建设监理（咨询）开始迅速发展，但是国际上工程建设监理（咨询）真正迅猛而高速的增长是在第二次世界大战以后。在第二次世界大战后，世界各国都加快恢复建设，土木工程基础建设得到了长足的发展。特别是在 20 世纪 50 年代末至 60 年代初，由于科学技术的发展、工业和国防建设的需要以及人民生活需求的提高，一些投资多、技术复杂的大型工程需要建设，这就迫使投资者聘请有经验的专业技术人员对投资的项目进行论证和可行性研究，然后进行决策。在项目实施的过程中，他们代替投资者对项目进行监督管理。此时期的工程建设监理（咨询）有了较大的进步，即由项目的实施阶段向前延伸至项目决策阶段，覆盖了建设活动的全过程。

1957 年，国际咨询工程师联合会为独立工程师进行建设监理而编写的国际通用的 FIDIC 条款较集中地反映了国际上实施建设监理的情况。FIDIC 条款中把测量师、咨询工程师、建筑师进行的工作内容称为建设监理（construction supervision），并规定了工程师所具有的一般职权。例如，对工程材料的检查控制权；工程开、停、复工的指令权；工程变更权；工程合同的解释和管理权；施工总进度的监控权；额外工程价格的确定权；工程款支付的签发与否决权；工程延期及费用索赔的审理权；合同争端协调权；工程质量的确定与否定权；竣工图的确认与否决权等。通过 FIDIC 条款可以看到国际上施工阶段工程建设监理（咨询）的全貌。

20 世纪 80 年代以后，一些发展中国家也开始效仿发达国家的这种做法，并结合本国实际，建立了社会监理机构，对工程建设实行监理。世界银行和非洲开发银行等国际金融组织也都把实施工程建设监理（咨询）作为提供建设贷款的条件之一，工程建设监理（咨询）成为工程建设的国际惯例。

国际工程建设监理（咨询）的产生和发展是市场经济发展的必然结果，是与专业化分工、社会化生产密切联系的，是建设领域的生产关系适应生产力发展的具体体现。

2.2.2.1 国外监理行业发展的主要优势

（1）高效的咨询服务业

发达国家的监理行业被明确界定为咨询服务业，并且都对监理人员的职业行为制订了道德规范和准则，监理也逐渐成为受人尊重的行业。如美国土木工程学会规定了监理（咨询）工程师的道德准则，其核心内容强调了“正直、公平、诚信、服务”；日本咨询工程师协会制订了监理（咨询）工程师《职业行为规范》，其基本原则是坚持监理工作的科学性、公正性、中立性、服务性。监理工程师正直、公平、诚信、服务等的工作态度和敬业精神，充分体现了国际咨询工程师联合会对监理（咨询）工程师要求的精髓。

（2）安全责任非监理工程师职责

国际咨询工程师联合会在 1999 年发布了新版合同条件，在“施工合同条件”（新红皮书）、“工程设备与设计/建造合同条件”（新黄皮书）以及“EPC 交钥匙项目合同条件”（银皮书）中对安全生产管理的职责均有明确的规定。这 3 本合同条件均在承包商的一般义务中明确规定“承包商应对所有现场作业、所有施工方法和全部工程的完备性、稳定性和安全性承担责任”（第 4.1 条款）。美国建筑师协会（AIA）编制的系列合同文件中，对建筑师的职责有十分明确的界定，即“建筑师对承包商报批文件和材料的复审不代表承包商的施工手段、方案、技术、操作顺序或程序等方面在安全防范上通过了合法的批准”（第 4.2.7 条款），其中提及的建筑师相当于我国的总监理工程师。英国土木工程师学会（ICE）出版的合同条件和 AS（澳大利亚标准）4000—1997 工程项目通用合同条件范本中对监理（咨询）工程师的安全责任也有类似说明。科学性是监理单位区别于其他一般性服务机构的重要特征，也是其赖以生存的重要条件。社会监理单位的科学性源于监理人员的高素质。监理（咨询）工程师必须具有相当的学历，有从事工程工作的丰富经验，通晓相关的技术、经济、管理和法律知识，经权威机构考核合格并在政府建设主管部门登记注册、发放证书，才能取得从事监理（咨询）业务的资格。

（3）业务宽深化

发达国家的监理（咨询）业的历史长达百余年，业务发展达到了宽阔深长的高水准，真正担当起了全方位的监理（咨询）任务，覆盖了整个建设的过程。无论是英国实施的QS制，即测量师（Quantity Surveying），还是美国开展的CM（Construction-Management）方式，抑或是20世纪60年代以来在美国、德国、法国、日本等广泛采用的项目管理法（Project Management，PM），其核心都是对监理（咨询）工程师的地位、资格、职责、义务、工作方式以及同业主、承建单位等关系在法律经济上的定格，具体服务的业务范围已逐步扩展到为业主提供投资规划、投资估算、价值分析，向设计单位、施工单位提供费用控制方案，项目实施中进行合同管理，进度、质量、成本控制，付款审定，工程索赔，信息管理，组织协调，决算审核等。

（4）人才高素质化

国外对监理（咨询）工程师在学历方面要求较高，大部分具有硕士、博士学位。有的监理公司，高技术职称人员所占的比例高达30%～40%，能熟练运用FIDIC制订的权威性国际通用范本和国际惯例。例如，美国兰德公司有547名监理咨询人员，其中有200名博士，178名硕士。又如，联邦德国克瞄伯康采恩系统工程公司有100名咨询人员，其中50%拥有博士学位。同时，国外重视在职监理人员的培训，每年要投入大量的费用用于人员培训，以提高监理业务水平。此外，国外在吸纳监理（咨询）工程师时强调个人的工作实践经验。如英国咨询工程师协会规定入会的会员年龄必须在38岁以上，新加坡要求工程结构方面的监理（咨询）工程师必须具有8年以上的工程设计经验。法国对其资质要求更高，除申请人必须是高等土木工程学院毕业生、具有10年以上工程经历以外，还必须通过法国建设部“技术监理审查委员会”的资审面试。

（5）酬金优厚化

国际上监理（咨询）费用的额度和价位比较高，在通常情况下占工程总造价的1%～4%，由于建设项目的种类、特点、服务内容深度的差异，各国略有不同，如以工程总价为基数，美国收取3%～4%，德国收取5%（含工程设计方案费），日本收取2.3%～4.5%（名为“设计监理费”），收费标准还因监理资质等级不同而有所浮动。

随着中国加入世界贸易组织（World Trade Organization，WTO），国外先进的项目管理公司将不断涌入中国市场，中国的监理企业面临着严峻的考验，要想在竞争中立于不败之地，必须借鉴国外的先进经验，明确自己的发展方向，逐步发展为具有国际竞争力的项目管理公司。

2.2.2.2　国外环境监理的演变变革（以英国为例）

在国外，建筑经营管理方式发展演变最典型的是英国，其管理方式演变主要经历了以下几个阶段：

① 14 世纪以前

业主直接雇用并组织工匠进行工程的建造。

② 14—15 世纪

营造师出现，作为业主的代理人管理工匠的建造工作。

③ 15—17 世纪

建筑师出现，主要担任设计工作，而营造师主要负责组织业主雇用的工匠施工。

④ 17—18 世纪

承发包方式出现，业主雇用承包商进行建筑施工，并聘用顾问进行施工管理，工程监理开始出现。

⑤ 19 世纪

咨询监理业务进一步扩展，其主要任务是帮助业主计算标底，协助招标，控制投资、进度、质量，进行合同管理和项目的组织、协调等。

⑥第二次世界大战后

在第二次世界大战之后，工程监理管理理念和发展模式等逐渐向各个国家蔓延开来，许多中小型发展中国家也在这个基础上向发达国家学习其监理方面的独特优势，建立了社会监理（咨询）机构对工程建设实行监理，世界银行、亚洲开发银行和非洲开发银行等国际金融组织也都把实施工程监理制度作为提供建设贷款的条件之一，工程建设监理制度成为工程建设的国际惯例。

2.2.3　国内外监理行业的联系与区别

（1）联系

我国监理行业是借鉴与比较国外的先进管理经验结合国内改革开放和我国具体工程实践发展起来的，在本职上是相同的，都是在工程建设过程中实施监督与协调，为业主提供咨询服务，帮助业主达到预期的组织目标。

（2）区别

①负责内容不同。国内工程监理仅对施工单位委托的授权内容负责，即对施工现场的“三控三管一协调”工作负责。国家对工程建设的主要参与者的行为进行监督，5 个主要参与者为建筑商、设计师、测量员、监理员。

②行业现状不同。国外的监理（咨询）行业技术含量高，进入门槛高，权利也较大，收入与投入成正比。而国内的监理行业因甲方代表的存在，剥夺了监理的部分权限；而行业进入门槛较低，容易引起国内的监理技术水平参差不齐。简单来说，我国的监理只是施

工阶段的监理，而国外的工程监理（咨询），是代表建设单位行使各种权利，从设计阶段就开始的。

2.2.4 束缚我国监理行业发展的原因

工程建设监理是一个由多学科、多专业构成的技术密集智能型制度，它在城市建设和工程建设中起到举足轻重的作用。这一行之有效的建设管理制度被世界上许多国家和地区特别是发达国家推崇，已有上百年的历史。我国于 1988 年开始工程监理工作的试点，1996 年在建设领域全面推行工程监理制度。该举措取得了明显的社会效益和经济效益，促进了我国工程建设管理水平的提高，得到了全社会的广泛认同，监理已成为工程建设中不可或缺的重要环节。

我国自提出推行工程监理制度，经历了准备阶段（1988 年）、试点阶段（1989—1992 年）、稳步发展阶段（1993—1995 年）以及全面推广阶段（1996 年至今）4 个发展阶段，无论是从理论上还是实践上都积累了丰富的经验，但仍存在以下几点不足。

（1）监理的定位错误

目前社会各界对工程监理的认识存在分歧，在监理的定位方面，有的认为监理应是独立的第三方，有的认为应是业主方的代表，还有的认为监理应代表政府等。思想上、认识上的不一致，影响了工程监理行业的健康发展。

（2）监理安全责任的扩大化

监理单位要不要对安全生产承担责任、承担多大的责任，一直存在争议。现在很多地方制订的“监理安全细则”和“监理操作规程”都在不同程度上将监理的责任任意扩大化。只要是监理审核过的方案出了问题，一律对监理企业实行行政处罚。这将必然导致监理工程师在审核安全方案时，无限制地要求承包商提高安全系数而无视安全成本，不利于整个工程项目的正常实施。监理工作范围及内容的缩小可以通过纵向与横向两个方面来体现。目前，我国绝大部分工程监理单位从事的都是施工阶段的监理，根据对北京、上海、江苏、浙江等 16 个省（市）172 156 个监理工程的调查统计，从事施工阶段质量、进度和投资控制的工程有 148 192 个，占 86.08%，而从事前期咨询、勘察设计、招标代理、设备采购与建造等阶段咨询服务的仅占 13.92%。前期阶段监理的缺乏，使得前期阶段在功能策划、可行性研究、图纸设计等方面不够完善，导致施工阶段设计变更较多，工期失控。监理单位按照原建设部实施工程监理制度的初衷，应该做到“三控二管一协调”，但由于体制和机制的不配套，监理的“三控”即投资、进度、质量管理的职能被异化，实际操作中绝大多数监理单位仅是以质量监理为主，投资控制基本上由建设单位实施，监理很少能实行“三控制”，因此长期以来，监理的“三控二管一协调”未得到有效贯彻。

（3）监理队伍自身建设水平低

主要表现在监理工程师的知识结构不够合理，缺乏集技术和管理于一体的复合型监理人才，不熟悉国际惯例，缺乏语言交流沟通能力，参与国际监理行业竞争的难度较大。此外，专业监理工程师的数量和质量不能满足监理工作需要，尚未掌握一套必备的现代管理方法与手段，特别是项目总监层次的人才匮乏。由于总监对工程项目甚至对于一个监理公司能起到关键性的形象作用和效应，因而要求其具有较高的监理艺术、业务水平、协调能力以及丰富的管理经验等。人员素质的差距在很大程度上制约了监理行业的竞争力。

（4）监理费用过低

10 多年来，过低的监理费用对我国监理行业的发展和监理人员素质的提高造成了不良的影响。据统计，智力密集型的监理企业尚达不到劳动密集型施工企业的效益水平。监理费用过低影响了一些优秀的高学历、高学位、高职称、高水平复合型人才的加入。目前实行的监理费用取值仍执行由建设部和国家物价局于 1992 年联合发布的《建设工程监理与相关服务收费标准》。

2.3　国际环境监理典型代表

2.3.1　生态恢复案例

2.3.1.1　背景

生态恢复是指协助已经退化、损害或者彻底破坏的生态系统恢复到原来发展轨迹的过程。城市生态恢复是以合理利用、保护自然生态环境资源为基本任务的生态规划手段，其目的是对城市发展过程中所造成的和即将造成的环境损害进行恢复。城市生态恢复的过程，是以生态城市为发展目标，对城市现有的物质环境进行有机更新，恢复城市生态系统功能，促进城市社会、经济、自然系统向协调、有序状态演进的过程。

城市生态系统的退化往往源于多种生态要素和生态功能的退化，对于区域生态恢复工程，需要辨析系统退化的主导因子，发现环境恶化的主要问题，从而确定主要的恢复对象和工程内容。国外城市生态恢复工程往往结合生态规划同时进行，在完成生态系统功能恢复的同时，实现城市的有机更新，将生态规划、环境整治、生态恢复一系列手段结合，营造自然协调的城乡环境，并通过公众参与加强生态恢复成果的效应。以下通过美国、加拿大、巴基斯坦、法国的生态恢复案例，为我国生态恢复与规划工作提供参考。

2.3.1.2　美国华盛顿金县的湿地恢复

（1）简介

金县（King County）位于美国西北角华盛顿州，面积为 5 977 km^2，人口约为 180 万人，辖区内有 39 个市镇。该地区流域面积达 534 km^2，湿地资源丰富，可为 200 多种野生动物和植物提供生存环境。

（2）湿地恢复政策与措施

金县的生物多样性保护规划及各种生态恢复工程开展较为成熟，其通过湿地缓解银行（wetland mitigation bank）建立的湿地恢复市场机制取得了很大的成效。湿地缓解银行政策是一种在美国行之有效的生态补偿政策。该政策将投资者成功恢复的湿地换算成信用额度，投资者则通过生态恢复取得的信用额度来补偿未来的开发工程对环境的影响。由于多个小型湿地的恢复成本往往高于一个大面积湿地的恢复成本，投资者出于节约成本的考虑，倾向于选择连片的大面积湿地开展恢复工程，侧面有效地避免了环境损害，保护了生态功能较大的湿地资源。水网密布的金县尤其重视城市湿地的保护，其湿地恢复措施主要有以下几点。

①水质的改善。湿地水源主要来自降水、地表径流和地下水，水源质量是决定湿地功能的重要因素。恢复流域植被与土壤成为金县政府过滤地表径流的首要途径，而各区域通过建立小型暴雨汇聚池收集并缓慢释放雨水进入湿地的措施，在极大程度上降低了土壤侵蚀度，起到了改善湿地水质的作用。另外，金县政府对在水网关键点建立的污水处理设施周边自然生境的打造十分重视，着力于保证水源区域生态系统健康稳定。

②土壤的恢复。金县湿地土壤多为腐殖土，是利于植物生长的优质土壤，但退化湿地多面临土壤板结、岩石侵扰等问题，因此湿地恢复工程前期一般注重土壤的更新，移走岩石，补充本地土壤，并通过堆土的形式制造坡度不一的土丘，增加湿地生境的多样性。

③水平面的控制。金县湿地受高涨落幅度（河水受潮汐影响的变化幅度较大）的影响，单一灌木种群占据优势地位，对维持生物多样性不利。湿地恢复工程通过控制堰保持水平面，减小水位的涨落幅度，增加湿地的适生性，维持群落稳定。

④植被的重建。金县的各湿地恢复规划中，植被的重建分两步，首先是通过除草剂或人工拔除的方式控制外来入侵种；其次是乡土种的种植。湿地影响缓解规划实施的评估对植被重建效果的要求：规划实施第一年乡土植被应占湿地及其缓冲区面积的15%，第三年达到35%，第五年外来种面积控制到20%以下。

⑤生态环境的联系。城市中道路与建成区往往隔绝了湿地与其他自然生态系统的联系，影响了生态系统间的物质能量交流以及对干扰的缓冲能力。金县的湿地恢复工程通过高地植被向湿地的延伸扩大了森林与湿地的边缘效应，促进了生境互动，增加了物种多样性与丰富度，而水体部分则制造倒木以联系湿地的两岸生境，为动物提供了迁移和栖息通道。

（3）启示

从金县的湿地恢复措施中，我们可以发现其生态的理念贯穿于与湿地相关的各个环节，从水源到地表基质再到小生境，这种通过连续的不同尺度结合的生态工程来恢复生态系统功能的做法值得借鉴。人工优化，加速演替过程。自然的演替稳定、安全且可持续，但也存在速度慢的问题，难以较快恢复到生态破坏前的环境质量。自然演替并不意味着完全排除人的参与。案例中的规划者通过各种方法向自然界中加入一定量的人为积极因素，使演替能够向着城市需求的方向加速发展。而湿地缓解银行与城市碳排放信用额度类似，是一种通过恢复环境来购买开发权的机制，鼓励人们在城市发展过程中重视环境保护与生态恢复，并主动积极地采取对环境有利的规划与建设方案。将环境保护全面融入市场机制的做法对我国生态城市的建设有很大的参考价值。

2.3.1.3　加拿大汤米·汤普森公园废弃地的再生

（1）简介

加拿大多伦多市的汤米·汤普森公园（Tommy Thompson Park）位于向安大略湖延伸出 5 km 的人工半岛。在 20 世纪 50 年代末，该地区就作为垃圾场，堆填了 4 000 万车次的建筑垃圾，成为城市的废弃地。1989 年，多伦多市政府将这一地区设计为以保护与恢复为主要建设方式的生态公园。

（2）生态恢复措施

基于自然演替的生态恢复。早期作为城市废弃地的汤米·汤普森公园，由于远离人为干扰，其陆地植被以及湿地植被获得了自然演替的机会，为鸟类以及鱼类提供了较好的生境条件。多伦多市政府在清理河道时，将淤泥和泥沙堆积到汤米·汤普森公园所在的位置，为公园内生态植被的恢复打下了坚实基础，在后续的生境重建规划中，采取以保护为主的生态恢复手段，利用多样的土壤基质、岸线以及垂直结构条件，构建丰富的生境类型，引种大量本地植物，进一步促进自然演替的发生，使生态系统自身的弹性恢复力发挥作用。

多伦多市政府以保护公园中生物多样性为目的，对公园总体进行功能分区，强调人流对野生动物活动场地的分离，将整个规划范围划分为生态保护核心区、生态保护过渡区与生态保护观光区。生态保护观光区中修建有栈桥和林间小道等供游人抵达公园中的自然生境；生态保护核心区在一年中限时开放，保护野生动物免受干扰。

生态格局的建立。多伦多市政府为了达到防洪与控制通向安大略湖河水流量的目的，购买沿河私人用地，修建滨水公园体系，形成了城市的河流廊道网络，汤米·汤普森公园则占据了生态节点的位置，联系城市公园系统与海岸湿地，形成了“斑块（生态节点）—廊道（沿河公园）—基质（安大略湖水面）”的生态格局，为野生动物的迁移和栖息提供了条件。目前公园里共有 305 种鸟类栖息。

（3）启示

该案例中的公园具有自然恢复生态的先天优势。城市边缘的场地规划应以当地自然条件为主要出发点，通过减小干扰和以保护为主的措施达到生态系统功能的自我修复，就地取材。该案例中恢复生态基础时使用了大量的城市河道中清理出的淤泥，这说明在城市生态规划中要充分利用当地条件，利用已有的植被、水体及其他原生态系统中的非生物因素，因势利导，综合考虑更为经济高效的生态恢复方案。要多方位考虑生态恢复后各种潜在因素对生态环境所造成的影响。多伦多市政府综合考虑了人流及野生动物的栖息规律，分区规划并限定了各区域的开放时间。而在我国，人员的季节性流动、经济发展等因素显然会对生态系统造成后续持久的压力，在制订生态恢复方案时需要比国外更多地考虑到恢复后的环境可变因素。生态格局的建立是恢复生态系统循环功能的重要基础。将区域生态恢复点纳入城市整体生态格局，既是对城市生态系统的一种完善，也加强了区域生态系统维护的成效。城市生态系统的承载能力非常有限，城市化的快速发展在带来经济繁荣的同时，也对有限的自然资源造成了破坏。如何恢复已被破坏的生态环境，实现城市与自然的平衡，是我国目前所面临的问题。

国外生态恢复的成功经验多具备以下基本因素：一是对退化生态系统的科学辨析，明确最关键的生态恢复对象与目标；二是生态恢复手段与生态恢复过程的完整衔接，从大尺度的功能分区到小尺度的场地设计均贯穿对自然生态系统的模拟；三是有完善的政策作为指引；四是公众的参与。城市生态恢复是一场艰苦卓绝的长期战斗，需要环境工程师、城市规划师、城市决策者以及公民的通力合作，在城市发展过程中进行不断修正与实践，才能最大限度地保证城市生态系统的健康，实现城市的有机更新与可持续发展。

2.3.1.4 普吉特城市雨水管理

（1）简介

普吉特海湾（Puget Sound）位于美国西北部，通过胡安德福卡海峡与太平洋相连，整个海湾周边地区集中了华盛顿州九大城市中的 6 个：西雅图、塔科马、埃弗里特、肯特、贝尔维尤和费德勒尔韦，人口约为 400 万人。

常年湿润多雨的普吉特海湾，雨水的累积不断威胁着该区域的生态系统健康。普吉特海湾的降雨径流中携带了源自城市建成区的大量污染物，破坏了地区河流水质、地下水质，影响水生动物的生存，且雨季的大量地表径流导致城市洪水暴发、动植物生境遭到毁坏。因此雨水管理计划纳入“普吉特海湾合作城市 2020 行动纲要”，成为海湾周边城市生态恢复的重要内容。

（2）主要策略

低影响发展（Low Impact Development，LID）项目是普吉特海湾针对城市雨水问题开展的生态恢复项目，目标是模拟自然生态系统循环，降低城市地表径流和水质污染。

LID 项目的主要策略包括保护措施、区域规划、管理实践以及维护与教育。保护措施注重重建植被与土壤以恢复自然地表并保护天然的排水结构。区域规划策略要求建筑与道路远离排水功能良好的土壤，减小非渗水表面比率并避免其成片蔓延；管理实践策略要求将雨水控制融入场地设计，在水源地附近使用尽量多的 LID 技术，改善水源质量，通过生态设计手法减小对传统雨水收集和污水处理系统的依赖；维护与教育策略要求区域提出具有明确指引的长期维护计划，对所有利益相关者授予植被、土壤保护和雨水管理等方面的实践知识。

LID 项目的具体实践包括城市雨水花园、透水道路、绿色屋顶建设以及屋顶引水灌溉工程等。城市雨水花园是 LID 项目中最有效的雨水管理方法之一。雨水花园在城市中扮演着自然植被的角色，得益于较地表平面低洼的设计，能够充分发挥收集、吸收和过滤建成区的地表径流的作用。由于雨水花园可以结合居民的门前绿化进行建设，所以带来了极高的公众参与度，影响也最为显著。透水道路是市政建设中的重点工程，与国内的海绵城市有相似之处，通过带有空隙的透水砖以及草坪，提高地表的透水性，减少雨水流失量。绿色屋顶建设与屋顶引水灌溉工程也是循环利用雨水、降低径流污染的有效途径。通过屋顶植被层与土壤层的过滤以及吸收，使雨水缓慢汇入屋顶管道，引入地面的雨水花园，实现了生态与建筑结合的自然循环系统。

（3）启示

各个城市受其地理位置、自然条件所限，均有一定的不可控自然因素（如雨水、风沙等）。在规划中，应从实际出发评估各种自然因素所带来的可能危害及治理的可行性，制订相关方案。在中国，城市地表径流污染问题也是城市化带来的重要生态环境问题，通过渗水型的地表基质进行城市水环境恢复的理念也多有提及，但是大多城市缺乏规范完整的管理策略引导城市建设、规划以及市民行为。普吉特海湾针对区域特定的环境问题制订了城市发展项目，并围绕城市规划、场地设计以及市政管理等层面确定生态恢复策略，通过教育、社区活动等形式鼓励公民参与解决城市生态问题，其经验值得学习。

该案例中对雨水的疏导及污水处理的各种理念已完全进入城市规划的各个细节，从街旁绿地低洼的设计到屋顶绿化引水管道的普及，体现出生态恢复已不仅仅是城市规划的参考因素，而是可以通过设计来实现的规划目标。

2.3.1.5 巴基斯坦拉瓦尔湖水质长期监测评价

（1）简介

河流和湖泊是地球生态不可分割的组成部分，对人类福祉有很大贡献，并且水生生物在很大程度上依赖于这一生态组成部分。河流和湖泊的污染问题日益严重，河流的演变受到土地利用变化方式和人类活动的影响，农业、娱乐和工业的发展会影响流域的径流。这些都是河流和湖泊污染程度增加的原因，主要污染源是各国未经处理的生活污水和工业废水，由于高浓度的有毒化学物质和生物营养物造成的有毒藻华、生物多样性的丧失等问题已在世界范围内引起关注。全球变暖导致的降水和径流的时空变化是影响河流湖泊生态系统的另一个因素。

发展中国家的湖泊由于受污染水源的流入正在退化，迫切需要进行适当的水质监测，以便今后规划和管理清洁水资源。

只有通过监测水质，了解水质的化学和生物特性，提供可靠的水质评价结论，才能充分了解并改善水质。研究人员使用一种简单的新技术对其 pH、浊度、碱度、钙、亚硝酸盐、硫酸盐、生物溶解氧、溶解氧、氯离子、总溶解固体（TDS）和大肠菌群等参数进行了分析。这种研究可用于调查其他由于城市化、土地利用方式变化和娱乐活动而受到污染威胁的类似系统。

（2）监测方法

水质采样是水质分析的重要组成部分。如果样品不能真正代表所要测试的水，即使是最精确的分析技术得到的结果也会产生误差。在科朗河（位于拉瓦尔湖上游及其周围村庄的河流）及其支流的某些关键地点设立了一个集中的项目来收集水样。

在聚类分析（clustering analysis）中，将大型数据集缩减为更小的组称为集群。集群由几对相似的集合组成，这些集合与其他组不同。聚类分析生成一个树状图，将几组数据分组成几个簇。从原始数据中提取的任何统计参数都可以用来估计两个样本之间的相似性。值得注意的是，聚类分析并没有自动确定可以表示所有数据集的聚类的数量。它是根据树状图中连续组之间的相对距离决定树状图上的“茎”应该切向何处，是一种主观的评价方法。另一种著名的技术被称为判别分析，可以用已知信息来表示不同的变量进行判别分析。在长期数据的基础上，以变量异常值最少的年份来研究年变化，从而得到年变化的平均值图像。

（3）启示

由于生活污水和生活垃圾在河水中的增加，氯化物的值也随之增长，科朗河集水区居民聚居区的发展造成了湖水的污染。

每年 7 月和 8 月是巴基斯坦季风时节，也是降水量最大的月份。夏季游客的参观和大雨造成拉瓦尔湖的水质严重污染。由于总溶解固体浓度高，湖水颜色呈灰黑色或泥棕色。浑浊度是主要变量，其值高于世界卫生组织的限值。7—8 月季风期间浑浊度较高，是因为季风期间有大雨，形成的径流从邻近地区带来了许多沉积物。而洪水引起的湍流输送的非生物物质，如黏土、淤泥和沙子，增加了科朗河沉积物中的悬沙和底沙。高浑浊度和高浓度总溶解固体导致水处理成本很高，还会引起水库泥沙的沉积，从而减少水库的寿命。

20 世纪 90 年代，巴基斯坦的环境部门在科朗河流域修建了拦河坝，以减少科朗河的泥沙负荷，湖水的总溶解固体和浑浊度明显降低。但是这些大坝不能长期存在。相关人员在视察科朗河流域时发现，这些水坝都已淤塞。因此，需要一个可持续的解决方案来减少拉瓦尔湖的污染。

来自社区、农业的未经处理的污水严重破坏了拉瓦尔湖的地表水质量，而拉瓦尔湖的不卫生状况严重增加了对周围环境、水库水生生物以及湖泊水处理获取饮用水的成本的负面影响。空间分析表明，随着河水向湖泊的靠近，污染显著增加。河流污染对水生生态系统造成了严重的生态问题，特别是在河流所贮存的湖泊和水库中，它增加了水处理的成本，甚至造成水资源短缺。

2.3.1.6 法国新医疗住房和健康环境咨询

（1）简介

自 2002 年以来，法国东南部的医生可以提供一种新的、独特的服务。当他们觉得室内环境对健康状况有负面影响时，他们可能会要求对病人进行住房环境检查。本项目调查的目的是评估这项服务的有效性。

在项目期间进行了 328 次这样的住房环境检查。检查的方案包括制订一份详细的调查表和进行环境抽样，用于鉴定霉菌、螨虫过敏源评价和在某些情况下测量挥发性有机化合物（VOCs）。结果发现住房环境的主要问题有霉菌感染（44%）、螨虫污染（32%）和接触新家具和维修 VOCs（9%）等。这些检查中对 59.4%的房屋进行了大量修理工作，包括修理木制家具、墙壁、地板和天花板，清理霉菌和管道。完全符合、部分符合和不符合房屋环境督察建议的比例分别为 50%、20%和 30%，而不按相关规定修理房屋的原因包括搬家、时间或资金限制。

（2）监测方法

2002 年 3 月—2005 年 3 月，调查人员对在家中病情恶化的呼吸系统疾病患者进行了资料收集，在此期间病人和医生的检查都是免费的。在收到服务请求后，会为这个家庭安排预约，一个由两名技术人员组成的小组随后被派往该家庭。在为期一年的住房危险及其管理的资料搜寻工作中，室内灰尘螨取样方式为原位半定量取样，使用黏性法鉴定霉菌，测量环境和墙壁温度及相对湿度。当视觉检查或气味提示可能存在化学污染物时，使用被动剂量计（passive dosimeter）对室内污染物（VOCs 和苯-甲苯-二甲苯基团）进行了测量。

（3）启示

在 205 名受访者中，有 102 人（50%）表示完全遵守建议，41 人（20%）表示部分遵守建议，56 人（27%）表示没有遵守建议，6 人（3%）表示不记得。当被问及为何没有遵守建议时，一些人表示，因为时间或资金限制，或者正在搬家，所以无法遵守。即使情况有所改善，还有的人认为觉得遵守建议太难或害怕干扰等。

根据这次调查提供的答复，住房和健康咨询服务改善了一半以上的住所环境。这些变化，以及减少螨虫和 VOCs 的措施，似乎令受访的 5 个家庭中的 2 个家庭的健康状况有所改善。这些结果是令人满意的，但需要通过一项对照研究来证实，该研究还应评估这种干预措施的成本—效果比。

2.3.2 环境服务付费

2.3.2.1 定义

生态系统/环境服务付费（Payment for Ecological/Environmental Service，PES）作为一种利用经济激励手段管理生态系统的方式，正日益受到人们的欢迎。PES 的环境经济学方法试图迫使生态系统服务转入市场模式。相比之下，生态经济学方法寻求的是使经济制度适应生态系统服务的物理特性，优先考虑生态可持续性和公平分配，并且跨学科的方法。PES 系统代表了有效管理基金服务资源可以以某种方式作为公共产品，体现了与传统市场制度的巨大差别。

2.3.2.2 发达国家和发展中国家环境服务付费的比较分析

环境服务付费是一种创新的保护方法，迄今为止，很少有人系统地比较 PES 的经验。研究发现，在用户资助的 PES 项目（资金来自 PES 的用户）和政府资助的项目（资金来自第三方）之间存在显著差异。用户资助的项目有更强的针对性，更贴近当地的情况和需求，有更好的监测效果和更大的意愿执行附加条件，并且比政府资助的项目有更少的混乱的附带目标。

（1）介绍

随着生态系统在世界范围内日益退化，其所提供的宝贵的环境服务已经丧失或减少，人们越来越急切地寻求解决方案。其中，PES 在发达国家和发展中国家都得到了越来越多的应用。从小的流域到整个国家，各种规模的 PES 和类似 PES 的计划正在实施。尽管人们对此越来越感兴趣，但大量的研究主要是系统地记录不同 PES 计划的特点和有效性，而对它们进行比较的研究较少。

在用户强化项目中，发展中国家和发达国家的典型项目都涉及单一买家和单一服务。使用外部资金共同资助启动成本，因此不是纯粹的用户融资。非政府组织（Non-Governmental Organizations，NGO）经常在空间尺度小的项目中充当中间人的角色，尽管这种类型的例子也可以在大空间尺度上找到。在政府资助的项目中，大多依靠正常预算程序的年度拨款，但一些专项资金来源是指定的用户单一费。发达国家的项目来自各级政府，而发展中国家的项目可以获得捐赠资金。然而，用户和政府资助的 PES 项目之间的界限可能会变得模糊。许多项目实际上混合了政府和用户的融资。例如，哥斯达黎加的 PSA 计划的资金主要来自政府资金，但也包括服务用户、国际机构和非政府组织的付款。

（2）PES 项目的有效性和效率

在环境服务付费中，有人建议，PES 事务的直接自然诱发比间接更有效并且有更多成本效益。一个 PES 程序能否成功地生成所需的 PES 取决于一系列的问题。首先，潜在的服务提供商必须参加该计划。任何由非参与者提供的 PES 条款都不能归于该计划。第二，供应商必须遵守合同条款。这就需要一些手段来监测遵守规定的情况，以及对不遵守规定者进行惩罚。第三，与没有该计划相比，遵守该计划必然导致土地使用的改变。如果私人股本受助人在不付款的情况下承担完全相同的土地用途，就不会产生额外的私人股本。第四，诱导的土地使用变化实际上必须产生预期的 PES。由于土地使用和生态系统之间的联系往往是不确定的，这不能视为理所当然。除此之外，还要关注所需要的服务是否长期提供；PES 计划所替代的破坏环境的土地用途是否被转移到其他地方；以及该计划是否产生了反常的激励等问题。

（3）PES 计划的分配影响

所有政府资助的项目都至少有一个（通常更多）额外的目标。虽然这些目标在某些情况下是明确的，但大多数情况下它们仍然是隐式的，这并不能使它们在资源分配方面的作用减弱。最常见的目标是减轻贫困、区域发展和创造就业。如果生物多样性保护不是一个明确的目标，那么它往往是一个隐含的侧面目标。

第 3 章　中国环境监理的孕育

3.1　中国环境监理产生的背景

3.1.1　改革开放、经济增长

随着我国改革开放，经济也迅速发展起来，经济总量居世界位次也稳步提升。1979—2004 年我国 GDP 平均每年递增 9.6%，而同一时期世界年平均增长速度为 3%～4%。在这 26 年中，有将近一半年份经济的年增长速度超过了 10%。1979—2004 年，我国人均 GDP 的增长态势与 GDP 总量增长基本类似，平均每年递增 8.3%，在世界经济中创造了“中国奇迹”。1978 年，我国经济总量仅位居世界第十一；2008 年超过德国，居世界第三位；2010 年超过日本，居世界第二位，成为仅次于美国的世界第二大经济体，其中增长速度、引进外资、外汇储备居世界第一位。

改革开放以来，我国的基础设施建设也有了巨大的改善。1995 年，我国与世界银行在贷款项目方面合作，世界银行共通过 14 个新项目，承诺贷款金额近 30 亿美元，重点帮助我国进一步改善基础设施，消除贫困和促进社会发展。其中，农业项目 2 个，贷款金额为 4.575 亿美元；工业、能源和交通项目 7 个，贷款金额为 21.4 亿美元；社会发展项目 4 个，贷款金额为 3.07 亿美元；财税支援项目 1 个，贷款金额为 5 000 万美元。我国着重发展东部地区的基础设施建设，现已成为全球的亮点区域，并且我国在教育、医疗、建设等行业都有了新的发展。但是，早期的经济如此增长迅速，背后是以破坏环境为代价的。氟利昂的使用，汽车数量的增加伴随着尾气的增加，废水、废气的未达标排放，垃圾的非集中处理，自然资源的任意使用等，都在一点一点地侵蚀着地球的环境。我国经济增长方式粗放，产业结构的不合理，生产性企业的高投入、高消耗、高排放，这些过快地消耗了大量宝贵的资源和环境容量。面对主要污染物排放超过环境承载能力、生态系统功能退化、资源保障能力不足的局面，资源环境已成为经济社会可持续发展的硬性约束条件。

3.1.2　环保法律颁布与机构改革

改革开放以来，我国的环保机构也进行了一系列的改革。

1972 年 6 月，我国派代表团出席联合国在斯德哥尔摩召开的第一次人类环境会议。1973 年 8 月 5—20 日，我国召开了第一次全国环境保护会议，这次会议标志着我国环境保护事业的开端。

1979 年 9 月 13 日，第五届全国人大常委会第十一次会议通过我国第一部环境保护法律《中华人民共和国环境保护法（试行）》并于同日公布实施。

1981 年 5 月，国家计划委员会、国家基本建设委员会、国家经济委员会、国务院环境保护领导小组颁发了《基本建设项目环境保护管理办法》，把环境影响评价制度、"三同时"制度纳入基本建设程序，即建设项目环境管理模式主要是根据环境影响评价报告的审批以及工程竣工环境保护验收阶段的管理进行的。

1982 年国务院机构改革，成立了城乡建设环境保护部，并将国务院环境保护领导小组撤销，其办公室并入城乡建设环境保护部，成立环境保护局，成为该部内设的司局级机构。

1983 年年末第二次全国环境保护会议召开，会上首次提出保护环境是我国的一项基本国策。

1984 年 12 月，国务院办公厅发布《关于设立国家环境保护局的通知》（国办发〔1984〕104 号），将城乡建设环境保护部环境保护局改为国家环境保护局。

1988 年 4 月 9 日，第七届全国人大第七次会议通过了《关于国务院机构改革方案的决定》，将国家环境保护局从城乡建设环境保护部中独立出来，成为国务院直属机构，城乡建设环境保护部改称为建设部。

1989 年 4 月，全国第三次环境保护会议召开，总结了自 1973 年以来的环境保护工作经验，除环境影响评价、"三同时"和排污收费三项制度以外，又提出了排污许可证制度和污染限期治理制度。

1989 年 12 月 26 日，第七届全国人大常务委员会第十一次会议通过了《中华人民共和国环境保护法》。

1998 年 4 月，国家环境保护局升格为国家环境保护总局（正部级），为国务院直属机构；国务院环境保护委员会撤销，有关组织协调的职能转由国家环境保护总局承担。2008 年 3 月，中华人民共和国环境保护部组建，成为国务院组成部门。2018 年 3 月，根据第十三届全国人大第一次会议批准的国务院机构改革方案，设立中华人民共和国生态环境部。

2005 年《国务院关于落实科学发展观　加强环境保护的决定》把 20 世纪 70 年代末以来逐步推行的污染限期治理制度化。该文件规定，排污单位超标排放污染物的，责令限期治理。限期治理的期限可视不同情况定为 1～3 年，对逾期未完成治理任务的，由县级以上人民政府依法责令其关闭、停业或转产。污染限期治理措施的采用始于 70 年代末期，从 70 年代末到 1995 年，共实施了两批国家级环境污染限期治理项目，治理项目数分别为 227 个和 140 个。该文件的实施进一步完善了排污收费制度，提出了排污费使用的原则、范围、比例等，以及“排污费高于污染治理成本”的原则，提高排污收费标准，促使排污单位积极治理污染。排污收费制度拓宽了企业污染防治资金渠道，增加了环境保护资金投入，对促进工业污染防治起到了十分重要的作用。

3.2 中国环境事业的问题和发展

3.2.1 我国环境所面临的问题

改革开放加快了我国社会主义现代化进程，使我国转变为高度开放的具有中国特色的社会主义社会，国内生产总值也达到了一个新的高度，而在各行各业高速发展的情况下，环境问题也开始显现。

以下为我国 20 世纪初期主要遇到的环境问题。

1. 大气污染问题

20 世纪初期，我国二氧化硫排放量为 1 995 万 t，居世界第一位。据专家测算，要满足全国天气的环境容量要求，二氧化硫排放量要在现有基础上至少削减 40%。此外，我国烟尘排放量为 1 165 万 t，工业粉尘的排放量为 1 092 万 t。大气污染是我国当时的第一大环境问题。

2. 水环境污染问题

我国七大水系的污染程度由重到轻依次是辽河、海河、淮河、黄河、松花江、珠江、长江，其中 42%的水质超过Ⅲ类标准，不能作饮用水水源；全国有 36%的城市河段为劣Ⅴ类水质，丧失使用功能。大型淡水湖泊水库和城市湖泊水质普遍较差，75%以上的湖泊富营养化加剧，主要由氮、磷污染引起。

3. 垃圾处理问题

20 世纪初期，全国工业固体废物年产生量达 8.2 亿 t，综合利用率约为 46%。全国城市生活垃圾年产生量为 1.4 亿 t，达到无害化处理要求的不到 10%。塑料包装物和农膜导致的白色污染已蔓延至全国各地。

4. 土地荒漠化和沙灾问题

全国第四次荒漠化和沙化监测（2005—2009 年）结果显示，全国荒漠化土地面积为 262.37 万 km^2，占国土总面积的 27.33%，而且，荒漠化面积还以每年 2 460 km^2 的速度增长。我国每年遭受的强沙尘暴天气由 20 世纪 50 年代的 5 次增加到 90 年代的 23 次。土地沙化造成内蒙古一些地区的居民被迫迁移他乡。

5. 水土流失问题

20 世纪初期，全国每年流失的土壤总量达 50 多亿 t，每年流失的土壤养分为 4 000 万 t 标准化肥（相当于全国一年的化肥施用量）。自 1949 年以来，我国水土流失毁掉的耕地总量达 4 000 万亩（1 亩≈667 m^2），这对我国的农业是极大的损失。

6. 旱灾和水灾问题

20 世纪 50 年代，我国年均受旱灾的农田为 1.2 亿亩，90 年代上升为 3.8 亿亩。1972 年黄河发生第一次断流，自 1985 年后年年断流，1997 年断流天数达 227 天。经专家调查推测，未来 15 年内我国将持续干旱。而长江流域的水灾发生频率却明显增加，500 多年来，长江流域发生的大洪水为 53 次，但近 50 年来，每 3 年就出现一次大涝，1998 年的大洪水对我国造成了巨大的经济损失。

7. 生物多样性破坏问题

我国是生物多样性破坏较严重的国家，高等植物中濒危或接近濒危的物种达 4 000～5 000 种，占我国拥有的物种总数的 15%～20%，高于世界 10%～15%的平均水平。在联合国《濒危野生动植物种国际贸易公约》列出的 640 种世界濒危物种中，我国有 156 种，约占总数的 1/4。我国滥捕乱杀和大量捕食野生动物的现象仍然十分严重，屡禁不止。

8. 世界贸易组织与环境问题

我国加入 WTO 面临两方面新的环境问题。一方面是国际上的“绿色贸易壁垒”。由于我国目前的环境标准普遍低于发达国家的标准，食品、机电、纺织、皮革、陶瓷、烟草等行业的产品将在出口贸易中受到限制。另一方面，由于国际市场对我国的矿产、石材、药用植物、农产品、畜牧产品的大量需求，可能会加重我国的生态、环境和自然资源的破坏。同时，我国可能成为国外污染密集型企业转移的地点和大量的国外工业废物“来料加工”的地点，这将极大地加重我国的环境问题。

9. 三峡库区的环境问题

三峡工程是我国在 20 世纪初实施的巨大水利工程，该工程于 2003 年开始发电。三峡工程建成后对地质环境、水资源环境、生态环境（涉及库区两岸和整个上游地区）的影响，以及如何有效防治库区污染是当时摆在建设者面前的大课题。

10. 持久性有机物污染问题

随着我国经济的发展，难降解的持久性有机物污染开始显现。国际社会在 2001 年通过了《关于持久性有机污染物的斯德哥尔摩公约》，其中确定的首批禁止使用的 12 种持久性有机污染物在我国的环境介质中多有检出，我国是该公约的签字国之一。这类有机污染物具有转移到下一代体内，并在多年后显现其危害的特点，也被称为“环境激素”或“环境荷尔蒙”，危害严重，而这类有机污染物被发现存在于工农业和城市建设等使用的化学品中。

由此可见，我国当时保护环境的任务刻不容缓。

3.2.2 环境保护工作的开展

自《人类环境宣言》发布以来，我国的环境保护理念从无到有，环境保护工作开始逐步开展起来。1973 年，国务院召开第一次全国环境保护会议，审议通过了环境保护工作方针和我国第一个环境保护文件——《关于保护和改善环境的若干规定（试行草案）》，成为我国环境保护事业的第一个里程碑。1978 年，我国第一次在《宪法》中对环境保护作出“国家保护环境和自然资源，防治污染和其他公害”的规定，为我国环境法治建设和环境保护事业的发展奠定了基础。

1983 年，我国召开第二次全国环境保护会议，正式把环境保护确定为一项基本国策。1984 年，国务院发出《关于环境保护工作的决定》，对有关保护环境、防治污染的一系列重大问题，包括环境保护的资金渠道都作出了比较明确的规定，环境保护开始纳入国民经济和社会发展规划，成为经济和社会生活的重要组成部分。

“八五”期间，国家提出了《中国环境与发展十大对策》，明确指出走可持续发展道路是当代我国以及未来的必然选择。我国批准发布了《21 世纪议程——中国 21 世纪人口、环境与发展白皮书》，从人口、环境与发展的具体国情出发，提出了我国可持续发展的总体战略、对策以及行动方案。确定了污染治理和生态保护重点，加大了执法力度，积极稳步推行各项环境保护管理制度和措施，环境保护工作取得了较好的效果。

“九五”期间，第八届全国人大第四次会议审议通过了《中华人民共和国国民经济和社会发展“九五”计划和 2010 年远景目标纲要》，把实施可持续发展作为现代化建设的一项重大战略，使可持续发展战略在我国经济建设和社会发展过程中得以实施。国务院发布了《关于环境保护若干问题的决定》，实施了《污染物排放总量控制计划》和《中国跨世纪绿色工程规划》，国家确定的“九五”环境保护目标基本实现，环境污染防治取得了阶段性进展，我国环境保护事业进入快速发展时期。

“十五”期间，党中央、国务院提出了树立科学发展观，构建和谐社会的重大战略思想，颁布了一系列环境保护法律、自然资源法、环境保护行政法规、环境保护部门规章和规范性文件、地方性环境法规和地方政府规章等。2002 年，我国第一部循环经济立法《清洁生产促进法》发布，标志着我国污染治理模式由末端治理开始向全过程控制转变。

“十一五”期间，国家深入贯彻科学发展观，转变经济发展方式，解决危害人民群众健康和影响经济社会可持续发展的突出环境问题，提出了建设资源节约型、环境友好型社会，大力发展循环经济，加大自然生态和环境保护力度，强化资源管理等政策。围绕实现“十一五”规划纲要确定的主要污染物排放总量控制目标，把防治污染作为重中之重，加快结构调整，加大污染治理力度，建立了节能降耗、污染减排的统计、监测和考核体系和制度，环境保护事业稳步迈进。

“十二五”期间，党中央、国务院把环境保护摆在更加突出的位置，把建设资源节约型、环境友好型社会作为加快转变经济发展方式的重要着力点，将改善环境质量作为落实科学发展观、构建社会主义和谐社会的重要内容。特别是党的十八大以来，以习近平同志为核心的党中央把生态文明建设摆在中国特色社会主义“五位一体”总体布局的战略高度，大力推进生态文明建设，努力建设美丽中国，一系列制度建设依序推进。中共中央、国务院印发了《关于加快推进生态文明建设的意见》和《生态文明体制改革总体方案》，颁布实施了《大气污染防治行动计划》和《水污染防治行动计划》，系统地提出了生态文明建设的理念和框架，并确立了一系列基本制度，开启了生态文明建设的新篇章。

“十三五”期间，党中央、国务院统筹推进“五位一体”总体布局和“四个全面”战略布局，提出“创新、协调、绿色、开放、共享”的新发展理念和建设“美丽中国”的宏伟目标。党的十九大立足生态文明建设取得的阶段性成果，着眼长远未来，进一步将“坚持人与自然和谐共生”作为新时代坚持和发展中国特色社会主义的基本方略之一，提出了生态文明建设是中华民族永续发展的千年大计、人与自然是生命共同体等重要论断，作出了加快生态文明体制改革、建设美丽中国的战略部署，明确了推进绿色发展、着力解决突出环境问题、加大生态系统保护力度、改革生态环境监管体制等重点任务。2018 年 5 月，党中央、国务院组织召开全国生态环境保护大会，提出要加大力度推进生态文明建设、解决生态环境问题，坚决打好污染防治攻坚战，推动我国生态文明建设迈上新台阶。我国先后出台了一系列重大决策部署，陆续印发了《“十三五”控制温室气体排放工作方案》《“十三五”生态环境保护规划》《国家综合防灾减灾规划（2016—2020 年）》《“十三五”节能减排综合工作方案》等重要文件，颁布实施了《土壤污染防治行动计划》，修订了《中华人民共和国环境保护法》，从健全法律法规、完善标准体系、健全自然资源资产产权制度和用途管制制度、完善生态环境监管制度、严守资源环境生态红线等方面，形成了深化生态文明体制改革的战略部署和制度架构。各地区、各部门深入贯彻落实党中央决策部署，在大气、水、土壤、海洋、饮水安全、减灾防灾、水土保持、防沙治沙等环境保护重点领域全面推进生态文明建设，我国的生态恶化趋势得到遏制，环境改善效果显著。

2021 年 3 月 11 日，第十三届全国人大第四次会议表决通过了《中华人民共和国国民经济和社会发展第十四个五年规划和 2035 年远景目标纲要》，全文共十九篇，六十五章，其中共计九章、二十小节提到了有关环境方面的规划，包括：落实“十四五”规划和 2035 年远景目标建议对“十四五”生态环境保护的要求；对标 2035 年美丽中国基本建成的目标；推进生态环境高水平保护，实现生态环境高效能治理；全面覆盖生态环境保护各领域各要素，体现到绿色发展、生态环境质量改善、生态环境治理体系和治理能力现代化三个最重要的方面；坚持精准治污、科学治污、依法治污，深入打好污染防治攻坚战；坚持深化改革创新，完善生态环境治理体系等相关内容。

3.2.3 环境监理的提出

随着环境污染日益严重，世界各国开始意识到环境问题并积极参与治理，我国也跟随世界的步伐积极参与到环境保护事业中。我国环境保护起初的工作并不顺利，各项制度、任务仍在艰难地探索中。改革开放以来，我国经济飞速增长，大量的建设项目也随之产生，在建设过程中，特别是水利、运输、电力、化工、矿物资源开发等大规模建设项目正在急速发展。这些建设项目建设期长、建设区域大，支撑设备的主要项目投资资金大，建设阶段对地区生态环境有很大影响。如果不能妥善处理，很容易引起区域环境污染及其他问题（如景观环境遭到破坏、生态环境功能恶化等）。虽然在建设时环境影响评价制度、“三同时”制度纳入基本建设程序，对工程项目前期和后期的管理有了明确的指示作用。但是，在环境影响报告批准后，在竣工环境保护验收前，没有有效的环境监察和管理方法来解决环境问题。因此我国环境保护事业又出现了新的难题。为了有效地控制工程对环境的污染和生态影响，按照有关环境保护的国土法规，根据建设项目的环境管理试点项目，结合建设项目的实际情况，我国提出环境监理，并对大型水利工程引入环境监理进行试点工程，促进了建设项目环境监理的发展。

20 世纪 90 年代中期在我国申请世界银行贷款的过程中，世界银行、亚洲开发银行等国际金融组织提出了环境监理的要求，实施环境监理成为项目贷款的基本条件之一。1995 年世界银行贷款的大型项目黄河小浪底工程首次引进了工程环境监理的模式，揭开我国环境监理工作的序幕。1995 年，黄河小浪底工程开始实施，事实证明，环境监理是一种可行的环境保护模式，而且可以通过项目实施的整个过程来执行。在黄河小浪底项目中成功应用环境监理对于促进建设期间的环境保护管理是非常重要的。黄河小浪底工程的环境保护实践也得到了世界银行专家的高度评价，被世界银行专家鲁德威格博士称赞为“发展中国家建设项目环境管理的典范”。这次黄河小浪底工程的初步尝试，打开了我国环境监理工作的探索之路。

3.3 中国环境保护的担当

3.3.1 环境监理的萌芽

3.3.1.1 早期环境监理的概念

早期，环境监理是在环境管理与征收排污费的实践工作中产生并逐步发展起来的。根据国务院发布的《征收排污费暂行办法》的要求，征收排污费制度成为强化环境监督管理的重要手段。经过十几年的实践，一支以征收排污费为主要内容，以监督管理、控制污染、保护和改善环境为目的环境监理队伍应运而生、迅速发展，并且具有了一定的规模。但长期以来的机构不健全和机构性质与职责不清，造成我国环境保护工作执法不严的问题。实践证明，要加强环境管理，就必须有一支队伍，没有这样一支队伍，加强环境管理就是一句空话。1986 年，国家环境保护局为解决环境保护工作长期存在的“执法队伍薄弱，环境执法不力”的问题，借鉴国家工商、税务、交通管理等综合监督管理部门组建基层执法队伍的经验，分别在广东省顺德县（现为顺德区）、山东省威海市、安徽省马鞍山市、河北省秦皇岛市等地进行了环境监理员试点工作，为全国建立一支统一的环境执法队伍提供了有益的经验。1990 年 12 月，国务院颁发布《关于进一步加强环境保护工作的决定》（国发〔1990〕65 号），明确规定“要加强基层环境监督执法队伍建设，增强执法力量”。为落实文件要求，国家环境保护局在大量调查研究和总结全国部分省、市环境监理试点工作经验的基础上，组织起草并原则通过《环境监理工作暂行办法》，于 1991 年 8 月正式发布。该办法正式提出环境监理是依据法律、法规和标准进行现场监督、检查和处理，并运用排污收费这一经济手段，强化对污染源、海洋和自然生态环境的监督管理，调查处理污染事故、纠纷。从此，环境监理工作在全国普遍开展起来。

在此阶段，环境监理是指环境保护监督职能中的现场监督执法工作。在我国环境保护法规体系基本建立的条件下，强化对污染源的现场监督管理，加强对“三同时”制度实际执行情况，污染治理设施运转情况，排污许可证、排污收费制度、污染事故报告制度执行情况的现场监督检查，是解决环境保护执法不力、执法不严问题的关键所在。

我国现行环境管理体制，一般可划分为决策管理系统（规划、计划、法规、标准）、监督执行系统（排污收费、现场监督）和支持保证系统（科研、监测、信息）三大系统。决策管理系统主要是运用行政、法律、经济技术、教育规划等手段控制污染、保护环境，属宏观管理；监督执行系统是为实现决策目标从事现场监督、检查与处理的执行者，属微观管理；支持保证系统是为实施和执行决策目标提供有效的技术支持与服务，属服务系统。

环境监理具有综合性、区域性、群众性、执法性和服务性的特点。综合性一方面表现在环境监理是环境科学与管理科学、管理工程交叉渗透的产物；另一方面还表现在管理体制上，它既是一种专业管理，需要归口管理环境保护相关工作，又要与其他专业管理相互融合，各自管好本领域的环境保护工作；再一方面还表现在环境监理是一个复杂的过程，它涉及自然、生态、经济、技术、法律和社会等领域，这些因素往往交织在一起，相互制约、相互促进。因而决定了环境监理必须采取行政、教育、法律、经济和技术等综合手段才能有效地发挥监理机制的作用，实现环境管理目标。区域性是指环境由于自然背景、经济结构、社会条件和环境本底的差异存在明显的区域。例如，沿海与内陆、平原与山区、城市与农村、丰水区与缺水区等各区域环境均有很大不同，而且各地区的工农业发展速度、资源能源的蕴藏量、人口密度以及污染状况等都存在差别。同时，各地的环境功能不同，如企业所在地是城市或风景区，或是企业污水排入饮用水水源地或污灌区；又如，企业处于工业区或居民区、文教区，因此，必须根据各地不同环境特征和功能，运用法律手段，因地制宜地采取不同的管理措施。关于群众性，环境是人类赖以生存的基础，保护和改善环境是每个人的责任，环境问题往往并非一个部门采取一种手段可以奏效的，特别是在及时发现和处理各种违反环保法规的行为上，必须依靠群众，才能真正做到全社会对污染环境的行为“齐抓共管”，才能提高全民的环保意识。执法性主要表现在环境监理的依据是法规和标准，法规和标准都是具有法律效力的社会规范，环境监理的根本作用是运用法律手段来保护和改善环境。服务性主要表现在通过对污染源的监督管理，能够促进企事业单位加强经营管理和技术改造，采用先进的技术、设备和管理制度，降低原材料和能源、资源的消耗，提高综合利用水平，从而达到提高经济效益和改善环境的双重目的，直接促进生产力的发展。另外，通过对自然生态环境的监督管理，可以促进海洋环境和自然生态环境的改善，防止其遭受破坏，为生态环境的良性循环提供保障。

3.3.1.2 早期环境监理的发展

我国环境保护工作中存在的主要问题不是无法可依，而是执法不力、执法不严。而造成这一问题的主要原因就是缺乏一支从事日常监督检查工作的专职执法队伍。环境监理工作的开展和发展，壮大了环境保护执法力量，促进了宏观环境管理，强化了环境保护现场执法力度，推动了环保事业的发展，成为解决“执法队伍薄弱，环保执法不力”问题的一个重要途径。

环境监理工作是随着我国环境保护事业的发展及征收排污费工作的深入而逐步展开的。在环境保护工作实践中，我国环境监理队伍从无到有，逐步发展壮大。环境监理工作的内涵也从最初的征收排污费扩大到环境保护现场监督执法的各个领域。环境监理工作的发展历程，大体分为 3 个阶段。

第一阶段，1986 年以前，环境监理工作的探索阶段。自 1979 年 9 月《中华人民共和国环境保护法（试行）》颁布以来，国家陆续制定颁布了一系列环境保护法律、法规，环境保护工作无法可依的问题初步得到解决，而执法不力、执法不严成为我国环境保护工作中的一个新的突出问题，尽管其原因是多方面的，但我国尚未建立一支与其承担任务相适应的统一的环境保护专职执法队伍，是造成该问题的主要原因之一。

各级环境保护部门开始逐渐认识到有必要建立环保执法队伍，加强环境保护执法力度。全国各级环境保护部门在这方面开展了不少工作，进行了许多有益的探索和尝试，主要有以下几种类型：第一种是建立排污收费监理队伍。这支队伍建立在已有排污收费队伍的基础上，以征收排污费为主，因为要经常深入到排污单位中去，一些地方环境保护部门赋予了这支队伍监督环保治理设施运行、污染事故纠纷处理等微观监督执法职能，对污染源实施日常现场监督、检查、处理。第二种是环境监察。为了加强环境保护执法力度，一些省（区、市）的环境保护主管部门试行并建立环境监察队伍，这支队伍的人员主要从各级环境保护系统现有的工作人员中聘任，有些地区还聘任了企事业单位及其主管部门从事环境保护工作的干部，颁发了“环境监察”证件和证章。由于没有专门的机构、编制和经费来源，这支队伍实际上是一个松散的社会监督网络，并未达到建立专职环境监督执法队伍的目的。第三种是组建消烟除尘大队等针对某些单一环境要素的环境执法队伍。一些地方为加强对某些单一环境要素的监督管理，建立了消烟除尘大队、汽车尾气监察管理大队等形式的监督执法队伍，配合当地环境保护主管部门开展工作。第四种是在城市监察大队下设环境保护监察分队。这种形式受到体制上的一些约束，队伍的发展受到影响。由于各地环境执法队伍发展水平不一、形式多样，不利于环境执法队伍全面发展，导致在环境保护系统内出现了多支队伍和多头执法现象。各级环境保护主管部门在建立队伍、强化执法方面的有益探索，为我国环境监理队伍的建立和环境监理工作的开展奠定了坚实的基础。

第二阶段，1986—1992 年，环境监理工作的试点阶段。建立环境保护的专职执法队伍，最主要的目的是加强环境保护现场监督执法力度。作为一支执法队伍，要有一定的执法手段、专门的执法机构和人员。鉴于在排污收费队伍的基础上建立环境监理队伍为全国大部分地区所接受，排污收费队伍在执法手段、执法机构和人员方面又具备一定的条件，国家环境保护局决定以现有的排污收费专职机构为主，建立并规范环境监理队伍，促进环境执法工作的全面开展。1986 年国家环境保护局在全国进行了第一批环境监理试点工作，为全国的环境监理队伍建设提供了有益的经验。特别是安徽省马鞍山市环境监理试点工作，取得了突破性进展，实现了从收费型向监理型方向的转变，为在全国大范围开展环境监理试点工作提供了成功经验。根据 1990 年国务院发布的《关于进一步加强环境保护工作的决定》中关于“加强基层环境监督执法队伍建设，增强执法力量”的规定，为解决长期以来环境保护工作中执法队伍薄弱的问题，国家环境保护局颁布了《环境监理工作暂行办法》，对环境监理的目的、任务、机构设置与职责以及环境监理执法人员的条件、权利和义务等均作出了相应的规定。1992 年 7 月，国家环境保护局以第 9 号令发布了《环境监理执法标志管理办法》，统一了全国环境监理执法标志；同年 11 月的全国环境保护厅局长会上，国家环境保护局向 30 个省（区、市）环境保护局发放环境执法标志 8 000 套。《环境监理工作暂行办法》和《环境监理执法标志管理办法》的发布，标志着我国环境监理工作进入全面发展时期。

第三阶段，1992 年至今，环境监理工作建立、深化、完善和发展的阶段。在全国第一批环境监理试点工作的推动下，各级环境保护部门按照《环境监理工作暂行办法》和《环境监理执法标志管理办法》，加快了开展环境监理工作的步伐。为进一步深化和规范环境监理工作，国家环境保护局又先后批准在山东等 22 个省（区）的 57 个城市进行全国第二批环境监理试点工作。1993 年国家环境保护局又在全国选择了 100 个县作为国家的环境监理试点县。江苏、吉林、山东等在全省全面推行环境监理试点工作。至此，环境监理试点工作在全国多层次、全方位地展开。环境监理队伍逐步发展成为一支不可缺少、不可替代的环境执法力量。

3.3.2 工程监理中的环境监理

3.3.2.1 环境监理的借鉴

在完成了黄河小浪底工程以及开启了 13 个重大建设项目试点工程后，环境监理开启了新的篇章，但它在我国还处于探索研究阶段，虽然各省（区、市）均在主动地开展环境工程监理的试点工作，但大部分都是参照工程监理的做法和经验开展的，由建设单位委托监理单位对建设工程项目进行管理，在监理原则、程序、方法、手段、组织机构、运行模式上与传统意义上的工程监理是相同的。由于环境工程监理的作用及工作内容不同，具有相对的复杂性和特殊性，因此参照传统工程监理的做法进行环境工程监理使此项工作从一开始就存在先天性的缺陷。有些省（区、市）还委托无相关环保知识的建设工程监理队伍随意出具一份监理报告，目的只是收取监理费，这种做法对新起步的环境工程监理无异于饮鸩止渴，对环境工程监理造成了巨大伤害。环境工程监理发展得比较早也比较规范的是陕西省、辽宁省和广东省惠州市。陕西省在 2007 年 4 月 1 日起施行的《陕西省实施〈中华人民共和国环境影响评价法〉办法》中除规定建设项目的环境工程监理以外，还明确提出了“建设项目施工阶段的环境影响”的工程监理；辽宁省发布了《关于印发〈辽宁省环保专项资金项目工程监理暂行办法〉的通知》（辽环发〔2007〕30 号），对从事环境工程监理的队伍进行了明确规定，环境影响评价资质、环境工程设计资质、工程监理资质缺一不可，这为做好辽宁省环保专项资金项目工程监理，保证环保工程质量、工期和环保专项资金投资效益的发挥，起到根本保障的作用；广东省惠州市也在 2007 年 6 月正式开始实施《惠州市环境保护局环境工程监理管理试行办法》，该办法中明确规定对隐蔽工程、管线走向、关键部位、关键工序施工实施旁站监理，并提出“环境工程监理单位在工程竣工后，应将该工程施工期环保措施的落实情况、污染防治设施建设情况（包括废水收集渠道、管线铺设走向、废水排放去向以及隐蔽工程的质量状况等）写出监理报告，报环境保护主管部门备案，并作为项目环保竣工验收的依据”。

3.3.2.2 环境监理收费方法来源

我国通过对比工程监理和环境监理两行业的相同与不同点，参照工程监理的收费方法制定了环境监理的收费方法。监理工作是技术咨询活动，它是有偿的服务，一般按照国家规定的收费标准进行收费，根据委托的监理业务范围、深度，工程的性质、规模、难易程度以及工作条件等情况，由合同双方进行协商确定。在工程监理合同中既要明确收费的方式，又要明确收费的标准。

环境监理的发展历程与工程监理有众多相似之处，必不可少地会在规范实施收费标准等众多方面参照工程监理。这种方式是帮助环境监理未来更好、更快发展的有效途径。但环境监理与工程监理工作内容不同、重点不同，照本宣科是不可行的。从根本上比较环境监理与工程监理，找出其相似性与差异性去制定收费标准才能使环境监理收费标准得到更广泛的认可。

3.3.3　辽宁省的探索模式

辽宁省作为首批环境监理试点省份，在 2004 年已经开始环境监理的探索工作。辽宁省环境监理的探索模式同国家探索模式类似，经历了由环境科学研究院、环境监察局、工程监理最后再由环评企业承担工作的发展路径。

3.3.3.1　行政指定市场模式

2004 年，辽宁省指定辽宁省环境科学研究院为监理机构。辽宁省环境科学研究院具有丰富的环境理论知识，可作为环境监理的实施依据，并以蒲石河抽水蓄能电站项目为试点，进行了环境监理的初次尝试。虽然辽宁省环境科学研究院可以对工程项目的施工人员进行辅导，但建设单位提出，建设项目环境监理如果属于行政执法行为，就不能收取费用；如果属于市场行为，环境监理单位就不能由行政部门指定，必须通过市场化的公开招标来确定。

3.3.3.2　环境监管行政模式

2005 年，辽宁省再次以大连大窑湾港项目为试点，将环境监察部门作为建设项目环境监理机构。而环境监察部门作为执法者只能起到执法监督的作用，无法以第三方身份为建设单位在项目设计、施工期间遇到的环境问题提供技术咨询服务。同时，辽宁省环境监察人员约为 2 000 人，每年承担着 10 多亿元的排污收费工作，5 万多起环境信访案件的处理，数百起环境纠纷和污染事件的调查处置以及数千家企业的日常环境监管等大量工作，人员方面无法满足环境监理工作需要，结果也未能有效推动环境监理工作的开展。

3.3.3.3　工程监理市场模式

2006 年，辽宁省环境保护局选择了工程监理单位来承担建设项目环境监理工作，并以大伙房水库输水工程为试点建设项目。环境监理是以环境影响评价文件和环境保护主管部门的批复为依据，虽然组织专家对工程监理单位进行了培训，但由于环境影响评价文件专业性强、工程监理单位环境保护业务能力较差，特别是工程监理单位隶属建设部门造成的管理体制不顺等，导致采用工程监理单位作为环境监理机构根本无法适应环境监理工作发展的需要。

3.3.3.4　环境监理市场模式

2007 年，辽宁省开始尝试以环评单位作为监理机构，而每个项目的环境监理机构以市场化的公开招标形式进行确定。这种方式不仅可以使环评单位利用自身的技术优势，为建设单位提供良好的咨询服务，也有利于建立一支隶属环境保护部门自己的监理队伍。

2007 年 5 月，辽宁省环境工程评估审核中心受建设单位委托对营口港鲅鱼圈港区四期工程、仙人岛港区南北防波堤及围堰一期工程环境监理进行公开招标，这是辽宁省首次进行建设项目环境监理公开招标。招标会议邀请了知名专家和建设单位代表进行评标，环境保护主管部门和纪检部门对本次招标过程实施监督，再按照专家打分高低确定中标单位。最后，交通部水运科学研究所、辽宁省环境科学研究院碧海监理公司和营口市环境科学所分别中标。

3.4 理论的“百家争鸣”与统一

3.4.1 国家

在环境监理的探索过程中，无论是政府部门还是企业人士，对环境监理的探索有着各自的理解，出现了“百家争鸣”的盛况。

3.4.1.1 环境监理——现场监督管理

从文字解释来看，“监”是从旁察看的意思，“理”是办理、处理的意思。因此，“监理”从字面上理解就是站在一定的高度，通过对事物、现象的直接观察和客观分析、判断，依法进行处置、处理的行为和活动。各级生态环境主管部门设立的环境监理机构就是在各级生态环境部门的领导下，依法对辖区内一切单位和个人履行环保法律、法规，执行环境保护的各项政策、标准的情况进行现场监督、检查、处理的专职机构。

环境监理要突出“现场”和“处理”两个概念，即环境监理是在现场进行的执法活动，环境监理的“理”不是“管理”而是“处理”，是依法采取的各种措施的统称。环境监理是一种具体的、直接的执法行为，是生态环境主管部门实施统一监督、强化执法的主要途径之一，是我国在社会主义市场经济条件下实施环境监督管理的重要举措。依照法律规定，各级生态环境主管部门对辖区环境保护工作实施统一监督管理，因此生态环境主管部门就是环境监督管理的主体部门。环境监督管理职能由3个层次组成：第一层次是生态环境主管部门代表政府对辖区污染防治和生态保护实施统一监督管理，有关部门各司其职，共同对生态环境保护工作负责；第二层次是对区域、流域的污染防治和生态环境保护进行统一的监督管理，主要表现在将环境规划纳入本地区、本流域的社会发展规划，并实施监督，如实行环境保护目标责任制，实行城市环境综合整治定量考核等；第三个层次是生态环境部门对污染源进行的直接和间接的监督管理，如限期治理、“三同时”排污收费和排污申报登记及排污许可证制度的实施等。这是环境监督管理的重要组成部分。

从理论上分析，以上3个层次的环境监督管理都含有现场监督检查的内容，因为只有深入现场，才能真正搞清有关环境法律、规章、制度的实际执行情况。环境监理将现场监督检查工作统一起来，开展强有力的、高效的现场执法活动，保证环境监督管理职责的实现。因此环境监理是环境监督管理中的重要组成部分。

3.4.1.2 公路建设项目——全面实施工程环境监理与环境行政监察工作

党中央、国务院要求我们要用科学发展观来统领经济社会的发展，在“十一五”期间进一步转变经济增长方式，要实现节约型和环境友好型社会，公路建设规模及进度应用科学发展观审视，使公路建设规划符合我国国情及社会经济的发展水平。要克服重发展速度和数量、轻发展效益和质量，对自然资源重开发、轻保护的弊端。为使公路建设收到应有的经济效益，发挥最大的社会效益，使自然资源得到最合理的利用与保护，针对当前公路建设中存在的问题，建议做好以下工作。

（1）全面加强规划环评工作，合理确定公路等级和建设规模，适当控制高速公路建设里程，保护我国有限的土地、林地、湿地的自然资源。西部地区公路建设应因地、因时制宜，统筹规划，合理布局。

（2）公路选线应尽量避绕自然保护区，客观条件所限确实避绕不开的，必须采取有效措施，最大限度地减少对地貌、植被的破坏；设置动物通道，减轻对动物迁徙的影响。平原地区尽可能地降低路基高度，严格控制工程和服务区、互通立交等辅助设施用地及临时用地。

（3）强化公路建设项目环境影响评价的决策机制。发挥环境影响评价工作应有的作用，制定法律、法规，规定编制交通建设项目的预可研、可研报告及初步设计的工作，应有熟悉工程的环保专家参加，使大部分问题在项目选址及工程设计过程中得以解决。结合当地实际情况，关注重点区域、重点评价生态保护工程和防护措施是否具有针对性和可操作性，环保资金是否列入及是否足够，监控计划内容是否被涵盖。公路建设项目要全面实施工程环境监理与环境行政监察工作。

（4）设立严格的环境准入标准。

①建立生态系统补偿标准。当项目建设需全部（或大部分）占用或破坏湿地、森林等重要生态系统时，应选定合适的地点与项目同步进行生态工程建设。

②建立生态恢复标准。当项目建设占用或破坏林木、湿地等重要生态系统时，应与项目建设同步实施生态恢复工程。在原有森林的地址（或附近）种植相同面积、品种的树木，并负责管护一定的年限。还可以采取与取土场结合的方法，在原有湿地旁建造湿地与原湿地相连。在山岭重丘区修建野生动物通道或通行桥，在湿地范围内的工程中建桥或涵洞。

③制定建设用地占用耕地的许可比率及复耕率。具体分为主体工程永久占用土地、施工期临时用地的类型、征用耕地的数量及复耕率。应制定不同地区占用耕地的许可比率，如占用基本农田应规定其补偿率。利用取、弃土场实行还耕和恢复植被的措施。

在今后的工作中，各司其职、各负其责、严格把关，贯彻落实以人为本、全面、协调、可持续的科学发展观，更好地指导新形势下的公路建设，提高公路勘察设计水平，进一步加强公路建设项目环境影响评价、技术评估和监督管理，通过技术和行政手段，严格控制生态破坏和污染物排放，积极解决历史遗留的生态环境问题，不欠新账，多还旧账，以党中央、国务院提出的科学发展观来统领全局并将其落实到生态环境保护工作中。

3.4.1.3 施工期环境监理——“三同时”管理制度的重要辅助手段

“三同时”管理制度是环境保护的重要管理制度，在控制新增污染源和污染物排放量、降低开发建设活动对生态环境影响、约束建设单位依法建设和依法排放污染物等方面发挥着重要作用。生态环境部相继颁布了《建设项目竣工环境保护验收管理办法》《环境保护部建设项目“三同时”监督检查和竣工环保验收管理规程（试行）》等行政规章；对环境保护“三同时”管理职责划分进行调整，确定各生态环境督查中心受委托承担国家审批的建设项目“三同时”现场监督检查，参与建设项目竣工环保验收；先后颁布了水利水电、石油炼制等 12 个行业的验收技术规范，完善了验收监测和调查技术审查环节。许多地方成立负责环保验收管理的专门机构，加大验收管理力度。通过几次大范围的建设项目专项检查，对一大批“三同时”违法建设项目进行查处。各地陆续开展对“十五”以来审批项目的全面清查。例如，河北省通过专项行动，对“十五”期间审批的 1 788 个项目进行集中检查，对违规项目分类处理，对超期试生产的 126 个项目限期办理验收手续，对 21 个“三同时”落实不到位的项目限期整改，并对 53 个严重违规项目进行立案查处，有力打击环境违法行为。

同时，施工期环境监理是“三同时”管理制度的重要辅助手段，有利于建设项目全面、同步落实环评提出的各项环保设施和措施，对强化施工期长、生态影响大、环境敏感性强的项目建设期环境管理十分必要。施工期环境监理始于交通、水利、港口、矿产资源开发等生态环境影响较大的项目，通过施工期监理，对未认真落实环评提出的污染减排措施和风险防范措施，擅自改变环评批复的项目，及时予以发现和纠正，在污染减排、提高环境保护“三同时”执行率、维护环境安全和群众环境权益等领域发挥重要作用，同时也对施工期的生态保护和达标排放起到积极作用。

生态环境部将积极推进管理体制、机制创新，理顺竣工验收管理程序。强化施工期环境监管，控制施工阶段生态破坏和环境污染。对高环境风险行业，涉及饮用水水源、自然保护区、风景名胜区，施工期环境污染和生态破坏严重，所排放的特征污染物容易对人体、植被、动物、土壤等造成累积性影响，位于城市建成区、容易造成污染扰民，位于超过污染物总量控制指标、环境质量较差地区，涉及防护距离内居民搬迁量大的建设项目予以高度关注，加强对这些项目的“三同时”监督检查和竣工验收管理。通过对新建项目竣工验收环节进行严格管理，强化各项治理措施，对实际产生的环境问题和潜在的环境风险进行更加深入的分析和评价，不留隐患。

开展工程建设领域突出环保问题专项治理，是党中央、国务院着眼于经济社会发展大局，为解决工程建设领域影响和制约科学发展突出问题做出的重大决策。部署开展工程建设领域突出问题专项治理，是环境保护系统解决工程建设领域突出环境问题、扭转经济增长的环境代价过大被动局面的有力抓手，为推进生态文明建设提供了重要机遇。环境保护部以使用政府投资和国有资金、特别是扩大内需项目，对 2008 年以来规模以上投资项目环保执行情况及环保资金分配与使用情况进行全面排查。同时与专项治理有机结合，分步开展“十五”以来审批的所有建设项目，特别是对“十一五”期间审批的钢铁、水泥、平板玻璃、多晶硅、煤化工、石油化工、有色冶金等行业建设项目环评执行情况进行全面清查，集中整改突出问题。

生态环境部将继续加大查处力度，坚决惩戒环境违法行为，抓住重点推进。工程建设领域环境违法行为得到有效遏制，环评制度综合效力进一步提升。从环境与发展关系来看，我国已进入一个重要的战略转型期，处理好环境与发展关系是解决经济发展矛盾的重要途径，是实现环境与发展战略转型的必然要求。要通过有序推进规划环评，严格新建项目环境管理，强化项目环评准入条件，重点加强环境保护“三同时”监管竣工验收以及对环境违法行为的处罚力度，实现环评全过程管理，严格环境准入，促进经济绿色发展。

3.4.1.4　环境监察与环境监理

环境监察是国家法律、法规赋予我们的职责和权利，做好建设项目环境监察工作可以与工程环境监理优势互补。青海省环境保护局在青藏铁路施工期环境监察方面做了很多有益的探索。开展建设项目环境监察工作单靠建设项目环境管理人员是不够的，要发挥环境保护执法队伍的积极性，对违法建设、没有执行“三同时”环境管理要求、野蛮施工或擅自开工生产的建设项目一经发现，就要严肃处理。

随着市场经济体制改革的深入进行，在建设项目管理方面逐步实施了企业法人制、工程招投标、工程监理等制度，这是强化建设项目管理的有效措施。为了适应形势发展的需要，在现有环境保护制度的基础上，应将一些较为成熟的工程管理的做法和形式充实到新的制度中。2002年，国家环境保护总局在新建青藏铁路、“西气东输”管道工程等13个建在生态敏感地区、生态环境影响突出的国家重点工程进行了施工期工程环境监理的试点。工程环境监理是建设单位委托有资质的监理单位作为第三方，依据合同和有关法律、法规对工程建设实施的环境保护工作进行监督管理，其内容主要是依据主管部门批准的环境影响报告书、有关设计文件和有关法律、法规对工程在建设过程中落实情况进行的监督，这将有利于生态环境部门对建设工程中的环境问题进行有效的监督管理。各省（区、市）应对本地区管理的建设项目进行筛选，对环境敏感的项目开展工程环境监理。

3.4.2　地方

3.4.2.1　辽宁省

辽宁省通过总结各个阶段所存在的问题，并结合自身特点，经过10多年的探索找到了属于自己的环境监理道路。辽宁省还开展省际环境监理合作、交流，接待了福建省、吉林省、江苏省、河北省、山西省、广东省、成都市、武汉市环境保护厅（局）等20余个省（市）监理调研团，又先后前往江苏省、青海省、山西省等地，商讨环境监理开展合作事宜，初步确定合作意向，使辽宁省的环境监理单位走向全国，进一步扩大了辽宁省环境监理在全国的影响。同时辽宁省的环境监理队伍进一步走出辽宁，辽宁碧海等监理单位承揽了云南、贵州、广西三省（区）的“中缅油气管道及云南成品油管道工程”，福建省的“中化泉州石化有限公司 1 200 万 t/a 炼油项目”“鞍钢冷轧钢板（莆田）有限公司 1450 冷轧生产线工程”，四川省的“中国石油四川石化千万吨炼油项目”，河北省的“秦沈天然气管线”等 10 余个省（市）重点项目。

辽宁省在探索结束后，在环境监理这条路上有了更进一步的发展。2010 年，辽宁省上报环境保护部的 24 个重大项目全部顺利通过审批；新增 83 项国、省审批项目开展了环境监理，较 2009 年增长 63%，其中大唐阜新日产 1 200 万标 m^3 煤制天然气项目环境监理合同额达 700 万元，创历史新高；强化项目试生产和验收的管理，对 27 个未落实“三同时”要求的项目实施了责令整改。

2012 年，辽宁省采取多种方式推进环境监理工作，国、省审批建设项目环境监理新增 48 项，同比增长 14.3%，使国、省项目环境监理量达到 345 余项。将环境监理纳入地方性法规，在《辽宁省辽河流域水污染防治条例》中增加了相关条款，制定了《辽宁省建设项目环境监理管理办法》等规范性文件，编写了“辽宁省建设项目环境监理培训教材”，形成了较为系统的环境监理法规标准保障体系，在环境监理领域继续领先全国。

2012 年，辽宁省为全面落实环境保护“三同时”，经省环境保护厅积极推进，在新开展的环境监理工作中，业务范围又取得新突破，开拓了输变电和高速公路两大行业，为经济发展提供了更加强大的环境保障。

3.4.2.2 江苏省

2011 年 7 月 11 日，环境保护部发布《关于同意将江苏省列为建设项目环境监理工作试点省份的函》(环办函〔2011〕821 号)，标志着江苏省环境监理试点工作的开始。随后，江苏省环境保护厅适时推出了《江苏省建设项目环境监理工作方案》。

2009 年，江苏省环境保护厅出台了《建设项目环境监理单位遴选工作程序（试行)》和《江苏省建设项目环境监理技术指南（试行)》，用于指导全省环境监理工作的进行，并于 2012 年 1 月公布了第一批共 24 家环境监理资质单位，其中 13 家甲级（临时）资质、11 家乙级（临时）资质，并规定了各监理单位的业务范围。

2012 年 12 月，江苏省环境保护厅发布了《关于加强建设项目环境监理机构与从业人员管理的通知》，通知中印发了《江苏省建设项目环境监理机构管理与考核办法（暂行)》和《江苏省建设项目环境监理从业人员管理与考核办法（暂行)》，并要求于 2013 年 2 月 8 日起实施。

3.4.2.3 贵州省

贵州省因其特殊的环境地形，国家对其一般工业固体废物贮存、处置场工程防渗系统施工、环境监理及验收都制定了特定的标准，这一套标准适用于贵州省新建、扩建及改建成的一般工业固体废物贮存、处置场工程的水平防渗系统，但并不适用于危险废物和生活垃圾填埋场的水平防渗系统。

贵州省生态环境厅是全省环境监理单位的统一管理备案的负责人，生态环境厅需要制定行业法规和技术规范，需要对环境监理单位和监理人员进行日常检查、培训和考核，对于不合格的单位及人员提出批评并责令整改，在下一次检查中重点关注。各级生态环境主管部门也有责任对辖区内建设项目的环境监理工作进行日常监督检查，对于从事环境监理的工作人员，必须取得生态环境部颁发的环境监理培训证书或贵州省生态环境厅颁发的环境监理证书。2018 年，贵州省辖区内以下建设项目开展环境监理工作：饮用水水源保护区、风景名胜区、自然保护区、森林公园、地质公园等环境敏感区建设项目；储存具有高度环境风险的一般工业固体废物土地和处置场地、危险废物贮存、垃圾填埋场建设项目；化工、造纸、焦化、电镀、煤化工、印染、钢铁、石化、有色等重金属污染物排放建设项目等环境风险较高的建设项目；施工期环境影响较大的建设项目，包括矿产资源开发、水力发电工程、石油天然气管网、公路、铁路、城市轨道交通等建设项目；不符合生态环境主管部门文件审批要求的建设项目或者明确下令要求进行环境监督的建设项目和限期治理项目。建设项目环境监理主要包括：建设项目是否影响环境评估文件的真实性；是否实施生态环境保护措施；施工期污染物排放量是否超标；是否搭建环保设施和实施与环保相关的方案。

3.4.2.4　内蒙古自治区

内蒙古自治区在 2007 年开始探索环境监理工作的道路，发布了《内蒙古自治区环境保护局环境监理管理办法（试行）》。2011 年，为了规范风电场建设期的环境管理，内蒙古自治区环境保护厅印发了《内蒙古自治区环境保护厅关于加强全区风电场建设项目环境保护管理工作的通知》（内环办〔2011〕74 号），要求所有风电场建设项目必须落实环境监理工作；2012 年 5 月，内蒙古自治区人大常委会审议通过了《内蒙古自治区实施〈中华人民共和国环境影响评价法〉办法》（内人常发〔2012〕34 号），根据文件要求，2012 年 9 月内蒙古自治区人民政府办公厅印发了《内蒙古自治区建设项目环境监理管理暂行办法的通知》（内政办字〔2012〕195 号），确立了内蒙古自治区建设项目环境监理工作的法律地位和管理办法。2012 年 8 月，内蒙古自治区发展和改革委员会批复了《关于核定我区建设项目环境监理暂行收费标准的复函》（内发改费函〔2012〕495 号）；2012 年 10 月，内蒙古自治区环境保护厅印发了《内蒙古自治区建设项目环境监理机构管理暂行规定的通知》（内环发〔2012〕210 号），明确了环境监理机构的申请条件、考核办法、从业人员资质认定等；后又相继印发了《内蒙古自治区环境保护厅关于进一步加强建设项目环境管理工作的通知》（内环办〔2013〕108 号）及《内蒙古自治区建设项目环境监理机构及从业人员考核办法（暂行）的通知》（内环办〔2013〕138 号），规范了内蒙古自治区环境监理机构的从业行为，提升环境监理从业人员的业务素质，推动了建设项目环境保护“三同时”有关措施的具体落实，有效发挥环境监理在建设项目环境管理中的作用。一系列文件的出台，为内蒙古自治区建设项目环境监理管理工作的有效开展打下了基础。

3.4.3 企业

环境监理公司由无到有、从小到大逐渐开始发展，辽宁碧海就是从辽宁省环境科学研究院下属的小公司逐渐发展壮大成为现在全国环境监理最大的公司之一。在铁岭、辽阳、鞍山、营口等地也分设公司成立环境监理队伍，为生态环境厅提供服务。中国石油辽阳石化、抚顺石化分公司也对所在项目开展了环境监理工作。部分省（区、市）还将环境监理工作委托给工程监理公司。

辽宁省环境监理企业发展由国营、民营、事业单位再到自身企业的发展，形成自主发展模式，经过市场的筛选，部分未满足市场需求的企业被淘汰，认真为企业、为环境事业服务，满足验收条件的企业得到市场认可，走出辽宁，并且得到全国的认可，承担了国家级重大项目，还指导其他企业并做培训。

第 4 章　中国环境监理的实践

4.1　政府部门管理

4.1.1　各部门的环境监理

4.1.1.1　建设部

工程监理的探索是从 1998 年开始的，从刚开始的试点工作发展成为稳定的一个行业。工程监理的成功实施为环境监理的开展提供了宝贵的经验。

建设部于 2001 年 8 月 23 日出台了《工程监理企业资质管理规定》（建设部令　第 102 号），该文件对不同等级监理资质的申领条件做了规定，同时明确各种行业工程监理单位资质的审批部门为国家建设行政主管部门，因此环境保护监理单位资质的申领和确认条件应遵守《工程监理企业资质管理规定》的有关要求，但对照实施后发现又不能完全套用该规定。

4.1.1.2　环境保护部门

1999 年 6 月 17 日，国家环境保护总局为全面推进环境监理工作，进一步加大环境执法力度，提高现场执法水平，保障国家环境保护法律、法规的贯彻实施和环境保护目标的实现，根据《国务院关于环境保护若干问题的决定》中关于加强基层环境监督执法队伍建设，增强执法力量、严格环保执法、规范执法行为、完善执法程序、提高执法水平的要求，就加强环境监理工作提出了有关环境监理的相关意见，并印发了《关于进一步加强环境监理工作若干意见的通知》（环发〔1999〕141 号）。

自 2004 年以来，辽宁省在建设项目环境监理方面进行了积极探索，初步建立了环境监理管理机制和环境监理技术队伍，完成了众多行业的建设项目环境监理工作，有效地推进了建设项目“三同时”管理。2010 年 6 月，环境保护部同意将辽宁省作为建设项目环境监理试点省份，印发了《关于同意将辽宁省列为建设项目施工期环境监理工作试点省的复函》（环办函〔2010〕630 号），并提到试点工作需重点关注环境监理定位、环境监理的监督管理、技术规范研究几方面内容。

2011 年 7 月，因江苏省初步建立了环境监理管理机制和环境监理技术队伍，基本具备全面推开环境监理工作的条件，同时正承担着《建设项目施工期环境监理技术导则》的编制工作，环境保护部同意将江苏省作为建设项目环境监理试点省份，并提到其试点工作需重点关注做好对环境管理的支撑工作、保证环境监理工作开展的时效性、环境监理的监督管理以及技术规范研究几方面内容。

2012 年 1 月，环境保护部发布《关于进一步推进建设项目环境监理试点工作的通知》（环办〔2012〕5 号），进一步扩大了试点省份范围。在辽宁、江苏两省建设项目环境监理试点工作的基础上，根据各地建设项目环境监理开展情况，以及部分省（区、市）环境保护厅（局）所报试点工作方案，环境保护部同意将河北省、山西省、内蒙古自治区、浙江省、安徽省、河南省、湖南省、陕西省、青海省、四川省、重庆市列为第二批建设项目环境监理试点省份。上述地区应根据当地环境特点、建设项目特征和环境管理实际需要，就建设项目环境监理管理和技术规范体系、环境监理市场化运作方式、环境监理机构准入、环境监理队伍建设、环境监理收费等进行全方位探索。

2015 年 12 月，环境保护部为推进环境保护行政审批制度改革，做好建设项目环境保护事前审批与事中、事后监督管理的有效衔接，规范建设项目环境保护事中、事后监督管理，提高各级环境保护部门的监督管理能力，充分发挥环境影响评价制度的管理效能，根据《环境保护法》《中华人民共和国环境影响评价法》《建设项目环境保护管理条例》《国务院办公厅关于加强环境监管执法的通知》等法律法规和规章及规范性文件，制定了《建设项目环境保护事中事后监督管理办法》。

2016 年 4 月，环境保护部经研究决定，废止 2012 年 1 月 10 日发布的《关于进一步推进建设项目环境监理试点工作的通知》（环办〔2012〕5 号），环境监理工作正式纳入国家和各级环境保护部门环境管理工作内容。

4.1.1.3 交通运输部

公路工程是最早开展环境保护监理工作的建设工程之一。2004 年 6 月，交通运输部印发了《关于开展交通工程环境监理工作的通知》（交环发〔2004〕314 号），明确提出在交通行业内开展环境监理工作，作为工程监理的重要组成部分，纳入工程监理管理体系，并制定了《开展交通工程环境监理工作实施方案》，对交通行业环境监理的组织实施做出了规定。同时，在全国范围内组织开展监理工程师的环境保护监理培训工作。

2005 年，交通部发布《全面开展交通行业建设工程环境监理工作》，提到全国交通行业广泛开展了工程环境监理工作，建设单位依据环境影响报告书（包括水土保持方案）、工程设计等文件的有关要求，制订施工期工程环境监理计划，在施工招标文件、施工合同、工程监理招标文件和监理合同中明确施工单位和工程监理单位的环境保护责任和目标任务，并作为评标和考核的内容。

随后，2006 年，交通部发布新版《公路工程施工监理规范》（JTG G10—2006），规定自 2007 年 1 月 1 日起施行，《公路工程施工监理规范》（JTJ 077—95）同时废止。在环境监理方面，2006 年版《公路工程施工监理规范》增加了关于施工环境保护监理的内容，要求监理工程师应审查施工组织设计是否按设计文件和环境影响评价报告有关要求制定施工环境保护措施，审查合格后方可同意工程开工；监理工程师在巡视、旁站中随时检查施工单位制定的环境保护措施的落实情况；施工中发现文物时，监理工程师应要求施工单位依法保护现场，并报告有关部门和建设单位；监理工程师应要求施工单位依法取得砍伐许可后方可按照砍伐许可的面积、株数、树种进行砍伐；注意保护野生动植物。

2007 年 12 月，国家环境保护总局、国家发展和改革委员会及交通部联合印发的《关于加强公路规划和建设环境影响评价工作的通知》（环发〔2007〕184 号）明确要求，设计单位在项目设计时，应当依据环境影响评价文件，落实各项生态环境保护措施，将环保投资纳入工程概算。建设单位应当按照环境影响评价文件的要求，制订施工期工程环境监理实施方案，并提交交通、环境保护主管部门，在施工招标文件、合同中明确施工单位和监理单位的环境保护责任，将工程环境监理纳入工程监理，定期向环境保护、交通主管部门提交工程环境监理报告。施工单位要严格按照合同中的环保要求，落实各项环保措施。

2016 年，交通部发布《公路工程施工监理规范》（JTG G10—2016），作为公路工程行业标准，自 2016 年 10 月 1 日起施行，《公路工程施工监理规范》（JTG G10—2006）同时废止，内容上明确监理工作主体和职责，调整了总监办、驻地办的主要职责，增补了安全、环保监理方面的内容。

2018 年，交通运输部发布《水运工程施工环境监理规范》（JTS 252—1—2018），自 2018 年 4 月 1 日起施行。

4.1.1.4　各省（区、市）

2003 年，浙江省发布《浙江省建设项目环境保护管理办法》，第三十八条规定："对可能造成重大环境影响的建设项目，推行环境监理制度，由建设单位委托具有环境工程监理资质的单位对建设项目施工中落实环境保护措施进行技术监督。"也就是说，可能造成重大环境影响的公路项目的施工环境保护监理将从工程监理中分割出去，进行独立监理。

2007 年，为贯彻落实《辽宁省人民政府关于落实科学发展观加强环境保护的决定》，切实加强建设项目全过程环境管理，辽宁省发布《辽宁省建设项目环境监理管理暂行办法》。

2010 年 6 月，环境保护部正式批准辽宁省为全国第一个建设项目施工期环境监理工作试点省份。

2010 年，山西省发布了《关于进一步加强建设项目环境工程监理工作的通知》（晋环发〔2010〕160 号），对环境监理机构的资质和从业人员资格提出明确要求；2011 年该省又发布了《关于开展环境监理工作的通知》，确定首批环境监理试点单位，并对开展环境监理工作提出具体要求。

2011 年，辽宁省发布了《辽宁省建设项目环境监理管理办法》（辽环发〔2011〕22 号），明确提出环境监理机构应具备下列条件：①在中华人民共和国境内登记的各类所有制企业或事业法人，具有固定的工作场所和工作条件，固定资产不少于100万元，企业法人工商注册资金不少于30万元。②具备10名以上专职技术人员，其中至少有2名环境影响评价工程师（或注册环保工程师）和1名注册监理工程师。专职技术人员均应当通过环境监理业务培训。③具有适当数量的工程分析、环境工程、生态、土建等方面的专业技术人员和一定环境管理经验的人员。④配备与环境监理工作范围一致的专项仪器设备，具备文件和图档的数字化处理能力，有较为完善的计算机网络和档案管理系统。

环境保护部于2011年10月17日在陕西省西安市组织召开了全国建设项目环境监理工作交流会。

2011年，陕西省发布了《关于印发〈陕西省建设项目环境监理暂行规定〉的通知》（陕环发〔2011〕93号），对资质管理、人员培训、开展环境监理的建设项目类型、监理内容、职责范围、奖惩制度等均进行了明确的规定，对环境监理工作具有较强的指导作用。

2011年，青海省发布了《关于印发〈青海省建设项目环境监理管理办法（试行）〉的通知》（青环发（2011）653号），对开展环境监理的建设项目类型、环境监理单位资质管理、人员管理及组织实施等均进行了详细规定。

2011年，重庆市在《重庆市建设项目环境监理技术规范（试行）》的基础上，制定了《重庆市建设项目环境监理管理暂行办法》《建设项目环境监理培训证书管理办法》《建设项目环境监理工程师培训方案》等规定，建立了建设项目环境监理制度体系。

2012年，新疆维吾尔自治区发布《新疆维吾尔自治区环境保护条例》，其第十七条规定："县级以上人民政府环境保护行政主管部门对水利、交通、电力、化工、冶金、轻工、核与辐射和矿产资源开发等施工周期长、生态环境影响大的建设项目，以及环境影响评价文件批复要求开展环境监理的建设项目，应当组织实施环境监理。"

2012年，江苏省发布了《江苏省建设项目环境监理工作方案》，明确了环境监理的重要意义、基本原则、工作要求、具体范围、工作程序和监管要求。

2012年，江西省印发了《关于在我省开展建设项目环境监理工作的通知》（赣环评字〔2012〕252号），明确了开展环境监理的建设项目类型、建设项目环境监理检查基本内容及程序、环境监理机构基本条件及考核要求等。

2012年，青海省质量技术监督局、青海省环境保护厅发布《建设项目施工期环境监理导则》，为加强环境监理工作提供了操作依据。该导则属推荐性标准，规定了建设项目施工期环境监理的工作程序、工作内容、工作方法、合同管理及资料管理的一般内容，旨在指导建设项目施工期环境监理工作，规范环境监理单位和人员的行为，确保环境监理工作科学、有序、高效运行，实现环境监理的制度化和规范化。

2012年12月，广东省环境保护厅监察局、广东省环境技术中心、广东省环境科学研究院编写了《广东省建设项目环境监理工作指南（试行）》，对省内开展各类建设项目环境监理做出技术指引；2013 年 12 月，广东省环境保护产业协会印发了《广东省建设项目环境监理资格行业评定管理办法（试行）》（2014 年 1 月 1 日起施行），该办法明确了开展环境监理的建设项目类型，对环境监理资格证书的申请条件、评定程序、资格管理以及考核监督等做了详细规定。

2012 年 4 月 12 日，安徽省环境保护厅发布《安徽省建设项目环境监理技术指南（试行）》。

2013 年 12 月，贵州省发布了《贵州省一般工业固体废物贮存、处置场污染控制标准》（DB 52/865—2013），这是我国首个关于工业固体废物管理的地方标准。该标准加强了新建项目施工期监管，凡是资源型建设项目的渣场都要加强环境影响评价，并从项目设计、施工全过程实施环境监理，确保工业渣场符合环境保护要求。据贵州省环境保护厅介绍，今后，环境保护部门将在工业园区实施工业固体废物集中化贮存，将不再批准建立中小型企业的渣场和尾矿库。

2016 年 4 月 26 日，安徽省环境监理协会正式成立，这是安徽省内唯一一家环境监理专业协会。该协会是经省民政厅批准，全省从事环境监理和咨询相关环保技术服务的机构及个人自愿组成的非营利性社会团体。该协会主要目的是宣传、学习和贯彻环境监理、环保咨询，开展行业内调查研究。重点从提高环境监理与咨询机构的服务效率、提高从业队伍的技术水平和服务能力、促进会员之间在环境监理与咨询方面的信息交流和共享、促进环境保护科研课题的研究等方面开展环境监理协会的工作，为政府主管部门决策提供技术支持。

2017 年 2 月，山东省建设项目环境监理协会成立，该协会是经省民政厅注册具有独立法人资格的社会团体，现有会员单位 38 家。该协会是由全省从事建设项目环境监理的机构自愿参加的非营利性的专业社会团体。在业务主管部门的指导下，发挥政府与企业联系的桥梁纽带作用，开展咨询服务和技术培训，推进环境监理行业规范服务管理，建立良好的环境监理市场秩序，促进全省建设项目环境监理工作健康、可持续发展。

2018 年，湖南省环境影响评价及监理协会在长沙成立，并召开第一次会员代表大会。该协会是湖南首个省级聚集环评监理相关企业的协会，协会成立后将搭建政府主管部门和行业间的沟通平台，维护行业间的公平竞争，促进行业健康持续发展。

2020 年，为贯彻落实《中华人民共和国土壤污染防治法》《土壤污染防治行动计划》《污染地块土壤环境管理办法（试行）》《广东省实施〈中华人民共和国土壤污染防治法〉办法》《广东省土壤污染防治行动计划实施方案》等有关要求，指导建设用地土壤污染修复工程环境监理工作，广东省生态环境厅组织制定了《广东省建设用地土壤污染修复工程环境监理技术指南（试行）》。

2021 年，为确保建设项目符合国家和地方环境保护政策、法律法规、技术规范和标准要求，满足建设项目施工期环境管理及竣工环境保护验收要求，并指导建设项目环境监理文件编制工作，提高环境监理文件编制质量，促进环境监理文件工作科学化、规范化发展，广东省环境保护产业协会批准发布《建设项目环境监理文件编制指南》（T/GDAEPI 04—2021）。

4.1.2 环境监理队伍建设

4.1.2.1 环境监察队伍

1986 年 5 月，国家环境保护局确定广东省顺德县、山东省威海市、安徽省马鞍山市和河北省秦皇岛市为环境监理试点地区。

1989 年 9 月 1 日，马鞍山市人民政府正式批准任命了 12 名同志为第一批环境监理员，并由市政府颁发了环境监理员证书，从而正式宣告了我国第一支环境监理队伍的诞生。

1991 年 1 月 31 日，马鞍山市环境监理员试点工作通过国家环境保护局的验收。参加验收会的有时任国家环境保护局开发监督司副司长陆新元、政策法规司副司长胡保林，以及吉林、辽宁、山西、甘肃、上海、沈阳等 16 个省（市）环境保护局的领导，还有国家财政部、人事部和国务院法制局的同志。据时任马鞍山市环境保护局局长方晨回忆，验收组一致认为，马鞍山市环境保护局在理顺环境保护系统内部运行机制等城市环境管理工作的一些深层次问题上进行了探索，尤其是落实国家环保法规政策，建立了一支环境执法队伍，在理论和实践上都有新的突破，解决了长期以来环境保护工作中存在的执法不力的问题，为开拓具有中国特色的环境保护道路和深化城市环境管理体制改革等提供了新的思路。

4.1.2.2 工程监理队伍

环境监理制度开始试行后，有的省份由环境保护厅下发资质证书工作，有的省份由工程监理单位增项负责环境监理工作。以辽宁省为例，2006 年，辽宁省环境保护局选择工程监理单位来承担建设项目环境监理工作。建设项目施工期环境监理是以环境影响评价文件和环境保护行政主管部门的批复为依据，组织专家对工程监理单位进行培训。但由于环境影响评价文件专业性强、工程监理单位环境保护业务能力较差，特别是工程监理单位隶属建设部门造成的管理体制不顺等，导致用工程监理单位作为环境监理机构，根本无法适应环境监理工作发展的需要。

4.1.2.3 环境监理队伍

经历了多年的摸索，环境监理终于有了自己队伍——由环境监理专业人员组成，负责机构主要以环境监理公司为主。2011 年，辽宁省出台的《辽宁省建设项目环境监理管理办法》中的第四章“环境监理机构的考核管理”对环境监理队伍的建设具有规范意义。其中，第二十条说明了环境监理机构应当具备的条件：

“（一）在中华人民共和国境内登记的各类所有制企业或事业法人，具有固定的工作场所和工作条件，固定资产不少于 100 万元，企业法人工商注册资金不少于 30 万元。

（二）具备 10 名以上专职技术人员，其中至少有 2 名环境影响评价工程师（或注册环保工程师）和 1 名注册监理工程师。专职技术人员均应当通过环境监理业务培训；

（三）具有适当数量的工程分析、环境工程、生态、土建等方面的专业技术人员和一定环境管理经验的人员。

（四）配备与环境监理工作范围一致的专项仪器设备，具备文件和图档的数字化处理能力，有较完善的计算机网络和档案管理系统。”

4.2　企业生产经营

4.2.1　企业分类

4.2.1.1　环境保护科学研究院

在环境监理探索初期，各地的环境保护部门委托环境保护科学研究院作为环境监理单位，但不同地区委托给环境保护科学研究院的责任不同，有的地方为建设项目环境监理提供指导意见；有的地方以环境保护科学研究院为中心成立环境公司承担环境监理工作（如浙江环科环境研究院有限公司）；有的地方的环境保护科学研究院单独成立环境监理中心（如内蒙古科苑环境保护监理中心等），来发布环境监理资质。

1. 青岛市环境保护科学研究院

青岛市环境保护科学研究院属于青岛市生态环境局下属的处级事业单位，在 2014 年被山东省环境保护厅批准为环境监理试点机构，涉及化工、港口码头、垃圾填埋场建设、土壤修复等工程项目。通过实践，青岛市环境保护科学研究院已经形成一套较为完善的环境监理工作体系，可以有效地指导环境监理工作的实施。

青岛市环境保护科学研究院专门成立了环境监理中心，组织人员对环境监理相关规范进行研究学习，编制了《青岛市环境保护科学研究院环境监理工作内容及实施方法流程》，对环境监理的工作内容、工作方法进行了明确，并确定了监理报告及各种表格的格式。在环境监理工作的开展过程中，青岛市环境保护科学研究院对遇到的具体问题进行了总结，编制了《青岛市环境保护科学研究院环境监理工作总结报告》《青岛市环境保护科学研究院月报编制规范》等规范性文件，并对环境监理的流程及相关报告表格进行了完善。青岛市环境保护科学研究院共编制完成了环境监理实施方案 14 份，施工期环境监理报告 5 份，环境监理总结报告 5 份，环境监理月报 200 余份。环境监理工作过程及报告的编制质量均得到了建设单位及环境保护主管部门的高度评价。

2016 年，青岛市环境保护科学研究院承担了青岛市李沧区场地土壤污染治理与修复项目（一期工程）的环境监理工作。与建设项目环境监理不同，我国还没有形成专门针对污染场地环境监理相关的技术指导性文件，土壤修复环境监理在国内尚处于起步阶段。该项目环境监理工作的开展是环境监理制度的又一次提升和飞跃，是环境监理由一般建设项目向具有鲜明特点的污染修复工程项目的进一步细化和发展。青岛市环境保护科学研究院抽调业务骨干组建了项目组，集中精力编制了工作流程、监理方案、监测计划等各项资料，建立了现场日志记录、周报、月报等工作制度，邀请了中国环境科学研究院的国家级权威专家对环境监理方案进行评审，且该监理方案获得了与会专家的一致好评。

2. 浙江省环科环境研究院有限公司

浙江环科环境研究院有限公司是浙江省环境保护科学设计研究院全资公司。2010 年，经省财政厅、省科技厅、省环境保护厅等主管部门批准同意，并经省工商局核准，公司由浙江环科工程设计有限公司正式更名为浙江环科环境研究院有限公司，并按照环保产业发展的需要扩大了经营范围，将注册资本增加到 2 000 万元，顺利实现了挂牌运营，以全新的格局迎接新的发展。该公司主要开展环境影响评价、管理体系认证、上市企业环保核查、环境影响后评价、水土保持方案编制、环境治理工程设计与工程承包、环境工程监理等业务领域，为社会和企业提供环保咨询与工程技术服务。公司拥有环境影响评价、工程设计、管理体系认证（ISO 9000/ISO 14000/ISO 18000）、环境监理、水土保持等环保服务领域的资质证书和一支专业、精干、年轻、训练有素的环保工作队伍。

3. 内蒙古科苑环境保护监理中心

内蒙古科苑环境保护监理中心隶属内蒙古环境科学研究院，成立于 2007 年 7 月，拥有内蒙古自治区环境保护厅颁发的建设项目环境监理资质，是目前内蒙古自治区范围内最具规模的专业化环境监理单位之一。该中心下设 3 个环境监理所，现有员工 33 人，其中高级工程师 4 人，中级职称 15 人，现持有环评工程师证、环评上岗证、环境保护部颁发的环境监理业务培训合格证、自治区颁发的环境监理上岗证和项目负责人证、自治区颁发的工程监理证；监理业务范围遍及自治区各盟市，监理业务涉及公路、铁路、市政、煤炭、风电、水电、有色冶金、造纸、医药、煤化工、化工、金属镁、生物科技、天然气管道输送等各类项目；目前中心可承揽全区各类建设项目的环境监理工作。

4. 上海市环境科学研究院

2012 年，上海市环境科学研究院签署上海迪士尼度假区环境监理项目服务合同。该项目占地面积为 7 km^2，其中首期建设规划占地 3.9 km^2，包括 1.16 km^2 的主题乐园项目和 2.74 km^2 的配套设施项目两大部分，施工期近 4 年。从 2012 年 5 月到 2015 年年底的项目合同期内，上海市环境科学研究院将对由美方负责建设的工程内容开展工程环境监理服务。

4.2.1.2 设计院

有的地区的设计院也参与到环境监理的事业当中，如潍坊市环境科学研究设计院、青海省环境科学研究设计院。

1. 潍坊市环境科学研究设计院

潍坊市环境科学研究设计院成立于 1988 年，2008 年 1 月改制为有限公司，拥有 30 余年从业经验，专业从事环保管家式服务的技术咨询。公司是中国环境保护产业协会会员单位、中国环境保护产业协会环评分会理事单位、山东省建设项目环境监理协会副理事长单位、潍坊市环境保护产业协会副会长单位，公司通过了 ISO 14001 环境管理体系和 ISO 9001 质量管理体系认证。

公司坚持“业务多元化、人才专业化”的发展战略，着力打造了“环境咨询、环保管家、环境监测”三大业务板块。环境咨询板块主要开展项目环评、规划环评、排污许可填报与审核、生态环境规划、环境风险评估等业务；环保管家板块主要开展政府采购服务、环境技术评估、企业环保管家、环境综合咨询、环境监理、固体废物管理服务等业务；环境监测板块主要开展环境监测、环保验收、土壤调查、危险废物鉴别等业务。公司现有员工共 90 余人，其中高级工程师 12 人，工程师 30 人；环境影响评价工程师 10 人，环保工程师 2 人，环境监理工程师 11 人，同时有环境监测、污染场地调查与修复、排污许可证申领、竣工环保验收监测（调查）、清洁生产审核、水土保持方案编制、水资源论证等领域的专业人员 40 余人。

潍坊市环境科学研究设计院成立以来，先后承担完成了污水、废气治理工程项目 40 余项，涉及印染、屠宰、食品、城镇污水、化工等多个领域。还主持和参与完成了小清河（羊口段）突发性污染防治对策、潍坊市近岸海域功能区划、莱州湾西南部环境质量评价与污染防治对策、潍坊市小流域、虞河污染综合治理实施规划等 20 余项市级科研课题。

2. 青海省环境科学研究设计院

2012 年，青海省环境科学研究设计院积极发挥建设项目环境监理方面的优势，参与招标的“新建锡铁山至北霍布逊支线铁路”和“玉树与青海主网联网 330 kV 输变电工程”施工期环境监理均已中标。新建锡铁山至北霍布逊支线铁路位于青海省海西州都兰县境内，从青藏铁路西格段的锡铁山站接轨引出，跨全集河，向南行进至北霍布逊盐湖矿区，线路正线全长约 43.526 km，疏解线长度为 12.596 km。项目建设单位为青海省地方铁路管理局，计划总投资 86 740.23 万元，建设期限为 18 个月。玉树与青海主网联网 330 kV 输变电工程线路约 803 km，途经湟中县、湟源县、共和县、兴海县、玛多县、称多县、玉树县，项目建设单位为青海省电力公司，总投资 228 322 万元，建设总工期为 17 个月。

3. 环境保护部环境工程评估中心

环境保护部环境工程评估中心配合环境保护部与环境影响评价司进行环境监理工作。2011 年，环境保护部环境工程评估中心在辽宁省沈阳市对建设项目施工期环境监理技术人员进行培训，同时也选择了多位辽宁本地环境监理工作经验丰富的专家作为授课教师。2012 年 8 月，环境保护部环境工程评估中心全资成立北京中环格亿技术咨询有限公司，公司主要从事竣工环保验收调查、环境监理、环境影响后评价、VOCs 核查以及相关环保科研课题的技术工作。

4.2.1.3 高校

高校具有优秀的扎实的理论以及知识教育资源，可以作为咨询方，为管理部门提供技术方面的支持与人才的输送，如辽宁大学、沈阳建筑大学等。

4.2.1.4 社会企业

环境监理作为第三方服务机构应该回归市场化机构，因此以国有企业为代表的环境公司开始开展环境监理服务。随着市场的开放，环境监理市场份额的日益增大，单独的环境监理公司也相继出现。环境公司包括国有企业和民营企业，国有企业还包括中直企业、省直企业以及市直企业。这些环境公司都参与到环境监理的事业当中，其中还有单独的大型环境监理公司的出现，为环境监理这一行业的规范起到了推动作用。

参与环境监理初期探索工作的单位见表 4-1。

表 4-1 参与环境监理初期探索工作的单位

序号	分类	单位名称
1	环境保护科学研究院	沈阳环境科学研究院 丹东市环境规划设计院 盘锦市环境科学研究院 鞍山市环境保护研究所 抚顺市环境科学研究院 铁岭市环境保护科学研究院 葫芦岛市环境保护科学研究所 沈阳市环境技术评估中心 营口市环境保护科学研究所 朝阳市环境科学研究院 海城市环保局监测站
2	设计院	潍坊市环境科学研究设计院 青海省环境科学研究设计院 大连机工机械环保研究所 核工业二四〇研究所 大连市环境科学设计研究院 辽宁省冶金地质勘查局地质勘查研究院 丹东市环境规划设计院 丹东轻化工研究院有限责任公司 大连市环境技术开发中心 中煤国际工程集团沈阳设计研究院 中冶焦耐工程技术有限公司 中冶北方工程技术有限公司 沈阳化工研究院设计工程有限公司
3	高校	大连理工大学 东北大学 大连海事大学 中国科学院沈阳应用生态研究所

序号	分类	单位名称
4	社会企业	辽宁碧海环境保护工程监理有限公司 辽宁中咨华宇环保技术咨询有限公司 辽宁昌鑫环境工程咨询有限公司 中石油东北炼化工程有限公司 辽宁新迪咨询顾问有限公司 北票市同德环境工程技术咨询有限公司 锦州环境工程技术公司 营口瑞丰环保服务有限公司 朝阳市蓝源环境科技咨询有限公司 鞍山市启瀚环保技术有限公司 辽宁宇洁环保咨询有限公司 营口市环境工程开发有限公司 辽宁瑞尔工程咨询有限公司 辽宁镕晋达环境工程有限公司 沈阳市绿翰源工程咨询有限公司 大连市环境保护有限公司 大连经环建科技服务有限公司 大连大禹水处理技术有限公司 鞍山市启翰环保技术有限公司 沈阳绿翰源工程咨询有限公司 沈阳环保工程监理有限公司 沈阳沈铁环宇工程咨询有限公司 抚顺市清远环境科技有限公司 大连科鑫环保节能技术有限公司 营口环境评价有限公司

4.2.2 岗位培训

4.2.2.1 辽宁省

环境保护部环境工程评估中心经多次调研，将全国首期建设项目施工期环境监理技术人员培训班设在辽宁沈阳，同时也选择了多位辽宁本地环境监理工作经验丰富的专家作为授课教师。

2011 年 5 月 15—18 日，来自全国 20 多个省（市）近百个单位的 260 名学员（其中辽宁省 105 人）参加了此次培训班。通过 3 天培训课程的学习，学员们基本掌握了环境监理的基础知识，增强了对各大类建设项目开展环境监理的技术能力，本次培训班取得了预期的效果。全部培训学员参加了考试，经考试合格的培训学员将获得环境保护部环境工程评估中心颁发的培训合格证书。举办这次培训班是配合环境保护部推进和探索环境监理工作的总体要求，目的是提高环境监理技术人员的工作水平，促进环境监理的规范化，切实做好建设项目施工期环境保护工作。

2011 年 5 月 31 日—6 月 2 日和 2011 年 9 月 15—17 日，辽宁省环境保护厅在沈阳市分别举办《辽宁省建设项目环境监理管理办法》印发以来的辽宁省第 1 期和第 2 期建设项目环境监理技术人员培训班，并在培训最后一天组织考试，对考试通过人员发放合格证书。其中 1 期 269 人、2 期 225 人，共计 494 人参加培训。这两期培训进一步推动和深化了辽宁省环境监理工作，完善了人员认证工作机制，规范了辽宁省环境监理市场，提高了环境监理队伍工作质量和效率，并为其后环境监理单位的重新认定提供了保障。经过这 3 期的培训，已有近 38 家环境监理单位达到或超过专业技术人员最低 10 人的准入条件。这 3 期培训为辽宁省环境监理资质的颁发及管理打下了基础。

辽宁省开展环境监理的单位也由 18 家发展到 27 家（其中省外单位 1 家），2010—2011 年新增 4 家。辽宁省环境监理已经走出辽宁，走向全国。经过建设单位在全国范围内的严格筛选审查和公开招标，辽宁碧海环境保护工程监理有限公司承接了“中国石油四川石化千万吨炼油项目”“秦沈天然气管线”“鞍钢冷轧钢板（莆田）有限公司 1450 冷轧生产线工程”等重点项目和工程的环境监理工作，共计 200 余项。这些项目的实施锻炼和培养了辽宁省的环境监理队伍，也为该地区环境监理的开展起到了宣传和促进作用。根据《辽宁省环境监理试点工作方案》和《辽宁省建设项目环境监理管理办法》，将环境监理资质纳入环境影响评价资质管理范围，在“建设项目环境影响评价资质证书”的业务范围上增设“环境监理”专项，环境监理机构通过申请业务范围为“环境监理”的环评资质证书，取得环境监理执业资质。通过这一制度，扩大了监理从业队伍，避免了先前“试行办法”规定的只有具有环评资质的单位可以从事环境监理的弊端，以消除“有条件”的单位不愿意做，“无条件”的单位有能力、有意愿做又不能做的局限，缓解了环境监理从业单位的不足。

自 2011 年 8 月开始申报以来，已完成第一批环境监理资质的审查，2011 年 12 月 6 日，对第一批通过审查的 3 家单位颁发了环境监理资质，建立专业的环境监理单位。结合环境影响评价单位体制改革工作，根据实际工作需要，辽宁省将培育几十家专门的环境监理机构，进一步开展环境监理从业人员的培训、建立继续教育制度，不断提高环境监理队伍业务水平，培养了一批具有环境监理知识的专业人才和专业队伍，保证环境监理工作效率和质量。

2012 年，针对在建设项目中的污染情况，环境保护部发布了《关于进一步推进建设项目环境监理试点工作的通知》（环办〔2012〕5 号）。以此为主导，为了培养建设工程环境监理领域的专业人才，促进工程环境监理工作开展，中国环境科学学会和中国建设教育协会在主管部委指导下合作开展全国环境监理工程师证书的培训考试工作。

4.2.2.2 广东省

2014 年，为加强广东省建设项目环境保护管理，提高环境保护监理人员业务水平，推动广东省建设项目环境监理工作健康有序发展，由广东省环境保护产业协会培训中心与广东省环境保护干部培训中心于 2 月 26 日—3 月 1 日在广州联合举办第一期广东省建设项目环境监理技术人员培训班，共有 160 人参加了培训。广东省环境保护厅环境监察分局王廷祈副调研员、广东省环境保护职业技术学校陈先铸校长、协会副秘书长出席了开班仪式，并分别做了讲话，对培训班的重要性、培训的具体要求等做了明确指示和说明。培训班聘请了广东省知识渊博、实践经验丰富的专家和老师进行授课，内容充实完整，详细讲解了环境监理的基础知识，从生态、交通运输、水利水电、市政管线、工业、化工、电镀、建材等领域分别讲解环境监理的要点，并结合案例进行分析。学员于培训的最后一天进行闭卷理论考试，通过考试的学员将获得广东省建设项目环境监理技术人员培训合格证书。广东省建设项目环境监理技术人员培训工作得到了广泛肯定和欢迎，学员报名踊跃，广东省此后会定期举办培训班，积极做好相关培训和管理工作，为各单位申请"广东省建设项目环境监理资格行业评定"的人员提供帮助。

4.2.2.3　甘肃省

2019 年，为推进和规范甘肃省建设项目工程环境监理，加强行业管理，规范省内环境监理市场，提高环境监理队伍的从业能力，根据《甘肃省建设项目工程环境监理能力等级评价管理办法》的有关要求，甘肃省环境保护产业协会开展第一期建设项目工程环境监理技术人员培训工作。

4.2.2.4　四川省

2018 年 11 月 28 日，四川省环境保护产业协会首期建设项目环境监理人员培训班在成都开班。

4.2.2.5　西藏自治区

2014 年，全国环境监理工程师培训首次在拉萨市举行，100 多人参加培训，培训合格学员将取得全国环境监理工程师岗位资格。西藏自治区加大环境保护力度、增强全民环保意识、培养环境监理专业人才的工作已刻不容缓。开展工程环境监理工作有利于实现建设项目环境管理由事后管理向全过程管理的转变，由单一环保行政监管向行政监管与建设单位内部监管相结合的转变，对促进项目全面、同步落实各项环保措施，推动经济社会可持续发展具有重要意义。环境监理工作是保证工程建设项目施工过程中保护生态环境最直接、有效的手段。随着全国环境监理工程师证书的出台，会对消除污染隐患、降低环境风险、化解环境纠纷，具有积极的作用。

4.2.3　成本核算

4.2.3.1　辽宁省收费标准

从 2007 年发布《辽宁省建设项目环境监理管理暂行办法》开始，随着环境监理的发展，辽宁省收费逐步合理。已从单一的项目委托方式（建设单位与监理单位协商收费金额）

发展到如今的公开招标，通过公平公正的方式用市场经济来协调收费金额趋向合理化。

1. 单一项目委托制

环境监理收费的合理化问题是辽宁省阻碍环境监理实施规范化的重要一环。辽宁省环境监理从最开始的单一项目委托制逐步走向市场经济下的公开公平招标。但辽宁省内项目，特别是县级市项目，依然是单一项目委托制，其收费主要来自业主与环境监理方的自行协调。这种委托制阻碍了建设项目环境监理的市场化发展，由于单一委托无竞争，放慢了各监理单位追求环境监理质量的脚步。

2. 公开招投标

进行网上公开招投标的项目，主要的收费方式有以下 3 种。

（1）参照环境评价报告书内容

部分环评报告书在环境管理章节会提出环保投资总额及其环保治理措施投资额的估算。环境影响评价报告书一经上级行政主管部门批准，即成为具有法律效力的文件。报告书中所列的环境监理费用被视为同样得到了上级行政主管部门的认可，可视作该项目环境监理费用的政府指导价格。

（2）参照工程监理收费方式，按照工程总投资额的一定比例进行收费

这种收费方式比较简单，也是国家制定监理取费标准的主要形式。但环境监理在我国开展以来并无一个详尽的、得到各环境监理单位认可的监理费用基数。

（3）工资加一定比例的其他费用

这种方式也是辽宁省运用比较多的方式。这种方式主要是以监理机构的监理人员实际工资为基数，乘上一个系数而计算出来的。这个系数包括应有的简介成本和税金、利润等。除了监理人员工资，其他的各项直接费用均由业主另行支付。这种方式能保证监理方的收入，与成本核算的方式相似，但是运行后也存在不少弊端，后期监理过程中额外产生的费用与业主不好协调，无法达成一致时会影响监理的及时性，无法良好实施制订的环境监理方案细则。

2011 年 5 月 9 日，辽宁省修订并印发了《辽宁省建设项目环境监理管理办法》，在《辽宁省建设项目环境监理管理暂行办法》（2007 年印发）的基础上，把几年来的实践经验进行进一步的总结，对环境监理工作作出细化完善。如对建设项目设计文件环保核查、试生产期环境监理，明确对环境监理费用进行成本核算，纳入工程环境保护投资。

4.2.3.2 内蒙古自治区收费标准

2012 年 5 月 14 日，内蒙古自治区环境保护厅办公室发布了关于建设项目环境监理收费标准的指导意见，建设项目环境监理收费标准见表 4-2。

表 4-2　建设项目环境监理收费标准

投资规模	建设项目类别	收费费率/%
≤1 亿元	生态类	3
	工业类	3.5
1 亿～10 亿元	生态类	2～3
	工业类	2.5～3.5
10 亿～100 亿元	生态类	1～2
	工业类	1.5～2.5
＞100 亿元	生态类	0.5～1
	工业类	0.6～1.5

其中收费额=总投资×收费费率；生态类项目包括铁路、公路、石油天然气开采及输送管道、煤矿、矿产、水利水电、风电、尾矿库、垃圾固体废物（危险废物）处理场等；工业类项目包括火电、水泥、造纸、生物化工（医药、农药）、冶炼、化工、煤化工等。

4.2.3.3　重庆市收费标准

重庆市于 2014 年也出台了环境监理收费的指导意见，主要内容如下。

1. 施工环境监理收费

施工环境监理收费按式（4-1）计算。

$$\text{施工环境监理收费} = \text{环境监理收费基价} \times \text{行业调整系数} \times \text{计价调整系数} \quad (4\text{-}1)$$

式中，环境监理收费基价、行业调整系数、计价调整系数分别参考表 4-3～表 4-5，计费额处于两个数值区间的，采用插值法确定环境监理收费基价。

环境监理相关服务收费以及建设项目工期超出合同约定期限的服务收费，一般按服务工作所需工作日和环境监理相关服务人员人工日费用标准（表 4-6）收费。

表 4-3　环境监理收费基价

投资额/亿元	＜0.5	1	2	10	40	100	100
环境监理收费基价/亿元	35	60	80	100	300	600	600

注：此监理费用不含评审费、监测费，其他未包含的收费由双方协商议定。

表 4-4　行业调整系数

项目分类	系数
石化、石油天然气、火电、水电、铁路、公路、化工、冶金、有色	1.2

注：未标明的行业系数为 1。

表 4-5　计价调整系数

项目分类	系数
服务器＞1 年	1.3

表 4-6 环境监理相关服务人员人工日费用标准

环境监理相关服务人员职级	人工日费用标准/元
高级专家	1 000～2 000
高级专业技术职称的监理与相关服务人员	800～1 000
中级专业技术职称的监理与相关服务人员	600～800
初级及以下专业技术职称监理与相关服务人员	300～600

2. 成本加利润加税金加权法

成本加利润加税金加权的方法以实际环境监理时间（工期）为计算依据，以费用构成表的形式进行收费。环境监理费用根据直接成本、间接成本、税金等折算成月费用，乘以监理时间得到总费用。环境监理费用构成见表 4-7。

表 4-7 环境监理费用构成

<table>
<tr><th></th><th>编号</th><th colspan="2">费用名称</th><th>月费用/万元</th><th>监理时间/月</th><th>总费用/万元</th></tr>
<tr><td rowspan="10">直接费用</td><td rowspan="2">1</td><td rowspan="2">工资</td><td>总监理工程师</td><td></td><td></td><td></td></tr>
<tr><td>监理工程师</td><td></td><td></td><td></td></tr>
<tr><td>2</td><td colspan="2">办公费</td><td></td><td></td><td></td></tr>
<tr><td>3</td><td colspan="2">通信费</td><td></td><td></td><td></td></tr>
<tr><td>4</td><td colspan="2">差旅费</td><td></td><td></td><td></td></tr>
<tr><td>5</td><td colspan="2">采样检测费</td><td></td><td></td><td></td></tr>
<tr><td>6</td><td colspan="2">交通工具使用费（过路费、油费、折旧费等）</td><td></td><td></td><td></td></tr>
<tr><td>7</td><td colspan="2">环境监理相关技术资料编制、装订费用</td><td></td><td></td><td></td></tr>
<tr><td>8</td><td colspan="2">其他</td><td></td><td></td><td></td></tr>
<tr><td></td><td colspan="2">小计</td><td></td><td></td><td></td></tr>
<tr><td rowspan="4">间接费用</td><td>1</td><td colspan="2">管理费</td><td></td><td></td><td></td></tr>
<tr><td>2</td><td colspan="2">利润</td><td></td><td></td><td></td></tr>
<tr><td>3</td><td colspan="2">不可预见费用</td><td></td><td></td><td></td></tr>
<tr><td></td><td colspan="2">小计</td><td></td><td></td><td></td></tr>
<tr><td></td><td></td><td colspan="2">税金</td><td></td><td></td><td></td></tr>
<tr><td></td><td></td><td colspan="2">合计</td><td></td><td></td><td></td></tr>
</table>

4.2.3.4 成本核算

对成本的估算需要了解建设项目环境监理的主要工作内容，逐条进行成本分析，了解成本的构成。基数与成本之间是紧密相连的，通过已实施项目的环境监理成本，比照确定的基数，对其进行检验是最直接体现基数合理性的方法。

1. 设计阶段环境监理成本

本阶段的主要工作内容有收集环境保护相关建设所在地的地方性法规，项目的环评及其批复文件，并以此为基础，对初步设计、施工图设计的工程内容的相关环保问题进行复核。此阶段需要关注的是工程变化尤其是设计环境敏感区的工作内容变化情况；项目初步设计、施工图中环境保护要求的落实情况；以及项目的施工组织设计、环保工程的工艺流路线的选择、设计方案的设计内容等。

本阶段主要是由有经验的且对环境保护、建设施工都有一定经验的环境监理人员对整个项目前期的监理要点加以明确并编制监理工作细则。本部分的成本主要包括人员费用，重点项目进行会审的专家费用，沟通工作中产生的交通费、通信费及文本编辑过程中产生的办公费用。

2. 施工阶段环境监理成本

本阶段主要工作是环境监理单位对项目施工过程中进行全程的环境保护咨询与监督检查，是环境监理的重要阶段。工作的主要内容包括以下四点。

①项目在建设过程中，环境监理人员应该复核土建（或机电）承包商报送的项目施工组织设计、施工工艺等涉及的环保问题，协助、指导工程建设监理，要求承包商落实“三同时”制度。

②环境监理对施工现场应进行每日的例行巡查，对施工单位的环保措施的落实情况、施工区域及周边地区的环境情况进行检查检测，发现问题及时通知承包商并告知建设单位。发现重大问题应下达《环境监理通知书》或《环境监理工程暂停令》。

③根据具体情况主持召开环境管理例行会议，召开频率根据项目的敏感度调整。并且编制监理日志、周报、月报、季报、年报等。

④资料管理工作，收集各项环保措施实施过程中的设计文件、工程进度、验收签证等资料。

通过施工阶段环境监理的工作内容，归纳总结环境监理施工阶段主要产生的费用有人员开支、检测费、制作报表的办公费、交通费、通信费。

3. 试运行阶段环境监理成本

在建设项目投入试运行后，环境监理单位应针对项目主体工程和环保设施的试运行情况，依据各类环保管理制度及事故应急预案的执行情况等继续开展工作。具体内容如下。

①对主体工程及配套环保设施运行情况、施工方撤退后场地清理情况、生态恢复情况、耕地补偿情况等进行调查汇总。

②对发现的问题根据性质向建设单位提交《环境监理联系单》或向施工承包商下达《环境监理通知书》，提出整改建议。

③试运行结束后，汇总各项内容，编制项目环境监理总报告。

④配合项目环境保护专项验收，并在生态环境主管部门组织的验收审查会上汇报环境监理情况，对于验收会提出的问题，督促建设单位进行整改。

本阶段的任务量比施工期间有所下降，但对个别环保要求较高或项目本身运行环境污染较大的项目要加强管理。个别项目需召开专家会议进行会审。产生费用包括部分人员开支、检测费用、制作报表的办公费、交通费、通信费以及试运行不达标需要项目变更产生的不可预见费用。

4.3 学校教育与人才培养

4.3.1 教育培训

4.3.1.1 学校课程设立

设立校内专业课的院校及专业包括浙江工商大学设立环境监理选修课、长安大学环境工程专业设立建设项目环境监理课程、西安工程大学设立环境监理课程等，为培养专业的环境监理人员奠定了基础。

4.3.1.2 社会培训

生态环境部环境工程评估中心自 2011 年至今，每年都会定期举办关于建设项目施工期环境监理技术人员培训班，来帮助准备从事或是已经从事环境监理行业的人员进行系统的学习。

根据环境保护部推进建设项目环境监理工作的总体要求，为切实做好建设项目施工期环境监理工作，提高相关技术人员专业水平，环境工程评估中心于 2011 年 5 月 15—17 日在辽宁省举办了第 1 期建设项目环境监理技术人员培训班，从事建设项目环境监理、工程监理和环境保护相关工作的 250 余人参加了培训。环境保护部环境影响评价司相关人员介绍了我国环境监理工作开展现状及下一步工作的总体思路和要求，辽宁省环境保护厅相关人员介绍了辽宁省作为全国唯一的环境监理工作试点省份一年来的工作经验，多名有着丰富相关工作经验的专家讲授了环境监理的基本理论，结合典型案例着重分析讲解了环境监理的程序、内容、工作重点和要点等内容，并与学员就感兴趣或存在疑问的问题进行了讨论。

4.3.2 教材出版

为了供环境监理行业作为参考资料与学校教材使用，各单位自主开展了环境监理教材的编写，例如，《环境监理》被浙江省选定为普通高校“十三五”新形态教材；广东省建设项目环境监理培训教材《建设项目环境监理技术与实践》系统地阐述了环境监理的基本概念和工作程序与内容，深入分析生态类和工业类建设项目环境监理的技术方法，并作为广州地区环境监理教材在部分职业学院使用。辽宁省环境保护厅组织编写出版“辽宁省建设项目环境监理培训教材”（包括《建设项目环境监理概论》《典型行业建设项目环境监理工作指南》《建设项目环境监理工作案例选编》），这套书的出版为推进环境监理试点工作的开展起到促进作用，同时对监理队伍的日常工作起到积极的指导作用，并为队伍的正规化建设奠定了基础。辽宁省环境保护厅组织编写的建设项目环境监理培训教材，是国内首次对建设项目环境监理工作的全面阐述。《建设项目环境监理概论》一书对环境监理的理论体系进行探讨，初步形成了较为完整的环境监理概念体系，填补了我国环境监理工作的理论空白。

4.4　功能拓展

4.4.1　试运行期环境监理

4.4.1.1　试运行期环境监理的含义

试运行期的环境监理是针对建设项目开始试运行到完成环境保护竣工验收为止这一阶段的环境保护“三同时”制度、满足生产工况条件下环保设施运行情况和效果、环境保护措施、制度落实情况、污染物达标排放、生态保护措施及生态恢复所进行的督促和检查。通过对建设项目对环境的实际影响范围、影响程度的调查、现场环境监测、环境敏感目标所受影响进行核实等方法来如实反映建设项目对环境的污染状况和对生态的实际影响，验证建设项目的污染防治措施和周围环境质量是否达到环境影响评价文件和法律、法规的要求，环境管理、清洁生产水平等方面的环保要求是否符合环境保护验收条件，对不符合验收条件的提出整改，为生态环境主管部门提供建设项目环境保护验收依据。

4.4.1.2　试运行期主要环境监理内容

试运行阶段工程主体完工，项目已经具备生产能力，相应的环保措施也已建设完毕，因此，在达到一定生产设计能力的情况下，检验环保措施效果是否达到环保设计要求及预期目标、项目建设环境管理是否有效等将作为环境监理的内容，主要包括以下几个方面。

1. 试运行工况的监理

试运行期的生产工况是建设项目竣工环保验收的重点，只有满足一定的运行工况条件，才能符合环保验收监测的技术要求，因此对试运行期工况的监理十分重要。通过按照项目产品及中间产品产量、原料、物料消耗情况，生产时间、主体工程运行负荷情况，生产装置及设施运行状况等的调查分析试运行工况是否满足验收条件，还需进行哪些主体工程和环保设施的调整，以满足国家、地方以及生态环境主管部门的要求。

2. 环保设施运行情况监理

监理各环保设施经负荷试车检测是否合格、其污染防治能力是否适应主体工程的需要和运行情况；是否具备环境保护设施正常运转的条件，包括：经培训合格的操作人员、健全的岗位操作规程及相应的规章制度，原料、动力供应落实，符合交付使用的其他要求；监理环保风险防范设施及应急措施是否符合环境影响评价及批复中的要求；监理在线监测设施的安装使用和排污口规范达标；如配备锅炉的，还需监理锅炉的型号、台数、烟囱高度、燃料种类、运行工况以及脱硫、除尘装置运行情况。

3. 污染物排放及达标情况监理

通过现场调查、监测及检查运行台账等手段，掌握废水、废气、噪声、固体废物的产生及排放情况。了解污染物中包含哪些主要污染因子及其产生量、排放量、排污方式、排放去向，污染物去除率、处理处置方式、环保措施的实际效果等是否符合环境影响报告书和设计文件中提出的标准和要求。

4. 生态保护措施和周围环境质量监理

调查环境影响评价文件和审批文件提出的生态保护措施和要求的落实情况，包括对野生动植物的保护措施，工程土石方量，临时占地的恢复、绿化工程，防护工程的建设，水生生态、生态敏感目标的保护措施落实情况等。

5. 日常环境管理的监理

监督检查内部环境保护组织机构的设立、规章制度、人员配备与培训情况，日常环境监测计划及配备必要的监测设备、制订环境污染应急预案，依托工程和委托处理废物等措施是否落到实处，对委托专业单位对环境保护设施进行管理的，要签订合同。

试运行阶段的环境监理是对前一阶段环境监理工作成果的进一步检验，是环境保护设施与主体工程同时投产并有效运行的最后一道关口，能够保证环境影响评价所提出的环境保护对策和措施能够得到有效落实，对各种环保措施实施效果进行检验。通过试运行阶段环境监理，对建设情况进行系统的梳理，形成丰富、翔实的监理资料，对存在的问题进行整改和完善，对是否符合工程竣工环保验收条件进行一次预评估。特别是对非正常排放情况和环境风险防范措施的检查，避免新建项目出现污染事故和污染纠纷，实现环境监理工作目标，促进项目顺利通过竣工环保验收。

4.4.2 验收及验收后环境监理

4.4.2.1 概念

建设项目竣工环保验收的内涵主要是通过项目排污情况监测与现场检查，通过测试与非测试性两种方法考核评估建设项目的环境影响情况，验证项目是否达到环评文件和法律、法规的要求。竣工环保验收阶段是建设工程项目的全寿命周期中实施阶段的最后一个环节，很多工业类建设项目对环境的影响主要发生于项目建成投产之后，而污染物实际的排放情况取决于项目主体工程和配套环保治理设施的运行情况。环境监理涵盖项目前期准备、实施与试运行等阶段，项目竣工环保验收阶段的工作内容很大程度上也是环境监理试运行阶段的工作重点，此阶段环境监理直接关系到整个项目竣工环保验收的通过与否，是建设项目全生命周期环境管理不可缺少的重要环节。其始于建设项目开始试运行，终于环保竣工验收结束，监理范围除包括控制工程实施过程的环境影响外，还包括对环保治理设施运行效果的检查与验收，环境监理单位应协助建设单位进行环保试运行审查和竣工环保验收工作。

4.4.2.2　竣工环保验收阶段的环境监理工作内容

根据《建设项目竣工环境保护验收管理办法》的规定，验收范围包括与建设项目有关的各项环境保护设施，以及环评报告与批复和有关设计文件所规定应配套的其他环保措施，检查各种设施的调试维护以及周边环境恢复情况。因此，环境监理单位应做好如下几项工作。

1. 现场监督并组织初步验收

在项目主体工程、附属工程和环保工程的施工完成后，项目进入试运行期，环境监理单位应监督建设项目主体工程与防治污染设施同时投入使用。此期间环境监理主要工作内容为：

①监督和检查各生产工艺工程及环保工程试运行情况。按照建设项目竣工环境保护验收的相关要求逐项检查生产负荷是否达到验收工况要求，确保主体生产设备设施、公用工程设施等连续稳定运行。对于现场与设计方案、环评及其批复文件要求有较大差异的，应会同建设单位、设计单位和施工单位查找原因，采取措施，使得相关指标符合要求。对于不符合要求的环保设施，应向建设单位与设计单位提出整改建议，并督促加以落实。

②检查与督促施工单位对遗留环境问题进行处理。按要求将在项目建设过程中周边受到破坏的环境要素及时恢复，调查相关耕地补偿情况。

③督促建设单位建立并执行环保管理制度、事故应急预案等。

这期间对新发现或者遗留的问题根据性质进行整改。上述工作完成后，如符合初步验收要求，环境监理单位则会同建设单位、设计单位和施工单位对项目现场和验收资料进行初步验收，并召开会议，内部讨论决定是否通过初步验收，向建设单位提出环保初步验收报告。

2. 协助建设单位组织验收

初步验收后环境监理单位汇总材料，编制项目环境监理总结报告，协助建设单位做好竣工环保验收的准备，由建设单位按要求向相关环保单位征收程序。配合竣工环保验收的各项工作，在验收现场反映的环境监理情况，应根据主管部门的要求，协助建设单位完成相应整改。

3. 移交工程环境监理竣工资料

竣工环保验收通过后，对环境监理总结报告进行完善，根据环境监理合同规定向建设单位提交整个项目环境监理的各种资料与影像文件。

4. 环境监理在环境保护竣工验收中的作用

（1）保护生态环境，减少污染物的排放

工程环境监理工作的重点是敏感地区生态环境的保护工作，环境监理单位对工程项目建设过程中的粉尘废气、噪声、生活污水和弃渣进行监督控制。通过对工程项目生产过程的监督，确保环境保护竣工的验收工作能够顺利进行，避免在环境验收过程中出现不必要的问题。有效地控制工程建设过程中环境污染物的排放，保护生态环境；通过复绿植被和恢复生态等措施，使建筑工程能够和周围的环境统一协调。

通过工程环境监理的引进，工业项目在试生产过程中，配套的环境保护设备基本落实，试生产期间能够和工程主体同时投入运行，起到显著的防治污染的作用，减少污染物的排放。

（2）改善了环境保护的管理模式

生态环境主管部门因受到专业技术、人员数量的限制，对项目实施全过程的跟踪管理较难实现，不能够对项目实施过程中出现的问题及时地发现。环境监理的引入，监理单位定期给生态环境主管部门进行工作汇报，使其能够及时掌握项目实施过程中存在的问题和项目的进度，对项目的全过程进行管理。

（3）给生态环境主管部门提供决策的技术支持

工程项目在建设过程的重要监管环节有试生产批准的监管及环境保护竣工验收。经过长时间的环境监理，生态环境主管部门能够全面地对项目批建的符合性进行分析，对“三同时”环境保护措施的可行性进行详细的论述，对环评批复要求的落实情况进行逐一说明，同时能够对项目中出现的问题给出相关的建议，给生态环境主管部门在项目试生产的核准过程中提供一定的技术支持，确保其作出正确的监管决策。

（4）为企业提供环保技术和增值服务

当前，在大环境的影响下，我国企业的环保意识有了逐步的提高。然而由于相关专业知识的缺乏，企业往往是项目在建成之后才发现问题，然后再进行整顿改善，形成较大的经济和时间的损失。

工程环境监理的引入，能够使企业作出有效、专业的指导，避免环保问题的产生，即使发生问题，也能够及时地给出合理、科学的解决方案。在工程项目建设中，工程环境监理单位对企业建设进行合理的指导，能够避免出现问题带来的不便，以及问题整改带来的投资浪费。

4.5 科技创新

4.5.1 环境监理网站的设立

2007 年 10 月，由辽宁省环境保护局主管，辽宁省环境工程评估审核中心承办的“辽宁省建设项目环境监理网”正式开通。作为全国第一个环境监理网，主要为辽宁省建设项目环境监理行业提供信息服务和交流平台，以“服务环境监理推进行业发展”为理念，旨在为全省的环境监理人员提供优质的信息查询和资料下载等相关服务，同时在环境保护行政主管部门、项目建设单位和环境监理机构之间架设高效沟通的桥梁。而且还使用互联网通信工具，创建群聊，方便全国各地环境监理人员相互沟通交流。

4.5.2　先进设备的使用

《辽宁省建设项目环境监理管理办法》第二十条规定，环境监理单位“配备与环境监理工作范围一致的专项仪器设备，具备文件和图档的数字化处理能力，有较完善的计算机网络和档案管理系统”。环境监理人员使用的主要仪器设备有照相机、摄像机、录音笔，还有 GPS、测距仪等。

在生态破坏较大、恢复时间较长的建设项目中使用无人机，如铁路工程。铁路工程路线长、工程量大，环境影响强烈，沿线可能涉及自然保护区、风景名胜区、水源地、河流湿地、基本农田等，环境敏感性强。铁路施工期环境监理的工作量非常大，外业调查“点多线长”，内业资料庞杂。利用无人机（Unmanned Aerial Vehicle，UAV）技术辅助勘察和定量测量，可以提高工作效率，为更好地保护环境打下坚实基础。在京九铁路、沈丹高铁、哈大铁路、拉林铁路等建设项目中均已采用无人机项目。

拉林铁路（拉萨—林芝）沿线生态类型及景观独特，涉及雅砻河国家级风景名胜区、工布自然保护区、黑颈鹤等野生动植物保护地，以及高原高寒景观、珍稀野生动物和植被、地表水环境等重要保护对象，生态环境敏感脆弱，生态保护责任重大。

拉林铁路环境监理项目组是铁道科学研究院集团公司派驻拉林铁路专门开展环保监理的技术团队，是继青藏铁路之后，铁道科学研究院集团公司在西藏境内参建的又一条铁路干线的生态环境保护前沿哨兵。自开工以来，拉林铁路环境监理项目组一直坚守在青藏高原，专注于拉林铁路施工期环境保护工作，他们克服各种困难，运用先进的环保工作理念和技术管理手段，取得了良好的工作成果，获得了参建单位、环境保护行政主管部门的认可，被中国铁路总公司拉林铁路建设总指挥部评选为 2016 年度拉林铁路标准化监理项目部，项目总监陈泽昊获评 2016 年度拉林铁路优秀总监理工程师。

开展环境监理是拉林铁路施工期环境保护工作的一项重要内容。他们开创性地试行“环境问题整改联签制”，建立了环保监理与工程监理协同共管机制，利用无人机航拍、远程监控系统，进一步丰富和完善了拉林铁路环境监理的技术手段和管理方法。对大开挖路段、取弃土场、大临工程、居民住宅区等重点敏感区域的施工活动和环境问题进行重点跟踪监控，建立全过程生态环境档案，为后期评估铁路生态环境影响、环境恢复以及竣工环保验收提供重要支撑。项目组自开展环境监理工作以来，共完成环境监理月报 42 期、季报 14 期、年报 3 期，发出环境监理通知 229 份、环保专项检查通报 7 份，排查环境隐患环境问题 1 500 余个。

2020 年 3 月 25 日，西安市生态环境局环境监理处开展生态环境无人机执法试点工作，通过对高陵区泾渭工业园部分企业进行航拍和高空检测，对无人机航拍及检测性能进行测试。无人机气体检测模块可实时监测空气中 CO、SO_2、NO_2、$PM_{2.5}$ 等污染因子，并将相关数据传输至地面端。无人机航拍模块，可对区域地面情况进行高空拍摄，掌握区域地面情况。下一步，监理处将继续积极开展生态环境无人机执法试点工作，进一步提升生态环境执法无人机操作水平，完善相关制度，尽快将生态环境执法无人机正式投入西安市生态环境执法整体工作。

第 5 章　中国环境监理的转折

2016 年 4 月 7 日，环境保护部发布《关于废止〈关于进一步推进建设项目环境监理试点工作的通知〉的通知》。该文件的废止取消了环境监理试点工作，将环境监理工作正式纳入国家和各级环境保护部门的环境管理工作中，促进环境监理工作的全面开展。《建设项目环境管理条例》（修订草案）第二十三条指出，“对环境影响重大，环境风险高的建设项目，或者施工周期长的水利、水电、公路、铁路、管道、运输、矿产资源开发等建设项目，建设单位应当委托第三方机构开展环境监理并公开环境监理信息”。在实施环境保护措施的过程中，应引导环境监理单位有效落实监督工作，遵守负责真实性的原则，根据项目影响评价文件及其审批意见制订环境监理报告，明确环境监理的特殊规定。在不断规范环境监理的法律地位、作用、范围和要求，陆续颁布环境监理办法和技术规范的进程中，环境监理将迎来发展的新的转折点。

5.1　国内外形势变化

5.1.1　国际形势变化

和平与发展是当今世界不变的主题，面对不断变化的国际形势，我国是一个改变国际政治和经济形势的大国。近年来，政治、经济等多方面领域的不稳定逐渐凸显，国际形势变动不居，大国政治角力与全球经济衰退使 2021 年世界经济形势依然复杂严峻。虽然美国、日本和欧洲等发达经济体已经出现了“V 形反弹”，但商品贸易的放缓和对跨境资本流动的严重阻碍减缓了新兴经济体经济复苏的步伐，总体经济增长乏力。

据国际货币基金组织预测，2020 年全球经济增长率将下降 3%～6%，恶化程度将明显高于 2008—2009 年的全球金融危机，90%以上的经济体将陷入停滞或衰退，对世界经济造成严重影响，全球范围内的进出口和投融资将遭受重创，而全球进出口幅度将下降 15%～40%，远高于经济增长的下降幅度。其中，美国、日本等发达国家面临的主要经济问题是产能过剩和失业率过高，投资与消费对经济的促进作用相对较小，这时，如果我们采取积极的财政政策，很容易导致财政赤字，威胁经济安全。美国经济改善步伐放缓，美联储维持宽松基调，日本经济复苏缓慢，货币政策宽松程度未变，欧洲经济复苏较缓，英国脱欧贸易协议达成，新兴经济体印度、巴西、俄罗斯、南非等国家的复苏存在明显分化，宽松政策继续推迟。而以中国为代表的发展中国家，由于国际市场需求的缩减、发达国家贸易保护主义的兴起等问题，对外出口额不断下降。同时，前期过高的固定资产投资使部分行业经营困难，生产成本大幅提高，使得国内居民的消费能力难以消化过剩产能，导致经济发展水平下滑。

5.1.2 国内形势变化

经过 40 多年的经济发展，我国已逐渐成为世界第一大能源消费国。以牺牲环境为代价的经济增长方式，使污染形势日益严峻，“绿色供给”严重不足。因此，环境保护逐渐成为经济发展的制约因素，经济发展长期结构不合理问题日益突出。随着现代化建设进程越来越快，城市环境质量每况愈下，工业带来的环境问题及对资源的过度开垦和浪费，产生的后果逐渐浮现，让人们认识到了环境保护的重要性。当然，环境管理有很多方面，许多工程已经采取了环境管理措施，但是没有达到很好的效果，还存在一定的环境污染现象。而环境监理作为一种科学有效的监管环境污染的手段，在各个工程建设实施过程中随时监控，弥补了其他环境管理手段的不足，有效检测了工程建设阶段造成的环境污染和环境绩效中对环境的影响，及时采取措施提供环境保障。随着国内外环境利益的重要程度提高，对于环境监理也是机遇与挑战并存。

5.1.2.1 国内经济形势低迷

21 世纪后，从国内的经济走势来看，我国的 GDP 年增长率由 2007 年的最高值 14.2% 下降到 2019 年的 6.11%，大致呈持续走低状态，2020 年仍呈下降趋势，GDP 增速再度走低。我国经济的自然趋势将继续出现供求“双收缩”的局面，房地产危机、地方政府债务汇率和货币市场的波动以及国际金融风险的传导将是我国未来经济发展的主要风险点。

5.1.2.2 生态文明再加强

环境保护与治理是国家治理体系的重要组成部分，与改革开放和经济增长密切相关。我国的环保理念紧跟国际潮流，是全球生态文明建设的倡导者和推动者。党的十七大首次提出生态文明建设目标，要扎实推进节能减排、生态建设和环境保护。党的十七大报告中指出，建设生态文明的实质是以资源环境承载力为基础，建设资源节约型、环境友好型社会。党的十八大提出，要把生态文明建设摆在经济建设、政治建设、文化建设、社会建设全过程的突出位置。把生态文明建设作为创新、协调、绿色、开放、共享发展新理念的“五位一体”总体方案和“四个完整”战略方案的重要组成部分。党的十九大报告指出，我们要建设的现代化是人与自然和谐的现代化，既要创造更多物质财富和精神财富以满足人民日益增长的美好生活需要，也要提供更多优质生态产品以满足人民日益增长的优美生态环境需要。

“绿水青山就是金山银山”，环保是保护生产力的经济发展新理念。我们应该把保护生态环境放在更加突出的位置。我们既需要绿水青山，也需要金山银山，不能为了经济发展牺牲生态环境。要充分发挥经济效益和社会效益，关键是要树立正确的发展观，因地制宜地选择产业，只有充分考虑生态环境承载力，才能保持二者的协调发展。我们不能为了经济增长而牺牲环境和浪费资源，也不应以更高的成本来弥补这些问题。我们必须使经济发展和生态文明相辅相成，使保护环境成为提高人民生活质量的重点，把“绿水青山”变成“金山银山”。

良好的生态环境是最公平的公共产品，是最普惠的民生福祉。生态环境保护是全面建成小康社会的关键。2021 年 3 月 11 日，第十三届全国人大第四次会议表决通过了《中华人民共和国国民经济和社会发展第十四个五年规划和 2035 年远景目标纲要》，指出 2035 年的长期目标包括广泛形成绿色生产生活方式，碳排放达峰后稳中有降；经济社会发展的主要目标是在生态文明建设中实现新进步，单位国内生产总值能耗和二氧化碳排放分别下降 13.5%和 18%。主要污染物排放总量持续下降，森林覆盖率提高到 24.1%。生态环境持续改善，生态安全屏障更加牢固，城乡人居环境明显改善。

5.1.2.3　国内体制改革

面对国际化、资本化、“互联网+”、生态化的影响，我国环保产业进入了一个新的时代，产业结构重组，格局发生变化。目前，国内环境管理体制和机制比较复杂，在不断变化和发展的过程中，环境管理体系也在不断变化。“十三五”期间，环境保护政策发生了重大变化。中国政府对环保产业寄予厚望，环保产业已成为中国经济发展的新增长点，在改善环境质量方面发挥着重要作用。

（1）部门合并、管理要求办法变更

2018 年 4 月 10 日，国务院整合了原国土资源部、原国家海洋局、原国家测绘地理信息局的相关职责，与国家发展和改革委员会、住房和城乡建设部、水利部、农业农村部、原国家林业局的相关职责，是统一管理山川、森林、田野、湖泊和草地等全民所有的自然资源资产的部门，成立自然资源部。在第十三届全国人大第一次会议批准的国务院改革方案中，成立了生态环境部，负责环境保护工作。2018 年 4 月 16 日上午，生态环境部正式揭牌。

（2）排污许可制改革

通过排污许可制度的改革和完善，促进环境保护制度的完善，今后将改变“简单粗暴”的管理方式，优化环境管理体系。制度调整后，企业将受到更严格、更细致的管理，环保节能设备必须纳入闭环生产，而不是作为配套设备。

（3）垂直管理制度产生

党的十八届五中全会明确提出，要实行省级以下环保机构监测监察执法垂直制度改革。原先，地方环境保护部门受上级环境保护部门和地方政府的双重领导。垂直管理制度产生后将使环境保护和监督工作取得多方面的良好效果，但要充分实施新的垂直管理模式，还需要付出很大的努力。

（4）“一岗双责”“党政同责”

所谓“一岗双责”，是指党和政府机关、企事业单位及其领导和工作人员在履行各自责任的同时，也要对环境保护领域的管理和监督负责。“党政同责”需要强化地方党委的责任，特别是加强环境治理一把手领导的责任。从理论上讲，二者的结合，不仅有助于纠正过去领导干部对环境保护工作的忽视，而且有助于提高环境保护工作的整体水平。

（5）河长制

党和政府的领导人负责本行政区域内的江河、湖泊的管理和保护，河长制是地方政府承担保护水资源和防治水污染的主要责任的制度创新。北京市、天津市、江苏省、浙江省、安徽省、福建省、江西省、海南省的党委和政府在全国范围内公布了河长制的文件和实施情况，16 个省（市）和地区的部分市、县、流域实施了河长制。天津市水务局巡视员梁宝双表明，随着河长制的实施，对河道的集中式管理已转变为常态化管理，水生态环境明显改善。

5.2 国内改革的推进

5.2.1 各省份生态环境机构的变化

5.2.1.1 辽宁省成立环保集团

2016 年，辽宁省环境保护集团有限公司（以下简称集团）由北方环保集团有限公司、辽宁省环境规划院、辽宁碧海等 19 家环保企业成立并整合。根据辽宁省委、省政府发展战略性新兴产业的要求，集团是辽宁省唯一的国有环保企业，集团业务包括全球区域环境治理与生态修复、环境治理设施设计与建设、废物处理与回收利用、环保新技术和新产品的开发与示范、环保设施专业服务、环境影响评价、环境项目监理、环境咨询服务、环境保护产业融资等。

2021 年 1 月 14 日，集团作为牵头单位组织召开了省重大科技专项“辽河流域水环境治理关键技术集成及产业化示范”2020 年度总结和 2021 年度推进工作会议。集团在省科技厅、省生态环境厅的指导和协调下，克服了诸多影响和困难，积极稳妥推进实施，攻克 10 项“卡脖子”技术，开发新产品 8 项，获得专利授权 4 项，累计培育创新人才 20 余人，建设示范工程 2 个，实施项目 3 个，在建示范工程/示范区 3 个，推进农村生活污水处理、畜禽废水处理等产业化项目 10 余项，销售环保设备 400 余台套，总产值约 3 700 万元，极大地促进了辽河流域水环境治理成果的产出和转化应用，具有显著的社会效益和经济效益。

2021 年 1 月 16 日，国家科技重大水专项标志性成果专家组发布了“水专项第一批典型工程示范及推广工程推荐清单”，集团承担的“十一五”水专项“昌图县城区生活污水生态湿地处理项目”已成功列入水利专项典型示范工程，也是辽河流域唯一入选的水利专项典型示范工程。2020 年 7 月和 9 月，集团水专项研究组先后两次接受省水专项治理办公室和全国水专项标志性成果专家组对该项目进行的现场调研和评估。经过层层推选，集团于 2020 年 11 月顺利通过国家水利专项标志性成果专家组评审，一致认为该项目具有显著的社会效益和环境效益。

5.2.1.2　四川省生态环境厅机构改革

2019 年，四川省生态环境厅顺利完成体制改革，任命市级生态环境局局长人选，改革内容为生态环境垂直体制改革。《四川省生态环境机构监测监察执法垂直管理体制改革实施方案》正式出台，其中，要求市（州）生态环境局实行以生态环境厅为主的双重管理，仍为市（州）政府工作部门。县（市、区）生态环境局调整为市（州）生态环境局的派出机构，由市（州）生态环境局直接管理，领导小组成员由市（州）生态环境局党委任免，事先征求县（市、区）党委的意见。在市（州）生态环境局内设立或明确开发区（高新区）监管机构，人员编制在当地人员编制总量内进行调整。开发区（高新区）原有生态环境机构保持不变。将市、县两级生态环境部门的生态环境监察职能上收，由生态环境厅统一行使。

5.2.2　各类资质取消和权限下放

各行业整体简政放权等改革措施的出台，分期分批取消了资质、审批等行政程序，给予了企业更大的发展空间。环境领域取消了环境影响评价的资质，环评审批权限由国家下放到省级，省级部分下放到市级，市级大部分下放到县（区）。随着生态环境要求的不断提高，环境影响评价的审批程序不断简化，取消了环保建设项目试生产验收的审批程序，企业自行组织验收，这些改变影响着环境监理的管理体系以及整体发展。

5.2.2.1　环保运营资质取消

2014 年 2 月，国务院发布《国务院关于取消和下放一批行政审批项目的决定》（国发〔2014〕5 号），取消环境保护部负责的环境污染治理设施运营甲级资质（以下简称资质）的行政审批事项。随后，国家各级环境保护主管部门积极落实国务院决定，撤回环境污染治理设施经营的甲级、乙级、临时资质行政许可。《国务院机构改革和职能转变方案》提出了“市场主体能够自主决定、市场机制能够有效调节、行业组织能够自律管理、行政机关采用事后监督能够解决的事项不设立审批的原则”，可见，实行行业自律管理是大势所趋。

2014 年 4 月 11 日，中国环境保护产业协会印发了《关于进一步做好环境污染治理设施运营管理工作的通知》。5 月 19 日，中国环境保护产业协会网站公布了首批获得环境污染治理设施经营许可证（甲级）的 5 家企业名单。污染处理设施行业自律管理重任由中国环境保护产业协会主动承担。首先，产业协会是代表行业整体利益的非营利组织，且中国环保产业协会多年来在工作中坚持公开、公平、公正的原则，得到了政府和行业的广泛认可。其次，中国环保产业协会是我国环保产业领域最早、规模最大的行业协会，拥有多个专业委员会和分支机构，与全国各地的省市环保产业协会密切合作，对行业有相同的认识，对企业有相同的了解。最后，中国环境保护产业协会为环境保护部污染控制设施运行资格管理许可证提供技术支持，并奠定了良好的工作基础，非常熟悉原有的经营资质标准体系和甲级持证企业，有能力实现两证“无缝”衔接。目前，中国环保行业协会正在加紧完善污染治理设施运行监管体系建设，以实现行业自律管理与环境监管、环境监测等管理工作的有机结合。

5.2.2.2 环境影响评价资质许可取消

第十三届全国人大常委会第七次会议通过的《中华人民共和国环境影响评价法》于 2018 年 12 月 29 日宣布施行，主要内容之一是取消建设项目环境影响评价资质行政许可事项。原《中华人民共和国环境影响评价法》第十九条表明，在经国务院环境保护行政主管部门审查环境管理部门后，为建设项目环境影响评价提供技术服务的机构颁发资格证书，根据资格证书规定的环境影响评价水平和环境影响评价范围从事环境影响评价工作，并对其评价结论负责。由国务院环境保护行政主管部门制定环境影响评价技术服务资格和建设项目管理方法。改革后，生态环境部门不再受理建设项目环境影响评价资格的申请，已被接受的申请，但尚未完成审查的申请事项不再继续审查；生态环境部环境影响评价工程师从业情况信息管理系统已不再接收申报材料，已收到了申请材料，但没有发布登记编号的，不再发布。不再要求由合格的环境评估机构制定建设项目的环境影响报告（表），建设单位可以通过更多竞争委托技术单位或自身能力进行市场竞争，提高技术服务水平和环境意识，进一步减轻企业负担并促进实体的经济发展。

多年来在建设项目环境影响评价中实施资质管理，对确保环境影响评价文件质量起到了重要作用。资质管理加强了环境影响评价体系效能，建设了一支专业能力强的专业技术队伍，培育出具有一定自我调节能力的环境影响评价市场。而环境影响评价资格的取消，进一步刺激了“放、管、服”市场活力，确保资质审查取消后环评文件质量不降低，在环境污染和环境损害预防中的作用不会减少。生态环境部将压实各方责任，加大责任追究力度，建立环境影响评价工作质量保证体系，强化环评文件质量考核制度，实行信用管理，建立守信记录和失信约束机制，加强信息公开，强化社会监督，加大对违法技术单位的罚款额度，对违法情节严重的技术单位提出禁止从事环评工作的处罚措施。

改革后，环境评价文件的责任主体由环境评价机构改为建设单位，这促使建设单位重视环境评价文件的编制和生态环境保护措施的制定与实施。对于长期以来环境影响评价机构作为环境影响评价文件主要负责人而间接地导致建设单位把重点放在环境影响评价的审批上，不关心环境影响评价的内容和实施，擅自改变项目建设过程，导致“审批与施工不一致”，不实施“三同时”制度等违法行为作出重大转变。为了促使建设单位有意识地落实环境责任，根据责任的受益原则，修订后的法律明确规定，建设单位负责其建设的环境影响报告（表）的内容和结论项目，技术单位应承担相应的责任。建设单位从消积的“要我做”改变为积极的“我想做”，真正做到对自己负责，逐渐消除那些不负责任、粗暴的技术单位，净化和调节环境评价市场。

5.2.2.3　取消环保竣工验收行政许可

2017 年 7 月 16 日，国务院总理李克强签署第 682 号中华人民共和国国务院令，发布《国务院关于修改〈建设项目环境保护管理条例〉的决定》，并于 2017 年 10 月 1 日起施行。2017 年 11 月 20 日，环境保护部公布了《关于发布〈建设项目竣工环境保护验收暂行办法〉的公告》（国环规环评〔2017〕4 号），明确规定建设项目竣工环境保护验收以建设单位为责任主体，应按照规定的程序和标准，对相应的环境保护设施和措施进行验收，同时应当编制验收调查报告，并在相应的平台上进行公示，接受社会监督。2018 年 5 月生态环境部发布了《建设项目竣工环境保护验收技术指南　污染影响类》，为建设单位开展建设项目竣工环境保护自主验收提供了切实可行的技术指导，进一步规范环保验收的标准和程序。

环保竣工验收许可证是环境影响评价制度、实施“三同时”制度和总量控制的重要抓手。环境保护作为建设项目环境准入的最后一步，长期以来承担着评估项目是否能够稳定达到标准的任务，面临着巨大的挑战。必须理顺环境保护体制和机制，探索环境保护的新途径，加强环境保护管理，促进生态环境建设。企业是提高环境质量的重要保证，要根据建设项目的实际情况，独立进行环境保护验收，并进行信息公开。

5.2.3　各环保协会与时俱进，环境监理行业加强管理

5.2.3.1　《污染地块修复工程环境监理技术指南》标准制定

近年来，随着城市化进程的加快，不断出现城市污染企业搬迁、土地置换等情况，未来一段时间我国将出现更多污染地块治理修复项目。然而，污染地块治理修复工程项目与其他建筑项目不同，大多数具有危害健康的污染物，具有专业性、前沿性、多元化的技术、复杂的过程、高风险性的特点，项目本身的实施过程也具有不容忽视的环境风险，在修理污染部位期间可能存在传统标准体系指导操作的无效性导致的二次污染，需迫切总结实际经验，并促进污染地块的环境监理制度有效实施。基于此，中国环境保护产业协会发布了《关于开展污染场地修复行业技术和产品标准制订相关工作的通知》（中环协〔2016〕10 号），提出了《污染地块修复工程环境监理技术指南》（T/CAEPI 22—2019）的编制任务。轻工业环境保护研究所作为主编单位承担了该标准的编制工作，生态环境部固体废物与化学品管理技术中心、中国环境科学研究院、上海市环境科学研究院、北京市环境保护科学研究院、北京高能时代环境技术股份有限公司、河南省地质环境规划设计院有限公司、四川省

地质工程勘察院、河南金谷实业发展有限公司、北京奥达清环境检测股份有限公司、广东省环境科学研究院都参与了编制任务。

《污染地块修复工程环境监理技术指南》在编制过程中，总结了轻工业环境保护研究院所等多个单位的技术研究和工程实践经验，并对国内外有关政策法规进行了分析和比较。根据我国污染土地修复技术的现状，分析了环境监理工作的要点，并进行了工程实例分析，提出了不同阶段环境监理要点和技术要求，阐明了不同的维修方式和不同的维修工艺，具有较强的可操作性和经济适用性。该标准的发布和实施将有助于提高国内污染土地整治项目的环境监理及相关服务水平，规范环境监理及相关服务行为，指导我国污染土地整治项目的环境监理工作，推动污染土地治理修复过程环境监理工作向更加科学化、规范化的方向发展。

5.2.3.2 《建设项目环境监理文件编制指南》标准发布

广东省环境保护产业协会批准发布《建设项目环境监理文件编制指南》（T/GDAEPI 04—2021）。按照国家和地方环境保护政策、法律法规、技术规范和标准的要求，以及建设期环境管理要求和建设项目完成环保验收要求，指导建设项目环境监督文件编制工作，提高环境监理文件编制质量，促进环境监督文件的科学发展，特制定此文件。该文件对建设项目环境监理文件的编制格式、主要内容、资料管理等方面提出了指导和建议，并提供了有关资料，适用于广东省建设项目施工期需要进行环境监理的建设项目。

5.2.3.3 环境监理专业技术网络培训班举办

为落实《建设项目环境保护事中事后监督管理办法（试行）》《建设项目环境影响后评价管理办法（试行）》《关于规范建设单位自主开展建设项目竣工环境保护验收的通知》，强化建设单位环境保护主体责任，推动环境监理从业人员队伍建设，提高环境影响评价制度的管理效能，中国环境科学学会联合《环境生态学》杂志社举办第 48 期环境监理专业技术网络培训班。

5.3 困惑、机遇、挑战

5.3.1 困惑

5.3.1.1 环境监理现存问题

我国是一个科技强国，环境监理工作已经取得了长期有效的发展，在技术支持和管理方法上积累了一定的经验。但是，在我国建设项目环境监理正处于螺旋上升式发展时期的同时，也存在许多共性和个性问题，影响着我国建设项目环境监理的发展。

（1）法律体系有待完善

我国对于环境监理的工作给予高度重视，国家、地方的生态环境主管部门做了大量推动工作，山西、江苏、新疆等地方相关法规中明确了环境监理的法律地位，但在国家层面上尚未确立环境监理的法律地位。国家和地方有关环境保护的法律法规众多，但有关环境监理的监管文件却很少，法律体系存在一定的缺陷，相关法律法规威慑力不足，实践中具体权力有限，导致我国许多环境监理工作无法高效开展。在工程建设过程中，大多数环境监理工作是依托行政力量来开展的，由于相关的监督职能和工作范围不明确，很难得到其他部门的支持，有些部门甚至会因较高的环境监理成本，考虑是否开展环境监理工作。

（2）缺乏专业的监理人员

环境监理作为环境咨询类业务，其从业人员的素质和业务能力直接决定着环境监理的质量和水平，不仅需要具备环境工程等方面的专业知识，而且需要具备一定的环境保护专业知识能力，以及对项目变化和突发事件作出正确和及时判断的能力，充分了解环境保护相关法律法规、环境标准、规范的环境保护专业知识。现阶段参与环境监理的一些技术人员，来自具有广泛环境保护专业知识的环境影响评价机构的环境工程设计人员。另外，建设项目负责人所在部门缺乏环境保护专业知识，专业环境监测机构素质参差不齐和协调能力不能满足相关要求，不能胜任实际工作，严重影响了我国环境监理的正常运行，这直接导致我国环境监理工作不规范，环境管理得不到有效推进。

（3）收费标准不统一

环境监理是“高智能的有偿技术服务”，而监理费是业主根据委托监理合同向监理人支付的报酬。环境监理机构与施工单位进行环境监理合作的前提是由整个工程监理工作中计算出来的协商环境监理费，具体价格根据施工监理费确定。2007 年国家发展和改革委员会及建设部联合发布的《建设工程监理及相关服务收费管理规定》是目前我国计算环境监理成本的主要依据。对项目的行业难度、环境敏感程度、监理工作成本进行综合考虑后，与业主进行协商。在实际操作中，这个收费标准往往成为双方在合同洽谈过程中讨论的焦点和难点。

由于缺乏明确的法律法规来保障环境监管的实施，我国环境监管收费规则还没有统一明确，现行环境监理费由监理单位与施工单位协商确定，已开展环境监理的各省份收费情形不尽相同，有些按照实际工作量协商，有些参照工程监理取费标准收费，无统一标准及市场参考价。在工程开工前的谈判过程中，业主和监理往往忽视环境监理费用，导致双方在实际操作中相互推诿，收费依据不足、部门定位不清成为常见的借口。环境监理收费高了企业不愿支付，环境监理的成本比较高，如果收费过低，在效果上可能会大打折扣，导致行业竞争激烈，使得环境监理效率过低，从而降低环境监理工作质量。

（4）工程监理与环境监理相互制约

环境监理往往是工程监理的一部分，工程监理与环境监理相互制约。虽然环境监理一般遵循从典型项目、典型行业到区域试点再逐步向全国推广的路径，但由于多部门管理等原因，其发展并不顺利。环境监理呈现出区域性、行业性差异，在具体实施范围、工作深度、工作要求等方面也存在较大差异，导致各行业环境监理发展程度不同，甚至一些省份的环境监理从业人员无权在其他省份从事环境监理工作。此外，环境监理法律地位的缺失不仅使环境监理在科学的权责规范上不如工程监理，而且在实践中也比工程监理更难协调。

（5）环境监理与其他环境管理制度缺乏有效衔接

近年来，我国环境管理制度得到了逐步完善，同时形成了以污染源事前预防为重点的环境影响评价制度和以事中、事后环境监管为重点的排污许可制两大核心环境管理制度。其中，环境影响制度实施的编制技术导则和标准都在不断更新与完善。然而，排污许可制度由于建立时间较晚，造成了环境影响评价在不同时期各行业多类型的环评文件与现行的排污许可证缺乏衔接，在实际工作中主要体现为环境影响评价与排污许可存在多套标准、多种核算口径、多张表格、多套数据的问题，导致许可排放量与环境影响评价中污染物排放量数据不一致。以废水为例，在实际核算中，企业排放的各种生产废水污染物的年允许排放量往往远大于环境影响评价中计算的排放量，造成上述数据不一致的主要原因是环境影响评价中污染物的排放量是根据排入环境的量来确定的，而排放许可证制度下的允许排放量是根据允许的排放浓度来计算的。因此，当前我国迫切需要建立统一的排放量技术核算规范体系和衔接方案细则。

按照“三同时”制度的要求，环境保护装置必须与主体工程同时设计、同时施工、同时运行，这就要求环境监理加强与工程监理的衔接。环境监理与工程监理界限不明确、互相交叉，规范和责任主体未作明确规定，特别是在环境保护措施实施方案的编制、施工过程的检查、文件体系的验证等方面缺乏沟通。

（6）环境监理介入时间相对滞后

水电建设存在建设周期长、工程内容多、审批层次多等问题，环境监理原则上在“三通一平”前进行，但目前水电建设项目往往是项目已进场施工后才引入环境监理单位，出现介入时间相对滞后的情况。调研结果表明，在水电站建设初期进行大规模的基坑开挖会对环境产生影响，如果在项目初期进行环境监理介入，将提高项目的环境管理水平，更有效地减少项目对周边环境的影响。

（7）流域环境监理工作缺乏统一标准和工作程序

目前我国水电行业的环境监理工作主要包括蓄水阶段和试生产阶段，缺乏以流域为基础的环境监理管理体制和标准。流域内大多数水电工程都是梯级开发的，每个梯级水电站都密切相关。同一流域内某水电站的环境影响往往是以往水电站环境影响的延伸，虽然环境监理工作是根据环境评价报告书及其批准文件进行的，但环境监理工作仍存在一些问题。由于各电厂建设单位的不同，环境监理工作只能依靠自身，不能对整个流域所涉及的个别环境因素形成统一的认识。

（8）土壤修复工程环境监理缺乏对于工程验收后的长期监管

土壤修复工程本身是一项长期工程，其实际修复效果往往需要在工程验收后的一段时间内进行论证。但现阶段我国土壤修复工程环境监理工作缺乏工程验收后的长期监理，往往认定项目符合实际土壤修复区域的环保要求，然后不再开展相应的环境监理工作，这也导致了土壤修复工程的实际效果和是否存在缺陷不能得到有效的明确，这种长期监管的缺失不仅不能在环境监管中发挥实际作用，也不能为土壤修复工程的进一步发展提供借鉴。

（9）水利水电工程施工期环境监理工作开展现存问题

首先，我国水利水电工程环境监理时间较短，在法律制度、技术规范、收费标准等方面还存在一些问题。其次，工程环境监理人员大多原从事环境领域工作，环境保护专业知识较强，但水利水电工程建设专业知识相对薄弱。因此，根据工程建设的现状，有时难以开展工程环境监理工作，造成环境监理质量不尽如人意，同时由于环境监理人员素质的缺乏，也会导致一些环境监管问题。如果不能及时采取纠正措施，将对建设单位的信誉和质量产生不利影响，导致环境监理的权威性难以得到保证。最后，一些施工单位总是片面追求经济利益，为了节省环境保护工作中的经济费用，环境监理人员不参与工程设计和施工前期，而环境监理工作只是在工程建设的中后期进行，这直接导致一些隐蔽工程难以查证环境保护工程的环境保护工作，给今后的环境监理工作带来了隐患。

5.3.1.2　改革背景下，环境监理怎样应变

近年来，为了加快制定健康体系，环境保护是生态文明建设的首要任务。建立更严格的环境保护系统是对生态文明系统建设的必然要求。它是环境管理战略转型和系统保护环境的重要组成部分。对于环境管理体制方面做出了多方面的改革，主要原因是一些环境管理体系不能满足生态文明建设和环境质量目标的要求。一是以行政审批为中心的体制安排，使环境保护部门承担了与其职责不符的责任和风险。二是在制度的组织和实施上存在一些问题。三是制度安排环节多程序复杂。四是缺乏基本的领导制度和相互合作的体制框架，阻碍了整个过程管理目标的统一。环境监理作为环境管理中对建设项目实施过程中的一种监管手段，目前仍处于未完全成熟的阶段，且处在国内改革的洪流中，该怎样应变才能适配改革的大环境潮流。

5.3.2　机遇

环境监理是我国经济快速发展，建设项目数量快速上升与环境监管力量不足的产物，必须采取“三同时”制度，确保建设项目按期完成，实现建设项目环境管理从事后管理向全过程管理的转变。从单一的环境保护行政监督到建设单位的行政监督和内部监督，促进环境影响评价中提出的环境保护措施同步实施十分重要。随着国内外形势的不断变化，经济形势的下行、政治形势的动荡，以及国内形势的不断转变，行政体制制度的不断变革，环境监理也迎来了发展的机遇。

5.3.2.1 各项权力下放，获得更大的发展空间

党的十八大以来，推进环境治理体系和治理能力的现代化，深化行政合理化和权力下放改革，实行分权与管理相结合，优化服务。“放、管、服”三管齐下，将大量冗余、不合时宜的行政审批事项取消、下放或调整，缩减了政府相对于市场的权力管制边界。简政放权改革对企业的影响体现在生产经营方面，通过减少繁文缛节，赋予企业自主性，增强了企业活力，提高了企业创新绩效；通过设立审批管理中心，增加了准入服务，促进了审批事项的跨部门协调，经营者准入率大幅提高，降低了经营者的交易成本；通过设立许可服务大厅，为企业联系政府提供制度化途径，提升营商环境质量，且随着进驻事项的增多，提升效果就越明显。改革对企业的资源配置效率的影响提升了总量生产率，对企业生产率分布离散程度的影响改变了企业面临的竞争压力。

环境保护部发布的《建设项目环境保护管理条例（修订草案征求意见稿）》（环办函〔2004〕458 号）指出，环境监理应从编制环评报告开始贯穿项目的整个建设期。自 2014 年起环评审批环节简化，重特大项目只以环评审批为前提，优化审批程序。环评审批不再是一般建设项目的初步程序，且与项目核准实行网上并联办理，大大简化了环评审批流程，方便了项目审批，审批层次逐步下放，各类项目从环评报告书降为编制报告表或填报登记表，然后将环境影响登记表由原来的审批变更为备案管理。2019 年 1 月 21 日，生态环境部办公厅正式取消建设项目环境影响评价资质行政许可。随着《建设项目环境影响评价分类管理名录》上项目的减少，环评市场逐渐萎缩。同时，弱化环评制度管理的资质要求，将使环评回归本质，重点抓环评质量，给予企业更大的发展空间。

5.3.2.2 新环保法的修订施行，更改环境管理要求

《环境保护法》是国家关于保护和改善环境、防治污染等公共风险、保护公共卫生、促进生态文明建设、促进经济社会可持续发展的法律。2014 年 4 月 24 日，第十二届全国人大常委会第八次会议表决通过了修订后的《环境保护法》，新法已经于 2015 年 1 月 1 日施行。至此，这部我国环境领域的“基本法”，完成了 25 年来的首次修订，牵涉面甚广、争议较多，此次修订法破例进行了第四次审议才得以通过，对现有的环境保护工作提出了很多创新和调整。该法律增加了政府、企业各方面责任和处罚力度，政府新增了存在领导干部虚报、谎报、瞒报污染情况的地方政府主要负责人及环境保护部门和其他政府部门负责人将引咎辞职。对持续存在的环境犯罪，包括非法排放、过量排放和逃避证据的行为，以时间计量处以罚款，违法行为持续时间越长，罚款就越多。对严重环境犯罪环境监测机构的欺诈行为规定承担连带责任。凝聚我国的“环保智慧”，吸取以往的经验教训，对症下药，使《环境保护法》与时俱进，并开始服务于公众对依法建设“美丽中国”的期望，同时也标志着新时期环境保护工作的开始。

至此，环境监理作为环境管理体系的重要组成部分，尚处于发展阶段。新《环境保护法》的出台，解决了制约环境监管发展的法律依据，是环境监管一体化的重要依据，是环

境监督和环境保护的支持手段。新《环境保护法》出台后，环境保护部办公厅相继印发《建设项目环境保护管理条例（修订草案征求意见稿）》（环办函〔2004〕458 号）、《关于深化落实水电开发生态环境保护措施的通知》（环发〔2014〕65 号）、《建设项目环境保护事中、事后监督管理办法（试行）》（环发〔2015〕163 号）等，各法规均要求将建设期环境监理纳入整个环保管理体系，初步建立起了环境监理的法规体系，为环境监理的发展起到了法律支撑作用。环境监理是建设单位与管理部门沟通的桥梁，有利于生态环境部门的机制完善和职能转变，其被各个法规明确纳入环保管理体系，也表明了项目环保事中管理需求的进一步加强，暗示环境监理发展的趋势性在增强。新《环境保护法》的实施为环境监理事业实现跨越式发展提供了重要的机遇。

5.3.2.3　环评资质取消，环境监理可提供监管保障

取消环评的资质并不意味着取消环评，恰恰相反，《环境影响评价法》在监督管理和责任方面引入了更严格的规定，加强法律责任，实施单位和人员的“双罚制”，赋予了各级生态环境部门更强有力的监管武器，将对相关违法行为形成有效震慑。加强环境影响评估文件的质量考核，明确市级以上生态环境主管部门均应对建设项目环境影响报告书（表）编制单位进行监督管埋和质量考核。实施建设项日的环境管理和信用管理，批准建设项目环境影响报告（表）的生态环境主管部门需依法将编制单位、编制主持人和主要编制人员的相关违法信息记入社会诚信档案，将被列入国家信贷信息共享平台和国家企业信用信息系统的企业公开发布，产生强大的威慑力。

一个行业的平稳发展，需要身在其中的每一个人的努力。任何一个行业，如果它的发展与社会整体的发展不匹配的话，迎来变革也是情理之中的事情。为确保环评资质取消后，环评文件质量不降低，环评防止环境污染和环境破坏的作用不减弱，建设项目运行过程中监管手段——环境监理可能迎来了发展机会，在建设单位自身或技术单位编制环境影响评价报告书的过程中监督其内容的真实准确性，对其数据内容、环境影响报告书进行复核，督促和约束建设单位的自身行为，作为环境管理的监管保障。

5.3.2.4　环保竣工验收行政许可取消，环境监理可起到缓冲作用

环境保护竣工验收行政许可撤销后，由建设项目自行管理，竣工验收主体从建设单位的环境保护服务机构中选取。建设单位环境保护有利于履行建设项目环境保护主体责任，提高建设单位环境保护监督的有效性。近 20 年来，环境保护工程竣工、行政许可的验收发挥了重要作用。监督环保厂与重大工程同时投产、同时使用的建设项目的实施；行政许可的取消并不意味着验收工作的取消，而是改变主体，使其机制合理化。逐步实施环保企业竣工验收，充分发挥验收的积极作用。

自环境保护竣工独立验收以来，项目前期验收由有资质的生态环境部门牵头。施工单位缺乏相关经验，缺乏环境保护制度建设和人才储备，这使得建设单位无法参与整个项目的管理过程，以及进行独立验收。此时与环境保护竣工验收有着职能交叉监管服务的环境

监理便可发挥其作用，帮助建设单位做好验收工作，同时对部分环保意识较低的企业应适当加大监管力度。在建设单位自主验收成熟前，环境监理可起到缓冲作用，缓解变革带来的工作衔接和协调的挑战。

5.3.2.5 排污许可证审核发放，环境监理起到配合补充作用

为规范企事业单位和其他生产经营者的排污行为，2021 年 3 月 1 日起施行《排污许可管理条例》，今后所有污染企业都要发放排污证，对未取得排污许可证排放污染物的，生态环境部门将进行处罚，并责令采取限产、关闭等处罚和强制措施。排污许可证是企业环境规范化管理的基础、主轴和框架，要将排污许可证的相应要求与规范化管理整合起来，形成企业全生命周期环境规范化管理。排污许可证的全面登记核发，预示着我国的企事业单位环境保护工作将从多分散制度向“一证式”管理转舵，企业环境管理从事前审批监管向事中、事后监管变化，有效控制污染物排放，全面落实污染者主体责任，有效改善环境质量。

排污许可证制度建立后，必须向所有排污单位发放排污许可证。排污许可证的内容必须符合生态环境主管部门的要求，并将对排污单位提出的有关污染物排放、总量控制、环评、竣工验收、排放标准、污染源监测环境风险防范等要求有效落实。二者相互配合、相辅相成，排污许可证的发放可在一定程度上为环境监理提供依据，提高监管的效能，反之环境监理可以为发放排污许可证的企业真实的排污量提供监督保障，即做到批放相符，共同保障环境健康。

5.3.2.6 现代环境治理体系建设的提出，推动环境监理的发展

党中央高度重视现代化治理体系的建设，2019 年 10 月 31 日，中国共产党第十九届中央委员会第四次全体会议通过《中共中央关于坚持和完善中国特色社会主义制度推进国家治理体系和治理能力现代化若干重大问题的决定》，强调必须践行“绿水青山就是金山银山”，促进人与自然和谐共生。

2020 年 3 月，中共中央办公厅、国务院办公厅联合印发《关于构建现代环境治理体系的指导意见》，指出现代环境治理体系必须坚持党委领导、政府主导、企业主体、社会组织和公众共同参与。中国将在习近平新时代中国特色社会主义思想的领导下，全面贯彻党的十九届二中、三中、四中、五中全会精神。要紧紧围绕“五位一体”重要思想和“四个全面”重要战略部署，认真贯彻落实党中央、国务院决定，牢固树立绿色发展理念，建立导向明确、决策科学、实施有效、激励有效、多方参与、良性互动的现代环境治理体系，包括领导问责制度、企业问责制度、国家行动制度，环境治理领域的监管体系、市场体系和信用体系的立法、法规、政策和制度，以及现代环境治理体系建设的各个方面。

随着环境问题越来越受到关注，人们对建设项目的关注度也随之提升。由于建设项目本身的特点，在施工过程中不可避免地会对环境造成一定的破坏。在施工阶段，不仅要求项目本身采取必要的技术管理，确保环保设施的可靠性，而且要求项目做好系统和信息的

建设及维护。环境监理单位作为技术支持单位，能够对项目建设期所需的管理制度和信息披露提供合理的建议和指导，有利于项目信息披露的科学性和客观性。

5.3.3　挑战

5.3.3.1　新环保法时期，环境监理要求提高

新《环境保护法》时期，环境管理结合生态文明建设和环境管理战略转型的新的现实需要，从制度完善、管理支持、质量保证等方面进行了探讨，赋予了环境管理更大的责任和任务，对环境监测提出了新的和更高的要求。

（1）环境管理的支撑需求进一步强化

根据法律法规规定的环境监督义务，监理单位将不断深化施工过程中环境监督的广度和深度，将过程控制、日报和总结报告相结合，深入分析实际工程建设过程中的环境影响，为环境管理决策过程、执法监督和竣工验收管理服务提供依据。

（2）环境监理需要更加规范化、专业化

监理是与工程建设密切相关的过程管理。环境监理需要一套完整的、适合本工程建设的管理体系和方法。同时又需要符合环境保护的专业特点，能够提供专业化服务。目前，环境监理的程序、制度、方法大部分参照工程监理，在实施环境监理的过程中，其内容和范围都比较宽泛，没有体现出环境监理的专业化。

5.3.3.2　新形势下环境保护的积极性低，影响环境监理的推进

环保工作具有长期性的特点，仅靠政府引导是不够的，还需要广大公众的参与，才能取得好的效果。但从实际情况来看，公众环保意识不强，参与积极性相对较低。环保是每个人的事，所以让人们参与其中，形成良好的社会氛围，让越来越多的人意识到环保的重要性。

5.3.3.3　全面数字化的推进，环境监理面临信息化改革

目前，中国把信息化放在优先战略地位，加速推进国家信息化建设也是我国面临的挑战，信息化可能给我们带来新的发展机遇，对推动改革、调整结构起着重要作用。习近平总书记强调，以互联网、大数据、人工智能为代表的新一代信息技术日新月异，对经济社会发展产生了重大而深远的影响。以电脑化培育新动能，以新动能推动新发展，以新发展创造新辉煌。各地纷纷推广“一网通办”“一证通办”，涌现出“哲里办”“闽政通办”“豫事办”等移动服务，受到群众的广泛好评。下一步就是运用大数据等技术手段，创新监管方式，强化薄弱环节，增强核心业务能力。进一步完善国家政务服务综合平台，推进服务项目标准化，线下服务“线上办”、线上服务“简单办”，让群众足不出户享受政府贴心服务。

信息和网络不仅是重要的战略资源，也是重要的竞争方式和手段，在信息化建设中，环境监理能否跟得上大形势进行相应完整的信息化改革是目前值得思考的问题。作为建设

项目建设过程中的监管手段，将“人跑腿”全程监管转变为“数字跑腿”实时监控，将极有力地提高效率。创建网络监管平台可在一定程度上减轻人员工作强度，减少因环境监理专业人员缺乏造成的个人工作负担过重问题。人为工作难免存在一定的失误，但数字化设备可在一定程度上减少失误。线上线下的一体化监管，可以充分发挥环境监理整体部门的作用。所以，跟随信息化新形势，环境监理进行数字信息化改革是必要的。

第 6 章　中国环境监理的发展

6.1　环境监理的必要性

随着经济的高速发展转为高质量发展，“十四五”规划的不断推进，国家对环境保护行业的重视日益加重，环境保护产业与学科已经和多种类产业学科之间有了交叉。按照现在的学科分类以及现有知识来说，通常环境监理的内容包括 8 类：一是水土保持监理，主要包括与水土保持相关的植物措施与工程措施。二是大气监理，对施工区排放的大气污染物（废气、粉尘）进行达标监控，使施工区及其影响区域达到规定的环境质量标准。三是地表水环境监理，对生产废水和生活污水的污染源、水质指标、排放量以及配套处理设备的建设情况及处理效果等进行监督管理。四是噪声监理，对产生强烈噪声或振动的污染源，应当依据项目设计及其环评文件进行防治，并采取相应措施使施工区及其影响区（尤其是靠近生活区的）的噪声环境质量达到相应标准。五是固体废物的处置监理，固体废物处置包括生产、生活垃圾和生产废渣，达到保持工程所在现场清洁整齐的要求且不产生二次污染。六是自然生态环境监理，包括施工过程中不破坏周围植被和山体，不乱占土地等；为保护野生动植物采取的各种迁移、隔离保护、建设动物迁徙通道、改善栖息地环境、人工增殖等方面的措施。七是人文生态景观监理，主要针对涉及拆迁与安置、征地、文物与古迹保护、通行便利性、施工安全、环境保护宣传教育、文明施工教育、沿线新建建筑等的工程项目。八是“三同时”监理，对于所依据的环境影响评价报告及其批复进行监督，监督各项环保工程有效开展，确保建设项目生产运营期内各项防治污染工程及设备的工艺、能力、规模及施工进度能够按照设计文件的要求得到有效落实，最终确保项目“三同时”工作在各个阶段落实到位。为了未来产业的合理配置、经济的高质量发展、生态的可持续性，环境监理的发展都是存在一定必要性的。

6.1.1　我国环境监理现有立法的梳理

2002 年，国家环境保护总局等六部委联合发布《关于在重点建设项目中开展工程环境监理试点的通知》（环发〔2002〕141 号），该通知要求进一步加强项目设计和施工阶段的环境监理，控制施工阶段的环境污染和生态破坏，逐步推行施工期工程环境监理制度，决定在生态环境影响突出的国家 13 个重点建设项目中开展工程环境监理试点。

2003 年，我国青藏铁路的建设中施行了环境监理制度，以“环保目标责任书”的形式规定了在铁路工程建设中实行环境监理，以将其对生态环境的影响控制在最低限度。随后，我国各地区、各部门相继制定了一些环境监理的规范性文件，如 2004 年交通部发布了《关于开展交通工程环境监理工作的通知》（交环发〔2004〕314 号），该通知规定在交通行业内开展工程环境监理工作，并将环境监理作为工程监理的重要部分纳入工程监理管理体系。同时，该通知中还公布了《开展交通环境监理工作实施方案》，以推动交通工程环境监理工作的展开。

2004 年，浙江省环境保护局发布了《关于在建设项目中推行环境监理的通知》，要求“对建材、电力、水利等工程实行环境监理制度，并将环境监理总结报告纳入环保验收资料之一”。随后，辽宁省、海南省、山西省、青海省、陕西省等省环境保护部门相继出台了在建设项目中推行环境工程监理工作的通知等规范性文件。

2012 年，环境保护部发布了《关于进一步推进建设项目环境监理试点工作的通知》（环办〔2012〕5 号），要求建设项目施工过程中在开展工程监理的同时开展环境监理。

2012 年的《中共中央关于制定国民经济和社会发展第十二个五年规划的建议》要求加大环境保护力度，防范环境风险，加大环境监管力度，实行严格的环保准入，依法开展环境影响评价工作，严格落实环境保护目标责任制，强化总量控制指标考核，健全环境保护法律法规和标准体系，完善环境保护科技和经济政策，加强环境监测、预警和应急能力建设。

6.1.2 必要性分析

环保产业尚存在各部门协调不力和“踢皮球”的现象，为了更好地落实环境责任，让各组织高效配合，应该考虑环境监理发展的必要性，以期更好地为我国的环保事业贡献力量，主要可以从以下方面解决，一方面，环境监理制度的引进及实施，有利于解决我国长期以来存在的重视建设项目的环评、审批和验收而忽视施工期环境管理的“哑铃”现象，弥补“三同时”制度中施工阶段管理的不足，变“缺位”环境管理为“全过程”环境管理，加强了对环保审批阶段和竣工验收阶段之间的建设项目监管。此外，环境监理作为一项新的环境管理制度，体现建设项目实施全过程控制精神的先进合理性，有利于环境监督、管理多方主体明确相应责任及权限，相互协作管理，最终确保建设项目配套环境保护设计及其他环境保护措施得以有效实施，实现对建设项目全过程环境管理。从初步实践来看，环境监理对项目建设进行专业化环境监督管理工作，有助于控制项目全过程环境影响，保证了施工期的污染防治和生态保护措施切实落实，使得环境工程质量得到保证，不必因环境问题而产生过多的经济损失，在一定程度上减少了建设项目存在的环境污染破坏的缓发性和潜在性威胁。另一方面，环境监理的有效推行，对于强化污染物减排和治理、防范环境风险、加强环境监管的实现有着重要意义，特别是对于生态影响较大的基础工程建设项目，环境监理的实施有助于预防早期的环境污染和生态破坏，实现“预防在先，开发有序”。环境监理介入项目越早，环境监管效果越好，有利于确保污染治理措施落实到位，最终保证施工合同中有关环境保护的合同条款得以落实，实现环境经济社会可持续发展。

项目建设工程投资数额一般都比较大，少则几百万元，多则上千万元、数亿元。它可能直接关系到地区行业、地区税收等重大经济利益，但这样的工程往往涉及的环境因素更多。传统的环境管理者认为，以经济发展为中心，甚至以牺牲环境为代价，掠夺环境资源获得高速的经济发展，造成环境污染，最终后人会为前人埋单。在这时，建设项目环境监理出现了，它是一个很好的协助者，既能够协助建设单位选择一个适合的工程咨询机构，并对咨询结果（如项目建议书、可行性研究报告）进行评估，提出有价值的修改意见和建议；又可以从项目的产业政策、污染物的产生和排放、环保措施的论证等方面提供可靠建议，避免了盲目的、不合理的投资及其带来的损失。

6.1.2.1　环境监理将减少环境风险事故的发生

环境风险事故是建设项目在建设和运行期间发生的突发性事件或事故（一般不包括人为破坏及自然灾害）引起有毒有害、易燃易爆等物质泄漏，或突发事件产生的新的有毒有害物质，所造成的对人身安全与环境的影响和损害的可信事件。环境风险事故分为人体健康风险和生态风险，建立良好的环境监理机制将有助于减少环境风险事故的发生，其中主要有两个方面：一是生态类的施工期环境监理，二是污染型项目的环境监理。生态项目产生的风险一般称为生态风险，生态风险与污染型项目产生的污染物排放影响不一样，不仅影响生物个体和群体，而且会影响到群落，甚至整个生态系统。现有国内外生态风险尚不完善，对生态风险产生的评价终点、评价模型以及生态暴露评价等问题无法做出“最优解”，因此我们必须防范生态风险事故的发生。生态环境风险累积到一定程度后会导致生态失衡，并且是不可逆的，因此生态项目在建设过程中必须加强施工期环境监理，减少生态风险的产生。污染型项目的施工期环境监理主要是以环评为主导，是否按照环评完成“三同时”环保措施，有没有实行清污分流，废气、废水、噪声等污染物处理设施是否严格按照环境保护相关规定完成，只有实行了施工期环境监理，才能确保环境保护措施的完成。

在项目建设中为了尽量减少投资，敷衍了事或者不建环保设施的企业比比皆是，结果在项目运营时出现各种各样的环境风险事故，给生态环境部门的管理工作造成了极大压力，也给环境造成不良影响。例如，某个生产 SiO_4 的企业，环评设计时需建设管道压力 20 kg 的生产线，以确保不会产生大量的 SiO_4 粉尘，但在实际中只建设了管道压力为 2 kg 的生产线，结果大量的 SiO_4 粉尘进入气体捕集系统，造成资源浪费、废气处理负荷超大、除尘废水过多，最终全厂停产，投资几千万元一直沉睡。上述环境违法事件表明只有大力推进施工期环境监理工作，从源头上抓起，才能有效改进和减少环境风险事故的发生。

6.1.2.2 环境监理是大力推进环境监管工作的重要内容

未来的环境监理必然需要更加严格，才能将环保事业有效地推进，提高环保质量。环境监理制度只有合法化，才能使项目建设有法可依、有章可循，因此必须加快制度的建立，并使其合法化。只有制度合法化了，才能最大限度地减少项目运营后带来风险事故的可能性，减少对外环境产生的不良影响。虽然江苏省、辽宁省、四川省等省份已经颁布了相应的环境管理暂行办法，但国家层面的法律规定尚未建立完善，因此仍需要环保人士付出大量努力，建立和完善环境监理的法律规定，为环境管理工作做出贡献。

6.1.2.3 确立第三方咨询机制的建设

环境监理制度建立后，由谁来实施监控和负主体责任还有待确认。有人认为应当由相应的生态环境部门实施监理，但由于验收也是生态环境部门负责，该方法不能有效地监督项目建设，因此可实行第三方咨询监督机制。第三方咨询是指独立于第一方企业、第二方生态环境部门之外，由第三方进行环境设施监理，项目建成后出具环境监理报告，并由生态环境部门管理并纳入环境设施竣工验收程序。对于第三方环境咨询机制，生态环境部门已经有了很好的实施经验，现行环境影响评价方式就是第三方环境咨询机制，生态环境部门应对咨询机构进行资质认证、考核，包括环保法律、工程技术等，建立完善的考核机制，明确环境监理的作用，确保第三方咨询机构的公正、公平，并由省级生态环境部门统一管理。

6.2 环境监理的可能性

在有关建设项目环境保护监管的制度中，在施工期间进行环境保护监管的制度安排还比较薄弱，尤其是施工期间环境监理制度的设计尚存在很大的不足。反思我国环境监理的相关立法，立法层级低、立法零散、专项立法缺失、法律制度设计粗疏、操作困难等问题表现得尤为明显。

为了解决现存问题，使环境监理层级更加明确，在实施中更加高效，应从提升环境监理立法层级、保障环境监理的相对独立性、合理配置环境监理主体职权、建立环境监理主体资质制度、实现资质管理法定化等方面着手，完善我国环境监理的相关立法。随着我国现代化建设的高速发展，各类型的建设项目层出不穷，对生态环境造成的污染和破坏也在不断加剧，严重影响生态环境质量。在我国现有的环境法律制度中，对建设项目的环境管理，在项目建设前有环境影响评价制度，竣工后有环保验收制度，运营中有排污收费、排污许可证、限期治理等制度，然而，却没有针对建设项目施工期间的专项制度安排。如何加强项目施工期间的环境管理，减少甚至杜绝建设项目施工期间的环境污染和生态破坏，成为环境法学界和建设部门亟须解决的问题。

6.2.1　环境监理内容的界定

关于环境监理的内容，学术界曾有不同论述。有学者将环境监理的目的和内容归纳为保护工程施工阶段建设项目所在地的环境质量，保证“三同时”制度得到落实，使施工现场的环境监督、管理责任明确，使得项目管理目标明确，并贯穿整个工程实施过程中，从而保证环境保护设计中各项保护措施能够顺利实施，保证施工合同中有关环境保护的合同条款切实得到落实。也有学者认为，环境监理应着重于对项目施工设计和施工过程的环境监督管理，监督管理相关单位的建设工程是否全面符合环境影响评价文件及批复的要求；监理项目污染防治设施、生态建设保护与修复措施及环境风险防范设施相关的“三同时”制度的实施情况与进度；施工期间的区域环境质量、各种污染因子是否符合国家和地方规定的标准要求；项目环境保护资金使用是否落实到位。

6.2.2　环境监理的法律解析

环境监理活动是指围绕建设项目施工建设进行的，直接为建设项目施工建设所提供的社会化、专业化的环境监理服务。环境监理参与方包括建设单位（业主）、项目施工承包方及环保项目参与方（如环境监理单位、工程监理单位、工程设计勘察单位、环境管理部门与环境监测单位）。其中环境监理单位、建设单位、项目施工方及环保项目参与方之间密切良好的协作，直接决定了项目环境监理的工作质量。环境监理法律关系中，环境监理单位、建设单位和建设项目施工单位是三个主要的主体。其中，环境监理单位是环境监理主体，环境监理行为的客体是建设项目。环境监理单位与建设单位的关系属于合同关系，受建设单位的委托，环境监理单位负责对建设项目进行环境监理。环境监理单位与施工承建单位之间的关系则属于监理与被监理关系。此外，环境监理单位与工程监理单位之间的关系属于相互协作关系。

6.2.3　我国现行环境监理制度的缺失

我国环境监理制度缺失的主要原因是生态环境部门内部及相关部门对环境监理的定位存在分歧，主要分歧是环境监理有无必要从工程监理中独立出来。目前，交通行业和水利行业明确将环境监理作为工程监理的一部分，工程监理人员通过环境保护专业培训后，承担环境监理任务；也有部分省份已将环境监理从工程监理中独立出来，由单独的第三方环境监理单位承担环境监理工作。在环境监理的发展过程中，有关环境监理管理模式的争议一直存在，这些分歧导致环境监理定位模糊、从业者法律地位不明确。我国现行环境监理的相关立法主要存在以下问题。

1. 环境监理的立法层级低，高层级立法缺失

从环境监理立法的层级来看，虽然在《招标投标法》和《建筑法》中有环境监理的相关内容，但就环境监理的单行立法来看，我国尚没有制定环境监理的单行法，也就是说，我国环境监理方面的立法普遍停留在部门规章和地方性规章层面，更高层级的环境监理立法还处于空缺状态。此外，从环境监理立法的形式来看，现有的一些规定也大多以“通知”的形式出现，如《关于在重点建设项目中开展工程环境监理试点的通知》《关于开展交通工程环境监理工作的通知》等。上述“通知”属于广义的立法范畴，但并非严格意义上的法律，尤其是很多“通知”中缺少法律责任的规定，因此其规范性和强制性均存在很大的不足。此外，目前环境监理还大多借助行政力量推进。在我国的环境法律法规体系中环境监理立法的缺失将严重阻碍环境监理制度的推行和实施。通过更高层级的立法，将环境监理纳入法治化的轨道显得尤为紧迫。

2. 环境监理立法零散，专门立法缺失

目前，我国并无环境监理的专门立法。相关规定散见于《环境影响评价法》《招标投标法》《建筑法》《建设工程质量管理条例》等法律、法规，以及以《工程建设监理规定》《工程建设标准强制性条文》《建设工程监理规范》为代表的部门规章、地方性法规以及相关工程技术标准、规范和规程中。在现有的相关立法中，生态环境部办公厅发布的《进一步加强建设项目环境监理技术的通知》和《建设项目环境监理技术指南》针对性较强，但前者的规定过于粗疏，而后者的规定则显刚性不足，难以满足环境监理实践的需要。有关环境监理的一些规定更是零散地分布于《工程建设监理规定》《建设工程监理规范》等部门规章和非法律的规范性文件中。现有环境监理的相关规定针对性较差，体系化程度不足，且协调困难。环境监理立法的零散和专门立法的缺失易导致实践层面的环境监理因缺乏统一、权威的法律依据而地位模糊，在工作开展过程中也难以得到其他部门的有力支持，既不利于环境监理的规范和发展，也不利于环境监理制度的建立和完善，更难以保障环境监理的贯彻实施。此外，相对其他环境法律制度而言，环境监理工作内容、程序、方法以及组织模式等制度性的内容并未完全建立起来，在一定程度上使得相关工作缺乏指导，严重制约了环境监理工作的开展。

3. 环境监理的权责划分不明，导致监理不力

环境监理单位受中标建设单位委托，以环评报告和生态环境监管部门的要求为依据，负责对施工单位的环境保护工作进行检查和监督，并与工程监理单位协调开展工作。环境监理单位既是民事法律关系的主体，经建设项目业主的授权而开展环境监理，向委托单位负责，又受生态环境监管部门的授权从事环境监理，肩负一定的监管职能。如若不对其权责进行严格而明确的划分，将严重影响建设项目的环境监理工作的实际效果。在具体实践中，监理单位与施工单位的关系、监理单位的监理手段与生态环境主管部门的监管的交叉、环境监理单位与工程监理单位的协调工作处理仍然存在很多问题。此外，就上述分析来看，环境监理中主体多元、利益多样，如何协调环境监理中各相关主体的权、责和利的关系是制度设计中的难点。

4. 环境监理制度设计粗疏、操作困难

一方面，环境监理的建设项目包括生态型项目和工业型项目两类。生态型项目具有不可逆转性，涉及的环境类型较为复杂，会对不同类别的环境因素造成影响，日常监理难度较大。而工业型项目投资来源多元化，项目设立方式多种多样，绝大多数属于市、县两级管理的中小型项目，很难纳入环境保护管理范围，或者即使纳入，又受制于基层生态环境部门的监管能力、监管权限等，难以对其进行环境监理；且工业类项目具有专业性强、内容复杂的特性，环评中对于施工建设要求往往不太具体，不仅对环境监理人员提出高要求，也加大了制定规范化、标准化环境监理技术的难度。此外，两类建设项目的环境影响也不同，工业型建设项目的环境影响主要发生在项目建成运营后，其环境监理往往针对建设项目的施工全过程；而生态型建设项目在投产后的运营期对环境的影响往往很小，其主要的环境影响开始于勘探、选线阶段，重点发生于施工建设期，因此，生态型项目为建设项目环境监理的重点。但是，实践中大多数的建设项目是工业型项目，而对该类项目的环境保护设施的设计、环境保护设施工程的监理、环境保护设施施工的环境监理及其在试生产期间的运行状况等工作，尚无相应的制度安排。另一方面，环境监理是一项同时具备服务性、科学性和公正性的专业技术活动。所谓服务性，是指通过环境监理合同，环境监理单位（人员）以自己专业的知识和技能为建设项目提供技术服务。而按照环境监理科学性的要求，环境监理工程师应当具备合格的业务素质，掌握先进的理论方法，积累足够的技术、资料和数据，进行监理工作时也应当采用科学的管理制度。上述条件均对环境监理人员的从业资质和技能水平提出了较高的要求。此外，基于环境监理的公正性，对环境监理人员的道德品质要求也比较高。而现行的立法中均无体现上述要求的制度安排，环境监理制度设计的粗疏可见一斑。

5. 环境监理收费标准缺失

现有的环境监理制度设计中尚无环境监理的收费标准和依据。2007 年国家发展和改革委员会、建设部联合发布的《建设工程监理与相关服务收费管理规定》被“借用”为建设项目环境监理费用计算的主要依据。在实际操作过程中，环境监理的费用通常本着互惠互利的原则，由业主与监理机构协商确定，并无统一的标准和依据。此种做法的弊端也非常明显。一方面，环境监理没有收费标准容易导致行业内部的竞价，致使环境监理费率过低，进而影响环境监理的质量，不利于环境监理市场的培育和发展。另一方面，环境监理收费标准的缺失也容易致生态环境监管部门过度干预、不当干预环境监理。

6.3　环保管家的诞生

环保管家是一项综合性的环境保护技术服务工作，是指环境保护服务企业为政府、产业园区、企业等提供合同式环境综合服务，提供从项目立项、建设、运营等全过程中的污染调查、监测、监理、环境保护设施建设、运营、污染治理等一体化环境保护服务和解决方案，从环境保护政策解读、环境保护问题咨询、环境保护整体解决方案、环境风险管控、污染达标排放等方面提供“一条龙”服务，最终实现园区、企业的持续、稳定、健康发展。

环保管家是我国于 2016 年提出的环境保护第三方服务概念，国外与之比较相近的模式为合同环境服务。合同环境服务主要集中在美国、日本和欧盟等国家和地区，这些国家和地区的合同环境服务发展起步较早，体系也较为成熟。不同的国家对环境合同有不同的称谓，欧洲很多国家称之为环境协议，目前大致形成了自愿性环境服务协议、政府基于效果采购环境服务协议、合同环境服务商业协议 3 种类型，已广泛应用于水污染、固体废物污染及大气污染等领域。商业应用领域的合同环境服务模式主要为系统环境解决方案及服务提供商、专业技术及咨询服务提供商两种模式，这两种模式的代表公司分别为法国的威立雅环境集团和美国的美华集团。

6.3.1　环保管家的概念

环境保护部在 2016 年 4 月提出的《关于积极发挥环境保护作用促进供给侧结构性改革的指导意见》中的第 9 条为工业园区环境管理和服务工作提出了新的思路和构想，利用环保管家模式在环境监测、环境监管、污染治理设施运营污染物治理方面的专业优势，为有条件的工业园区提供专业的一体化环境管理和服务。该意见将环保管家定位为第三方环保服务公司，最初的应用范围设定为工业园区，随着对环保管家模式研究项目的逐步落地，其巨大发展潜力慢慢浮现，环保管家的定义和应用有了大范围的扩充和延伸。环保管家的服务对象不仅限于工业园区，还包括了政府部门、企事业单位等。环保管家最突出的特点就是利用自身的人才装备、专业技术能力等资源为工业园区、政府部门、企事业单位等服务对象提供全方位、一站式、可定制的环境保护服务。环保管家通常通过契约合同的形式固定服务供需双方的权利义务，国外与之相对应的服务形式为合同环境服务，而环保管家也可以说是以合同环境服务为基础，对服务对象、服务内容、服务方式、服务资源等方面进行延伸和扩充的升级版合同环境服务。

6.3.2　环保管家的工作“瓶颈”

随着环保管家服务实践项目的不断落实，其优点也不断显现，巨大的发展潜力使其服务模式也逐步扩展，目前主要的模式有契约合同服务模式、环保定制服务模式、时限服务模式、项目服务模式、免费服务模式。

有些工业园区经济先行的理念“深入骨髓”，将企业数量多、生产规模大当成行动的“指挥棒”。环境规划没有认真落实到工业园区建设总体规划中；片面考虑经济利益，引进企业或投资时寻找法律法规漏洞，大打“擦边球”，对申请入驻的企业优先考虑经济利益，放松环保准入要求；对园区存量企业监管不严，甚至有意放纵，大大降低了工业园区整体环境质量水平和社会效益水平。

按照职能分工，工业园区的环境管理工作由园区管委会、园区所在地政府、当地生态环境部门以及企业自身环境管理部门共同承担。大部分工业园区环境管理工作都存在“各管一段”的现象，不能形成合力。例如，企业环境管理部门往往充当“二传手”的角色，不主动发现问题、解决问题，当企业出现问题以后，无论问题大小，以不专业或者无执法权作为借口将相关问题反映给当地生态环境部门处理。大量工业园区可以通过自身服务解决的轻微环境问题，却没有处理直接反馈给生态环境部门，生态环境部门花费大量人力资源处理，造成行政资源浪费。生态环境部门由于统筹整个地区的环境管理工作，对工业园区监管基本采取“双随机”检查或者通过信访投诉发现问题的方式，其监管面有限，使一个企业可能长时间未被进行过环境检查，企业环境问题长期存在，甚至由小问题发展成大问题。部分企业环境保护观念落后，为追求短期经济效益存在侥幸心理，不主动、不作为，工业园区不能形成“政府搭台、企业唱戏”的局面。管理模式的单一，造成工业园区各方不能形成合力。

6.4　环境监理的发展与展望

在工程项目建设中，整合环境监理是一类具有前瞻性的环境管理模式，它可以同建筑项目建立紧密相关性，实现对环境的主动管理，减少或规避工程建设期间生态环境被污染、被破坏等问题。为全面推广环境监理工作，全面贯彻落实“三同时”制度，并深化建筑项目施工期间的环境管理工作，2002 年国家环境保护总局等六部委联合发布了《关于在重点建设项目中开展工程环境监理试点的通知》（环发〔2002〕141 号），在国家 13 个重点工程项目中进行环境监理试点，并严格依照相关制度与规范，推行了环境监理多项管理手段，保证工程项目建设期间各类环保措施的整体落实，取得了预防环境污染与阻断生态环境破坏进程的良好效果。

6.4.1　环境监理的由来

要加强环境管理，就必须有一支队伍，没有队伍，加强环境管理就是一句空话。党的的十四大以来，我国环境保护工作的重点在城市和工业污染防治，这是我国的国情国力所决定的，但是强化对工业污染源的监督管理是一项量大面广的艰巨任务。全国有大量的工业企业和乡镇工业污染源，建立一支环境监理执法队伍，承担对企业污染物排放和治理情况进行经常的现场监督检查、征收排污费及污染罚款、处理各种污染事故纠纷等具体的执法工作，是十分必要的。时任国家环境保护局局长曲格平曾多次指出，我国环境保护工作的法规体系已基本建立，虽然还需要进一步地完善，但关键的问题不是无法可依，而是执法不严。这完全符合我国环境保护工作的实际。存在这个问题的一个重要原因，就是我们还缺少一支强有力的基层执法队伍。在这一点上，全国各级生态环境部门的认识是一致的。

6.4.2 环境监理的重大时间节点

6.4.2.1 加入世界贸易组织后的发展

加入世界贸易组织后，根据世界贸易组织的“市场经济和自由贸易”原则，外商享受“国民待遇”，由此进入我国投资的外商企业增多，设备、工艺进口范围也进一步扩大。发达国家的企业为了逃避其国内比较严格的环境标准和法规，将某些污染严重的产业转移到发展中国家。而我国因生产力水平的限制，与发达国家相比，环境保护标准要求较低，法制还不十分健全。加上有些地区对可持续发展战略认识不足，以致不惜以牺牲环境为代价，追求短期的经济增长。这样在引进项目的同时，也引进了污染。加入世界贸易组织后，发达国家对我国纺织品配额的限制逐步取消，带来了纺织印染行业的复苏。为了获取更大的纺织品份额，一些企业纷纷扩大生产规模，而防治污染的措施却没有跟上。纺织印染行业本来就属于重污染行业，这样势必会造成在旧的污染没有彻底治理的同时，又带来了新的污染。在监理督察中，某纺织印染为主的工业城镇的多数企业，其污染处理设施本已经陈旧不堪，被列为限期治理企业。但面对加入世界贸易组织带来的机遇，一些企业一是担心失去眼前的大好市场，二是担心到手的订单如不能如期交货会承担经济损失，故而仅限产而不停产。最终，大量的印染废水偷排入河，以致该镇的河水污染日渐严重，过去的鱼虾河变成了“五彩河”，臭气熏天，鱼虾绝迹。而作为该镇经济的支柱行业，当地政府似乎难以配合环境保护工作，依法进行查处。显而易见，加入世界贸易组织在促进经济发展的同时，也带来了新的环境压力。

我国加入世界贸易组织，从根本上说就是与世界经济体系接轨，而环境标准也应逐步接轨。我国的环境污染防治水平尚处于初级阶段，污染物的控制指标选定、排放标准的控制与发达国家还存在一定的差距。加入世界贸易组织加快了我国完善现行标准的步伐。监理人员对此应有充分的认识，要加强现场监理，加大环境保护执法力度，督促企业严格执行现行标准，增强法治观念，随时准备适应更加严格的环境标准。

6.4.2.2 可持续发展下的环境监理

2002 年 1 月召开的第五次全国环境保护会议强调，保护和改善环境就是发展生产力。经济建设决不能以破坏人类生存环境为代价，不能把环境保护同经济建设对立起来或割裂开来。环境保护是我国的一项基本国策，保护环境的实质就是保护和发展生产力，是可持续发展战略的重要内容。在保持国民经济持续、快速、健康发展的同时，必须把环境保护放在更加突出的位置，加大力度，狠抓落实。各项工程建设项目施工期的环境保护也是如此。

一般来说，最适合修建道路的地方是平坦而稳定的地区，这些地区往往比较适合从事农业或牧业，土壤肥沃，适合植物的生长。道路用地是必需的，但道路用地以外的土地资源，如挖方和填方及堆土场、弃土坑、堆料坪附近的土壤，也会因受到施工及机械的影响而遭到破坏。过陡的挖坡、缺乏排水沟、水道的改变及过量的填堆坡均可能导致滑坡；道路挖方的废弃土和道路建设材料的废弃物，可能引起植被破坏、水土流失及边坡失稳等问题。在大多数情况下，同一个地点很难达到挖方和填方的平衡。由于施工安排不合理或操作不当，施工机械的废弃油、沥青及一些施工材料也会造成土壤污染。由于施工管理的不当，将公路施工中的弃土、弃渣等固体废物直接排入水体；在桥梁的施工过程中，施工材料落入水中；在施工材料运输过程中泄漏；施工机械的油类流入水中；施工人员的生活废弃物直接丢至水中，这些都会使地表水水质下降，有时甚至会使地下水水质下降。

公路建设期对大气质量造成的影响，主要集中在施工机械的废气和施工材料的粉尘。高速公路建设工程量较大，施工中大量使用施工器械，且大部分为重型机械，其中使用柴油发动机的占大多数。加上施工时天气的影响，施工机械的燃料可能燃烧得不完全，排放废气污染大气。施工材料中细小的粉状或灰状物质，在运输过程中因为包装不严，在使用过程中因为不加注意，在风的作用下到处飞扬，影响附近植物的生长，如果落入周围的水体中，会影响水质。取土场、堆料坪和采石场等区域内的植物资源被破坏，导致生活在该区域内的生物死亡或被迫迁移，影响了该区域的生物资源。河流的改道，原有的生活环境被破坏，影响到该河流中的水生生物资源。公路与生物廊道相交或阻碍生物廊道时，会导致使用这个生物廊道的动物失去原有的生活条件，被迫迁移甚至死亡；有些生物廊道虽然没有与道路相交，但也会因为施工机械的运作和施工人员的活动，使得使用这个生物廊道的动物暂时或永久失去这个生物廊道，破坏了该区域的生态资源。

环境监理作为建设项目施工期环境管理的重要手段，有着其他管理手段不可替代的作用。环境监理的引入使建设项目的环境管理除了事前管理和事后监督检查，还增加了过程中的监督管理，是对目前工程环境管理制度的有效补充，将环境管理从末端控制推向源头控制，使环境保护工作落到实处。第一，对于业主，由于环境监理的介入，使施工期环境管理规范化，强化了生态保护，施工中的环境污染与破坏问题得以及时反馈和解决，把施工行为对生态环境的影响降到最低水平。第二，对于设计单位，由于工程环境监理活动在施工第一线，且本身具有较丰富的工程经验及环境保护知识，可以及时发现设计中的环境问题。第三，对于施工单位，由于工程环境监理的介入，规范了施工行为，变生态环境部门被动、外部、末端控制为施工过程主动、内部、全程控制，使得生态、景观环境破坏和施工过程污染物的排放得到有效控制。第四，对于工程监理，一般仅负责主体工程质量、控制与主体工程质量有关的环境保护措施。但施工期间环境问题广泛而复杂，涉及区域大，关系敏感，施工行为对环境有直接和潜在的深远影响。而环境监理的工作范围决定环境监理可对主体工程质量以外的环境起到保护作用，对工程监理的工作给以补充、监督和指导。第五，对于生态环境主管部门，环境监理的引入，架起了工程环境保护与当地生态环境主管部门间的桥梁，使国家和地方的环境保护政策、法规得以落实，充分发挥第三方监理的作用，有利于生态环境部门对项目施工进行有效的监督管理。

6.4.3 高校环境监理的开展

2012 年 1 月 10 日，环境保护部发布了《关于进一步推进建设项目环境监理试点工作的通知》（环办〔2012〕5 号），在辽宁、江苏两省建设项目环境监理试点工作的基础上，将河北省、山西省、内蒙古自治区、浙江省、安徽省、河南省、湖南省、陕西省、青海省、四川省、重庆市列为第二批建设项目环境监理试点省份。各省（区、市）接到文件通知后，相关单位高度重视并相继开始落实文件精神。环办〔2012〕5 号文件的发布，标志着我国的建设项目环境监理工作由试点探索阶段向推广阶段前进，同时也预示着我国的环境监理事业将需要大量的专业技术人员。在新形势、新政策下，在环境类院校开设工程环境监理专业是非常必要的，其目的是为社会培养急需的具备环境工程专业和工程监理专业复合型知识结构的工程环境监理人才。

现行的建设项目环境监理是建设项目环境影响评价制度和“三同时”制度的重要辅助手段，对强化建设项目全过程管理、提升环境影响评价有效性和完美性具有积极作用。经过多年的探索试点实践，各省（区、市）、各行业都结合自身的需求分别制定了相应的建设项目环境监理实施办法，并培养出了一批有认证资质的从业机构。但是，建设项目施工期环境监理工作毕竟尚处于试点探索阶段，其定位、作用和范围还不够明确，相关的管理制度和技术规范体系还不够完善。环发〔2012〕5 号文件特别强调，要进一步强化环境监理职能、加强环境监理队伍建设和管理、严格规范环境监理执法行为、积极推进环境监理标准化建设。因此，做好工程环境监理工作，必须培养一批既有环境工程专业技能又懂工程监理专业知识的复合型专业技术人才。现阶段，工程环境监理人员经验交流和技术培训是提高从业人员业务水平的一个有效手段，一部分注册环评工程师、注册监理工程师、注册环保工程师等专业技术人员经过培训成长为工程环境监理高级专业人才。还有一部分没有注册证书的技术人员和学生，经过参加环境保护部的建设项目施工期环境监理培训班也走上了环境监理工作岗位。2011 年，环境保护部建设项目施工期环境监理培训班一共举办过 9 期，2012 年即将开始第 4 期的建设项目环境监理培训工作。随着建设项目环境监理工作的不断推广，建设领域将需要大量的具备复合型知识结构的工程环境监理人才。只依靠几期培训班的业务培训，远远不能满足建设项目环境监理工作的需求。尽快培养和建立一支具有较高业务素质和专业水平的工程环境监理人才队伍，是建设项目环境监理工作必须完成的一项紧迫任务。

6.5　环境监理的原则

建设项目环境监理，在实现建设项目健康发展、促进社会环境保护发展过程中具有重要的应用价值。所以，在建设项目环境监理工作中，要合理掌握环境监理实施要点，健全相关的法律法规建设，深化工作人员的综合素养，实现我国环境监理的健康可持续发展。

为进一步深入贯彻落实环境监理的实施，应坚持如下原则：一是严格执行国家环境保护的方针、政策和法律、法规。二是拟定并监督执行全区环境保护的地方性政策、法规和规章，依法行使行政处罚权。三是受政府委托对重大经济和技术政策、发展规划以及重大经济开发计划进行环境影响评价。四是拟定并组织实施全区环境保护规划。五是组织拟定并监督实施全区重点区域、重点流域的污染防治和生态保护规划；组织编制环境功能区划。六是标准编制应以科学性、普适性和可操作性为原则，参考国内外环境监理的研究及维护方法，结合我国多年来对生态环境的保护成果以及环境监理、环保管家的现行研究内容，不断研究和完善；并且不仅要考虑技术的可靠性，还要考虑实用性。

6.5.1　与国家相关法律、法规、标准相衔接原则

与国家有关法律、法规、办法和规定，如《环境保护法》《建设项目环境保护管理条例》《野生动植物保护条例》《自然保护区条例》《建设项目环境保护设施竣工验收管理规定》《交通建设项目环境保护管理办法》《建设项目环境保护事中、事后监督管理办法（试行）》等衔接，使编制出的规程具有法律上的延续性和一致性。

6.5.2　早期介入原则

建设项目环境监理应尽可能在项目的初期介入，使建设项目环境监理一直融入项目过程中。如果是第三方评价，环境监理一般只能在完成项目初步设计后介入，介入时间较晚，监理只能就项目提出有关环境保护的措施，具有一定的局限性。

6.5.3　科学性原则

科学性原则是指充分利用相关领域的科学原理，严谨地体现技术的科学性，吸取技术实施和试验工作所取得的成果和经验。科学性原则的主要特点有以下几个方面：①有科学的决策体制和运动机制。决策系统中各子系统既具有相对独立性，又能够密切联系，有机配合。②遵循科学的决策程序。决策一般都经过发现问题、确定目标、调查研究、拟订方案、分析评估、选优决断、试验反馈、修正追踪等步骤。③特别重视“智囊团”在决策中的参谋咨询作用。④运用现代科学技术和科学方法。在工作落实时必须在科学理论的指导下，遵循科学决策的原则，运用科学思维和方法，主要根据以下 8 个方面进行规划：①信

息全面、迅速、准确；②预测科学、及时、正确；③方向正确、目标明确；④方案齐全，相互独立；⑤论证充分，分析恰当；⑥实施步骤清晰、有度；⑦责任明确，要求具体；⑧调控得当，反馈及时。

6.5.4 底线性原则

底线思维是一种风险管理意识，是自觉防范风险的理性思维方法。防范风险首先就要清晰地洞见当下的真实情况，其次客观地估算出可能发生的最不利情况及其发生的概率，还要有的放矢地提出相应的对策，最后才能够以实际行动化解风险。底线性原则是要明确地意识到底线的限度即最起码保证，以及跨越这个限度和保证必然会产生的危害。因此，底线性原则要求我们坚持科学态度，客观、准确地考察问题和思考问题。

党的十八大以来，中国特色社会主义开启新时代。在 2019 年 1 月的“省部级主要领导干部专题研讨班”开班式上，习近平总书记深刻分析了政治、意识形态、经济、科技、社会、外部环境、党的建设等领域的重大风险，并提出防范和化解重大风险的明确要求。全国人民必须凝聚共识，必须坚持和运用好底线思维方法，以积极的态度研判风险、守住底线、防患于未然。在充分看到发展中的困难、问题和不利因素的同时，还要正确评估发展中的风险和危机，坦然面对不利结果的出现，守住目标的底线和前进的方向，增强忧患意识，不因为可能出现坏的结果就消极不作为，要避免脱离实际、急功近利、急于求成，要踏踏实实、稳扎稳打地推动经济发展稳中求进。

底线性原则是普适性的理性思维方法和生活态度，科学真诚地明晰底线，从最不利点着眼，努力争取最优结果。以底线谋发展、以有备求无患，预案齐备自然遇事不慌，然后才能准确判断前进道路上的各种风险挑战，并及时采取应对之策。在中国特色社会主义新时代，底线性原则更是治国理政不可或缺的重要思想方法和工作方法。

6.5.5 可操作性原则

可操作性原则是指可以按照一定的规范和要领操纵动作，又称可操作定义，是根据可观察、可测量、可操作的特征来界定变量含义的方法。即从具体的行为、特征、指标上对变量的操作进行描述，将抽象的概念转换成可观测、可检验的项目。从本质上来说，可操作性定义就是详细描述研究变量的操作程序和测量指标。在实证性研究中，可操作性定义尤为重要，它是研究是否有价值的重要前提。为了更好地贯彻这一原则需要做到以下几个方面：①明白实际操作的目的，使得监理单位增强责任感和义务感，可以更精准地落实完成责任。②有理论指导，阐明实际操作与有关劳动技术知识的联系，可保证操作的自觉性、科学性、正确性，使得具体实施人员可以准确地完成指示性工作。③对操作过程进行指导，使得监理人和单位掌握比较合理的操作方法，并对操作进行检查。

6.5.6　质量控制原则

要坚持质量控制原则，必须充分考虑和研究影响生态质量的因素，既要考虑自然环境因素，同时也要考虑人为作用因素。控制标准是指计量实际或预期工作成果的尺度，是从整个计划方案中选出的对工作绩效进行评价的关键指标，是控制工作的依据和基础。确定控制标准是控制过程的第一步，要控制就要有标准，离开可比较的标准，就无法实施控制。

（1）定量控制标准与定性控制标准

定量控制标准就是可以用数字量化的标准；定性控制标准，就是难以定量化的标准。

（2）实物标准与价值（财务）标准

实物标准是一种非货币化的标准，用于反映定量的工作成果。价值（财务）标准是用货币度量的标准，具体又分为费用标准、资金标准和收入标准。有效控制标准的要求：简明适用，即保证标准明确、不含糊，对标准的量值、单位、可允许的偏差范围等要明确说明，对标准的表述要通俗易懂，便于理解和接受。含糊的、解释起来主观随意性大的控制标准是不利于控制的。

（3）协调

管理控制工作覆盖着组织活动的各个方面，制定出来的各项控制标准不可相互冲突，应该彼此协调一致。

（4）可行且易操作

即标准的确定要客观，不能过高，也不能过低。因为建立标准的目的，是用它来衡量实际工作，并希望工作达到标准的要求。所以，控制标准的建立必须考虑到工作人员的实际情况。如果标准过高，人们将因根本无法实现而放弃努力；如果标准过低，人们的潜力又会得不到充分发挥，降低工作效果。

（5）相对稳定

即标准要有一定程度的稳定性，要能用于较长的时间，即使有弹性，也是在一定的原则范围内变化。否则，标准经常变化，会使标准缺乏权威性，并加大控制工作的难度。但这种稳定不是绝对的，控制标准也要随组织活动的发展进行必要的调整。在一般情况下，随着组织的发展和组织效率的提高，控制标准应不断提高。

（6）前瞻性

建立的标准既要符合现时的需求，又要考虑到将来的发展对控制指标的要求。制定控制标准的步骤：确定控制对象、环境因素、资源投入、活动过程、政府和企业对接、后续评价、技术及成果转化。

（7）选择关键控制点

关键控制点：对计划目标实现具有重大影响的关键点，它们是业务活动中的一些限定性不利因素，或是能使计划更好地发挥作用的有利因素。主要有 3 种：

①影响整个工作运行过程的重要操作与事项。

②能在重大损失出现之前显示出差异的事项。

③若干能反映组织主要绩效水平的时间与空间分布均衡的控制点。

（8）制定控制标准

制定控制标准常用的方法有以下 3 种：

①统计分析法：是指根据企业的历史数据资料以及同类企业的水平，运用统计学方法来确定企业经营各方面工作的标准。用统计计算法制定的标准，便称为统计标准。统计分析法的优点是简便易行，但是也有如下的局限性：首先是对历史统计数据的完整性和准确性要求高，否则制定的标准没有任何意义；其次是统计数据分析方法选择不当会严重影响标准的科学性；再次是统计资料只反映历史的情况而不反映现实条件的变化对标准的影响；最后是利用本企业的历史性统计资料为某项工作确定标准，可能低于同行业的先进水平，甚至是平均水平。

②经验估计法：是指根据管理人员和工作人员的实际工作经验，并参考有关技术文件或实物，评估计划期内条件的变化等因素，制定标准的方法。经验估计法适用于缺乏技术资料、统计资料的情况。其优点是简单易行，工作量小，但受主观因素影响大，准确性差。

③工程标准法：是指在对工作情况进行客观的分析，并以准确的技术参数和实测的数据为基础，通过科学计算确定标准的方法，又称为时间研究和动作研究。通过工程标准法制定生产定额，为基层管理人员更恰当地安排工作，更合理地评估员工绩效，以及预先估计所需的人工和费用，建立客观的标准。

6.5.7　实用性原则

根据评价目标和对象的特点，要尽可能地采用通用指标，使同类指标的含义、范围和计算方法保持统一，在总体上计算口径也应该保持一致。

（1）健全环境监理制度

对我国建设过程中出现的环境污染问题，政府要加强法律法规建设，重视环境监理制度创建的重要意义。针对已经出台的具体规定，可以在某些地区进行试点实验，具有良好效果的可以全面推广。除此之外，在具体的环境监理制度实施过程中，要不断规范监理工作。政府要加强环境监理的资金投入，确保环境监理工作的有效开展，实现社会环境的绿色发展。

（2）合理提升监理费用

环境监理是第三方的咨询服务活动，具有服务性，在服务活动过程中会产生经济费用，要想提升建设项目环境监理的效率、质量，实现环境监理工作的有序发展，要适当提升监理费用。在实际工作中，可以按照建设项目行业、工程复杂程度等制定合理的收费标准。

环境监理的收费标准应该控制在合理范围内，要出具相关证明参考，要具有良好的可操作性。只有统一环境监理的具体收费标准，才可以实现环境监理市场的健康发展。

（3）提高监理人员综合素质

为了提升建设项目环境监理质量，就要不断提升相关工作，人员的综合素养、业务水平。各级国家生态环境主管部门要高度重视环境监理工作，有针对性地提升工作人员的道德素养。可以通过定期组织环境监理人员参与考试，保证工作队伍的专业性。监理工程师要在法规和合同授权范围内，严格履行自己的职责，站在公正的立场上，独立地解决工作中出现的问题。环境监理单位，要强化监理人员的培训活动，培训通过后才可以上岗，实现监理人员综合素养的提升，实现项目环境监理工作的有效开展。

建设项目环境监理工作的有效开展，对社会环境质量的提升、实现社会环境可持续发展具有重要意义，特别是当下的环境污染问题日益加剧，加强建设环境监理工作迫在眉睫。所以，相关部门要提升环境监理的有效性，对于其中存在的问题强化监管，不断完善环境监理制度。工作人员在实际监理工作过程中，要抓住监理实施的要点，真正落实监理工作，提升环境监理的质量，实现我国环境监理工作的有序发展。

6.6　环境监理发展的框架

6.6.1　环境监理机制改革

（1）经济新常态前后的建设工程问题对比

经济新常态以前，我国的工程建设资源浪费大、从业人员管理混乱，缺少相应的制度措施对这些问题加以管理约束。在新常态的环境下，经济增长变缓，国家产业结构全面调整。新常态下的建设工程竞争变得较为激烈，只有更加注重工程的质量，强化过程管理，建筑类企业才能生存和成长。必须坚持配套的监理机制，对工程进行合理、合法的监管，才能确保工程的质量、进度、造价等目标值的实现。

（2）现行监理模式优化的必要性

我国监理机制不够完善，主要表现为：一是监管仅限于工程的施工阶段。完整的监理机制应该是贯穿项目的始终，包括项目的设计、项目的招标、项目的施工等。监理没有贯穿工程项目的始终，就会导致一些项目在开始施工的时候准备不够充足，有的甚至边设计边施工，造成安全事故。二是混合型的监理机制。一般情况下，监理机制应该是独立的，但是有些业主直接设置监理部或监理机制，由业主指挥和控制。这样混合的监理机制，从根源上讲是起不到监督管理作用的。因此，改革现有监理机制，设立新的、有效的监理机制以及优化现行监理模式对于工程建设是十分必要的。

（3）制定相关法律

建设并完善相关的法律法规或地方性法律制度，对促进环境监理制度性能有效发挥、维护我国工程项目建设环保性具有很大现实意义。法律法规的建设是一个循序渐进的过程，应从地方性法律建设着手，对环境监理的意义、手段、流程等做出明确完善，采用修正地方性法规的形式，逐渐通过立法的方式确立环境监理制度的法律地位，保证各项环境监理措施的实施有法可依、有章可循。

6.6.2 环境监理模式科学化

（1）建立健全的监理机制

每一个项目都必须配备监督机制，这是项目赖以运行的根本，必须贯穿项目始终。监督制度在项目运行中起到的作用极其重要，没有合理有效的监督制度，项目的实施始终会存在隐患。监督管理制度的不完全运行势必会导致施工过程中出现这样或那样的问题，导致工作完成不顺畅。建立有效的监理可以大大地提高项目的施工效率。

（2）应让建设方充分发挥调控作用

对于项目本身而言，监理机制的地位应该和施工有同等地位，两者都是项目工程质量的关键。建设方要充分地发挥自身的调控作用，保证监理与施工两方的责任清晰，这样才能使得工程建设质量得到保证。

6.6.3 环境监理阶段合理化

（1）项目可行性阶段

建设单位取得项目立项批复后，在可行性研究报告编制阶段，应将环境影响评价文件及其批复要求落实。同时，编制可行性研究报告的设计院要完善可行性研究报告中关于防治环境污染和生态破坏的措施以及环境保护设施的内容，作为开展后续建设项目初步设计的依据。

（2）项目设计阶段

设计院在进行初步设计的过程中，应当依据可行性研究报告中关于防治环境污染和生态破坏的措施以及环境保护设施的内容，根据环境保护设计规范和环境影响评价文件及其批复的要求，落实防治环境污染和生态破坏的措施以及环境保护设施投资概算。在进行施工设计前，建设单位应当对初步设计中的各项防治环境污染和生态破坏的措施以及环境保护设施落实情况进行评估，满足环境影响评价文件和批复要求后，进行建设项目施工设计。

（3）项目施工阶段

建设项目施工阶段的环境管理包括建设项目施工过程中防治环境污染和生态保护、施工结束后的施工占地周边的生态恢复以及环境保护设施安装调试三部分。其中，前两个环节，应由负责项目施工的主管部门要求施工单位按照环境影响评价文件及批复要求做好相关工作，环境保护设施安装调试应当由环境保护设备厂家来完成。

（4）项目验收阶段

新修订的《建设项目环境保护管理条例》中规定，由建设单位自己组织开展建设项目竣工环境保护验收工作。从表面来看，是国家放松了竣工环境保护验收工作，实际上是进一步强化了建设单位的环境保护主体责任。建设项目竣工投产前，应由建设单位自主开展建设项目竣工环境保护验收，编制验收报告，不具备编制验收监测（调查）报告能力的，可以委托有能力的技术机构编制。验收报告编制完成后，建设单位可以组织设计单位、施工单位、环境影响报告编制单位、验收报告编制单位以及专业技术专家等成立验收工作组，协助开展验收工作，根据验收报告结论，逐一检查是否存在验收不合格的情形，并提出验收意见。

6.6.4 环境监理未来的发展框架

据前文所述，未来中国的环境监理的发展可考虑推进“两型四化”。

两型，一是服务型，未来环境监理发展会以第三方的服务型企业的身份，在政府和企业之间架起第三方的服务桥梁，将现在的模糊形态定位成服务形态，将服务意识放在首位，在坚决服从政府领导的决策下，达到国家要求的质量标准；二是科技型，未来的环境监理发展是不断地科技创新，重在首创精神，将前沿科技结合到技术发展中，让监理企业始终站在技术的前端，把好生态环境这一重要关卡。

四化，一是坚持市场化原则，在国家市场经济的大前提下，将企业服务由高速发展转向高质量发展，提高企业从业质量，制定合理的收费标准，以企业服务化为市场服务，为国家环境提供支撑力量；二是坚持多元化原则，以多元化的发展模式和技术手段，融合发展，加强核心竞争力，合理运用环保管家等新型发展模式，为政府和企业提供优质服务；三是坚持目标化原则，将企业通过国家验收标准作为第一标准，绝不妥协；四是坚持专业化原则，未来的环境监理企业是一支专业化的团队，利用政府人才库，与高校人才和企业人才融合，打造一支专业化队伍，运用先进的科学技术解决政府和企业难题，切实可行地解决环境监理问题，为祖国的环境事业贡献力量。

第 7 章　各省份的环境监理探索

7.1　辽宁省环境监理历程

7.1.1　背景

东北是工业大区，辽宁是工业大省，省内对石化、冶金等重工业项目非常重视。这些项目在建造时对环境影响比较严重，因此严格按照环境保护标准进行施工是非常必要的，但是辽宁省生态环境厅在工作中发现一些工业项目施工方没有严格按照环评批复要求进行施工，有的甚至私自修改环评批复项目布局，更有甚者偷埋排污暗管。这些工业项目在不完全落实环评批复的条件下建成，只会成为环境保护的“烂尾工程”，对环境没有任何好处，严重损害公众环境权益。同时，项目施工扰民、生态破坏问题也时有出现，环境保护设施“三同时”执行率普遍偏低，也是 2000 年年初辽河流域水质为劣Ⅴ类的重要原因。

为了有效解决这类问题，2004 年，辽宁省开始对环境监理进行探索。环境监理既可以成为“三同时”制度重要和有效的辅助手段，又可以使环境管理融入整个工程项目的建设过程中，为建设单位和管理部门搭建信息沟通的桥梁，变事后管理为过程管理；有利于建设项目全面、同步落实环评提出的各项要求；有利于消除污染隐患、降低环境风险，有利于建设单位节约整改投资和及时投产，保证了项目试生产和竣工环境保护验收的顺利进行。

7.1.2　探索与实践

辽宁省自 2004 年探索环境监理工作开始，先后经历了 4 个主要阶段。

第一个阶段是辽宁省环境保护局指定辽宁省环境科学研究院（以下简称辽宁省环科院）为环境监理机构。辽宁省环科院具有丰富的环境理论知识，可以更好地对建设项目期的不规范行为及突发的污染问题及时给予指导，能够防止问题不及时解决所产生的二次污染。但辽宁省环科院因研究任务不能长期驻扎场地，而且还应收取服务费用。建设单位方也提出，建设项目环境监理的性质比较模糊，环境监理是政府行为还是市场行为界限模糊。第一阶段的行政指定市场模式，没有达到预期的效果，但还是有了新的收获。这次尝试以蒲石河抽水蓄能电站工程为试点项目。

辽宁蒲石河抽水蓄能电站建在鸭绿江右岸一级支流蒲石河的下游，是我国东北在建的第一座大型日调节纯抽水蓄能电站。一期工程总装机容量为 1 200 MW，单机容量 300 MW，共 4 台机组，年发电量约为 18.6 亿 W·h，年发电小时数为 1 550 h，总工期为 5 年零 5 个月，工程总投资 40.497 8 亿元。该电站属水利水电一等工程，规模为大（1）型，枢纽中主要建筑物的级别为一级。蒲石河抽水蓄能电站主要由上水库、下水库、输水系统、地下厂房 4 个部分组成。上水库大坝为钢筋混凝土面板堆石坝，最大坝高 76.5 m，坝顶长 691 m，坝宽 8 m，坝上游水库三面环山，总库容为 1 351 万 m^3。下水库大坝为混凝土重力坝，最大坝高 3 410 m，坝顶长 3 360 m，下水库库容约为 2 905 万 m^3。上、下水库最近距离约为 2 500 m，落差为 294～330 m，上、下水库正常蓄水位时水库水面之和约为 4.26 m，库区淹没林地 0.882 km^2，淹没耕地面积为 1.439 m^2，生物量的减少远小于评价区的 5%，且在水库淹没区内未发现珍稀濒危物种。

厂房洞室系统是一组空间立体交叉的地下洞室群，其布置以厂房、主变室及尾闸室为核心。厂房从左到右依次为主机间、安装间、副厂房和通风机室。厂房开挖尺寸为 161.8 m×22.7 m×541 m（长×宽×高），上覆岩体厚度在 200 m 以上。上水库进（出）水口位于上水库一山沟内，下水库进（出）水口位于黄草沟口右侧，输水系统总长度约为 2 467 m。东北地区目前水电所占比重仅约为 14%，调峰电量明显不足。该电站建成后，既可保证已有大中型火力发电不小于最小技术出力的要求，又可用于调峰、填谷、调频和事故备用，为东北电网应急备用。

抽水蓄能电站建设不仅有利于水资源的进一步开发，还能更大地发挥水利水电的综合效益。抽水蓄能电站的调峰功能为常规水电站的 2 倍，与煤电站和油电站相比，其跟踪负荷性能好、开停机灵活、调峰灵活，并能减少 CO_2、SO_2 等的排放量，改善地区环境质量。但抽水蓄能电站工程也是一类对生态环境有重大影响的建设项目，筑坝蓄水所带来的生态环境问题已成为人们争论的焦点。这类项目在勘探、选址等阶段就会对生态环境产生影响，施工建设期对生态环境的影响更为严重，并且在竣工验收时许多生态影响如对珍稀动植物的影响、栖息地的破坏、景观的破坏等都已发生。为此，明确抽水蓄能电站工程对环境的不利影响，掌握环境监理要点，对工程实施全过程、全方面、动态的环境监理，不仅能监督施工单位采取有效的措施将施工活动对环境的不利影响控制在可接受的范围内，使工程整个建设过程中受到破坏的环境要素得到及时修整和恢复，还能防止工程建设对周围的生态、人文和社会环境造成不利影响或干扰。

为此，根据《辽宁省建设项目环境监理管理暂行办法》的有关要求，受辽宁蒲石河抽水蓄能有限公司委托，辽宁碧海环境保护工程监理有限公司承担了蒲石河抽水蓄能电站工程的环境监理工作。由于该项目是辽宁省开展环境监理的第一个大型水电项目，是典型的生态型建设项目，为确保项目环境监理工作目标高质量、顺利地完成，环境监理部重点配备了生态保护和生态管理方面的专业人员，分工明确。环境监理部挂靠辽宁蒲石河抽水蓄能电站工程安全文明生产与环境保护委员会，总监理工程师兼任安全文明生产与环境保护委员会办公室副主任。环境监理部于 2007 年 8 月进驻现场。进驻后要求承包商建立由项目经理为第一责任人的环境保护工作领导小组，并选派合格的专职人员，负责本单位的环境保护工作，建立起现场环境保护管理体系。

第二阶段是在吸取第一阶段的教训后，辽宁省生态环境厅认真思考后，在 2005 年将环境监理任务转到环境监察部门，交付于环境监察人员，将环境监理的性质转变为行政监管。但是这次的转变并没有想象中的成功。建设单位虽然认可这种方式，但环境监察部门作为执法者只能起到执法监督的作用，无法以第三方身份为建设单位在项目设计、施工期间遇到的环境问题提供技术咨询服务，并且这些属于额外的任务，加重了环境监察人员的工作量。当时辽宁省环境监察人员还承担着 10 多亿元的排污收费与环境信访的处理、环境纠纷和污染事件的调查处置以及数千家企业的日常环境监管等大量工作。环境监理人员不足，无法满足环境监理的人员缺口的需求，导致无法有效推动环境监理工作的开展。此阶段的试点项目是大连大窑湾港项目。

第三阶段是在 2006 年，总结了前两次尝试的经验与教训后，辽宁省生态环境厅决定寻找第三方收费机构来参与环境监理，于是工程监理单位被选定为第三方机构来协助项目单位进行环境监理。工程监理单位原本就对工程项目熟悉，且对工程项目各单元之间的流程也十分熟练，因此工程监理单位是承担环境监理的不二选择。但是有个最重要的问题，工程监理单位对于环境保护的专业知识不像辽宁省环科院以及环境监察人员那样丰富，所以组织工程监理人员进行了培训，但最终还是出现了难以解决的矛盾。由于环境影响评价文件专业性强，而工程监理单位环境保护业务能力较差，特别是工程监理单位隶属建设部门造成的管理体制不顺等多方原因，采用工程监理单位作为环境监理机构，无法适应环境监理工作发展的需要。此阶段的试点项目为大伙房水库输水工程。

第四阶段是在 2007 年，在辽宁省环科院、环境监察、工程监理进行了 3 个阶段尝试的基础上，以环评单位为环境监理机构，以市场化的公开招标形式再次进行尝试。环评机构不仅在环境保护方面具有丰富的知识，而且在撰写环评报告书时对工程项目也有一定的了解和掌握。这样一来，环评单位不仅可以利用自身的技术优势，为建设单位提供良好的咨询服务，而且强化了环境保护部门对环境监理工作的监督管理，也有利于建立一支隶属生态环境部门自己的监理队伍。此次探索的试点项目是营口港鲅鱼圈港区四期工程、仙人岛港区南北防波堤及围堰一期工程。

7.1.3 全面实施与实践

（1）辽宁省开创建设环境监理发展历程

回顾这几年走过的历程，辽宁省重点对环境监理的定位进行了不断探索，找到了一条适合辽宁特点的环境监理工作模式。经过了指定辽宁省环科院为环境监理机构、将环境监察部门作为环境监理机构、选择工程监理单位来承担建设项目环境监理工作、选择环评单位承担环境监理工作这4个阶段的探索，发现这4种模式均存在诸多弊端难以解决。2012年5月9日，《辽宁省建设项目环境监理管理办法》正式全面实施，在依托于环评单位市场公开招标的基础上，增加环境监理工作内容以及对环评企业环境监理资质认定的有关内容，形成“建设单位—环评单位—环境保护部门”“三位一体”的环境监理模式。

（2）推动政策、法规创新，提升环境监理的法律地位

2011年1月11日，辽宁省人大常委会出台了《辽宁省辽河流域水污染防治条例》，通过积极推动，在该条例中写入环境监理要求。该条例规定，“对涉及饮用水水源、自然保护区、风景名胜区以及施工期环境污染和生态破坏严重等重要的排污建设项目，逐步建立环境监理制度，实施环境监理”，使辽宁省的环境监理工作在立法上有了保障。在2007年5月出台《辽宁省建设项目环境监理管理暂行办法》的基础上，辽宁省2011年5月9日出台并于2012年5月9日实施《辽宁省建设项目环境监理管理办法》。同时，为了配合监理资质管理的实施，优化监理招投标管理，辽宁省新修订并实施了《环境监理评标打分标准》。

（3）建立有效监督管理制度、加强环境监理队伍建设

①建立并完善环境监理公开招标制度，逐步探索规范化、市场化运作机制

以辽宁省环境评估中心为基础，为项目单位搭建招标平台，按照公开、公平、公正的原则，由建设单位代表和专家共同组成招标委员会，对环境监理方案进行评估，在投标竞争者中选择技术水平、人员配置、质量保证和报价等方面具有优势的环境监理单位作为中标者，从而更好地保证建设项目环境监理的工作质量。正是由于引入了市场竞争择优机制，通过招标投标制度为环境监理单位提供公平竞争的舞台，激发其参与环境监理工作的积极性，让真正有实力的环境监理单位脱颖而出。这对促进辽宁省环境监理行业健康发展具有重要的意义。

②形成环境监理报告机制和监督处罚机制

对未认真履行“三同时”制度和擅自试生产的项目及时处理，要求监理单位向环评审批部门和地方环境保护部门报送环境监理编制环境监理方案，设计文件环境保护核查报告、月报、专题报告，试生产、验收阶段环境监理报告。同时，对环境监理工作进行定期检查和不定期的抽查。

③加大队伍培训力度，强化环境监理机构准入条件

2011年，辽宁省沈阳市承办全国首期建设项目施工期环境监理技术人员培训班，进行多期环境监理工作人员培训，提升环境监理就业人员业务能力，规范环境监理机构对环境监理工作的开展。

（4）创新队伍建设，颁发环境监理资质

辽宁省通过颁发环境监理资质，进一步扩大环境监理队伍。2011年，辽宁省环境监理

队伍已扩大至16家机构。

（5）技术规范的出台

辽宁省环境保护厅和辽宁碧海环境保护工程监理有限公司联合编制的辽宁省《建设项目环境监理技术规范》（DB 21/T 2355—2014）通过辽宁省质量技术监督局的审批，作为行业地方标准，于2014年7月29日发布，2014年9月29日正式实施，该标准的实施对于推动辽宁省环境监理工作深入开展，进一步规范建设单位、施工单位、环境监理单位和相关人员的行为具有重要意义。

（6）全行业发展

1）输变电和高速公路行业

辽宁省环境监理在全面发展阶段又进行了扩大，在输变电和高速公路两大行业取得了进步。以下为辽宁省输变电项目“500 kV营口南输变电工程”简要介绍。

①工程概况

500 kV营口南输变电工程于2009年9月1日正式开工，计划于2012年7月20日竣工，投资10.381 2亿元，环境保护投资1 321.67万元，建设单位为辽宁省电力有限公司，监理承担单位为辽宁瑞丰环境工程监理有限公司，2011年11月签订合同并进场。

工程包括新建500 kV营口南变电站；扩建瓦房店500 kV变电站；新建营口南—瓦房店线路，全长2×90.0 km；新建同塔双回500 kV营口电厂—渤海变线双π接本站线路；长度为2×0.45 km。停电过渡方案：从电渤线＃18起，在电渤线西侧平行50 m处建一条500 kV单回路，长1.5 km，在变电站附近东转，钻越500 kV电渤线路，接到营口南变电站。

②环境监理亮点

a．通过实施环境监理，建设施工和运行有效地保护了青龙山景区国家森林公园的生态环境。为了保障本项目建设地选址、选线，认真落实环评及批复要求，合理规划布局，同时成功地将原设计经过盖州市国家森林公园青龙山景区的输电线路进行调整，调整后线路距青龙山景区边界700 m，项目建设施工和运行有效地保护了国家森林公园的生态环境。

b．通过实施环境监理，线路避开了原跨越龙门旅游度假区的设计。监理单位协调当地政府和建设单位，使建设充分尊重输电线路沿线政府的意见，积极争取当地政府的支持，按照瓦房店市许屯政府提出的改线意见，完成瓦房店段113～124号线塔的改线施工，线路避开了原跨越龙门旅游度假区的设计。

c．通过实施环境监理，在项目建设中对建设区域及线路沿线的动植物进行很好的保护，对线路经过的盖州国家森林公园风景名胜区进行重点保护，对线路施工跨越的农田、林地、塑料大棚等严格按照规定采取了保护措施，对线路经过的高铁、高速、重点公路实行了规范规定的跨越，项目建设未对环境敏感点产生影响，实现了项目建设与生态环境的和谐。

d．通过实施环境监理，环境监理和建设单位、设计单位、工程监理单位紧密配合，互相支持、互相帮助、互相协商为本项目建设的生态环境保护把好关。

2）扬尘污染防治

2011 年，辽宁省发布《辽宁省扬尘污染防治管理办法》，并于 2013 年 7 月 1 日起实施。第十条规定，建设单位应当对施工期产生扬尘污染的建设项目实行施工期环境监理。环境监理单位应当将扬尘污染防治纳入环境监理细则，发现扬尘污染违法行为的，应当要求施工单位立即改正，并及时报告建设单位及有关行政主管部门。2013 年，辽宁省发布《辽宁省施工及堆料场地扬尘排放标准》（DB 21/2642—2016），自 2016 年 11 月 23 日起实施。

7.1.4　成就

1. 出版“辽宁省建设项目环境监理培训教材”

辽宁省环境保护厅组织编写出版了“辽宁省建设项目环境监理培训教材”，该教材包括《建设项目环境监理概论》《典型行业建设项目环境监理工作指南》《建设项目环境监理工作案例选编》三本。这套书的出版为推进环境监理试点工作的开展起到促进作用，同时对监理队伍的日常工作起到积极的指导作用，并为队伍的规范化建设奠定了基础。该系列教材继环境保护部在海南全国环评工作会议上选为会议材料推广使用之后，还被浙江工商大学选定为该校本科环境科学与工程学院环境科学专业的专业课程教科书。证明了该教材的理论价值。

图 7-1　“辽宁省建设项目环境监理培训教材”

辽宁省环境保护厅组织编写的建设项目环境监理培训教材，是国内首次对建设项目环境监理工作的全面阐述。《建设项目环境监理概论》一书对环境监理的理论体系进行了探讨，初步形成了较为完整的环境监理概念体系，填补了我国环境监理工作的理论空白。

2. 从立法上保障环境监理的实施

辽宁省积极推动省人大常委会立法，强化环境监理的政策、法规体系建设。2011 年 1 月 11 日辽宁省人大常委会通过了《辽宁省辽河流域水污染防治条例》，在辽宁要求“逐步建立环境监理制度实施环境监理”，使辽宁省从立法上确立了开展建设项目环境监理的法律地位。

3.《辽宁省建设项目环境监理管理办法》实施

以环境保护部试点精神为指导，《辽宁省辽河流域水污染防治条例》为上位法，2011 年 5 月 9 日，辽宁省修订并印发了《辽宁省建设项目环境监理管理办法》。这是在《辽宁省建设项目环境监理管理暂行办法》（2007 年印发）的基础上，经过 4 年的实践探索、经验积累的总结。其中：①把实践证明行之有效的新措施、新方法纳入修订办法，如对建设项目设计文件进行环境保护核查、试生产期进行环境监理，明确对环境监理费用进行成本核算，纳入工程预算。②重新确定环境监理单位的考核条件，以扩充监理队伍。根据环境保护部办公厅批复的《辽宁省环境监理试点工作方案》，将环境监理单位纳入环境影响评价资质管理范围，环境监理机构通过申请业务范围为环境监理的“建设项目环境影响评价资质证书”，取得环境监理执业资质。③强化环境监理各相关方的约束机制，重新定义了环境监理单位的职责。④强化考核和监督处罚机制，增加了对从业人员的管理规定。

4. 举办国家第 1 期和辽宁省两期环境监理培训班并颁发合格证

2011 年 5 月 15—18 日，由环境保护部环境工程评估中心主办，辽宁省环境保护厅承办的全国首期建设项目施工期环境监理技术人员培训班在沈阳市举办，对来自全国 20 多个省（市）近百个单位的 260 名学员进行培训，并颁发证书。

5. 环境监理开展的数量及行业领域又有新突破

新开展了“辽宁大唐国际阜新日产 1 200 万 Nm^3 煤制天然气项目”“华晨宝马汽车有限公司新工厂建设项目”等 55 个项目的环境监理，比 2010 年增长了 41%，其中，2011 年进入环境监理实施程序的项目有 46 个，完成 13 次共计 30 个项目的招标。已完成项目涉及港口、铁路、建材、火电、风力发电、水利水电、石化化工、冶金机械等行业，同时新拓展了民航、电子等多个行业和重点领域。环境监理工作取得了突出成效，环境保护“三同时”制度执行率显著提高，培育了一批业务精、能力强的环境监理队伍。截至 2012 年，辽宁省共对“大连地铁 1 号、2 号线一期工程”“大唐阜新煤制气及管输工程”等 342 余个国家级、省级审批的建设项目开展了环境监理，基本覆盖港口、公路、铁路、风力发电、水利水电、石化化工、冶金机械、输变电等全部经济行业，环境监理合同额已达 1.5 亿元。

6. 开展建设项目设计文件环保核查和试生产环境监理

为了使项目单位从建设源头落实环境保护“三同时”制度，使其在设计阶段就能够满足最终试生产和验收的条件，辽宁省要求环境监理单位在监理伊始对建设项目设计文件开展环境保护核查，发现问题及时整改，力争把存在问题的影响程度降低到最小，把解决问题的难度降低到最小。实现环境监理的全过程、全阶段化。

建设项目的试生产期间，由于尚未完成“三同时”验收，环境管理无法移交地方生态环境部门，造成了管理上的空白，而且污染防治措施尚在调试中，容易出现超标排放和污染扰民等问题。为此，辽宁省结合试生产排污收费工作，以营口市富士康印刷电路板等项目为试点，将环境监理延伸到项目试生产阶段，并将试生产阶段环境监理纳入招标工期时间内。此举不仅进一步完善了环境管理体系，保证足额征收试生产期间的排污收费，而且为实行企业环境监督员制度拓展了思路。

7. 全国第一个环境监理网

2007 年 10 月，由辽宁省环境保护局主管，辽宁省环境工程评估审核中心承办的“辽宁省建设项目环境监理网”正式开通。该网站不仅为建立环境监理规范化、信息化管理提供了重要保障，而且对环境监理招标的客观、公平、公正、公开提供了强有力的保证，所有招投标信息和中标公告均公开发布并接受社会监督。同时，该网站的经验交流栏目也为辽宁省环境监理机构和建设单位交流环境监理工作经验提供了良好、快捷的平台。更为主要的是该网站成了宣传环境监理的重要窗口，在一年的时间里访问量达到 30 万人次。各监理单位先后上报环境监理月报、专题报告共计 1 007 份，使管理部门对项目建设进展和存在的问题得到较为全面的了解。

8. 走出辽宁，服务全国，引领全国监理事业发展

辽宁省对环境监理的探索，得到了全国范围内的肯定，还承担了省外大型建设项目的环境监理工作，并与福建、吉林、江苏、河北、山西、广东、成都、武汉等地区交流环境监理工作经验，相互促进环境监理工作的开展。

7.2 陕西省环境监理历程

7.2.1 基本情况

陕西省地处我国东西部接合地带，地域南北狭长、东西较窄，陕北地区蕴藏盐、煤、石油、天然气等资源，关中地区有煤、钼、金、非金属建材、地热等资源，陕南地区有有色金属、贵金属、黑色金属及各类非金属矿产，同时也是“南水北调”中线水源涵养地。陕西省是我国西气东输、西电东送、北煤南运的大通道和主要输出地之一，以资源开发为主的经济增长方式在短时间内难以改变。陕北地区生态环境脆弱、关中地区环境容量有限、陕南地区环境敏感的特点，促使资源开发与各项基础设施建设带来的环境保护压力尤为显著，这些特点要求陕西建设项目必须做到与自然环境协调发展。

立足省情，基于建立全方位、全过程、全要素建设项目环境管理体系的考虑，2004 年，陕西省环境保护厅根据国家环境保护总局《关于在重点建设项目中开展工程环境监理试点的通知》（环发〔2002〕141 号）文件精神，确立了由环境监理实现建设项目过程管理无缝对接的决策思想，通过环境监理试点、扩大影响、发展壮大过程中的摸索实践，确定了以市场化和规范化推动探索发展环境监理的思路。截至 2009 年，陕西省具有环境监理资格备案证书持证单位 23 家、从业人员 1 500 余人，累计开展 503 个项目环境监理，环境监理行业范围涵盖水利、交通运输、建材火电、化工石化医药、采掘、冶金、轻工化纤（如印染业和食品、饮料、酒类的制造及加工等）、社会区域（如生活垃圾集中处置、危险废物集中处置等）、输变电共 9 个类别。建设项目通过环境监理，认真执行环境影响评价和“三同时”制度，确保建设项目污染防治设施和生态保护措施在项目建设过程中得到有效落实，为建设西部强省提供良好的环境支撑。

7.2.2 环境监理发展简述

为实现建设项目过程管理无缝对接，陕西省环境保护局立足陕西省省情，在 2004 年引入建设项目第三方环境监理管理模式，由陕西省环境保护局发布的《关于在建设项目中加强工程环境监理的通知》（陕环发〔2004〕243 号）拉开陕西省环境监理工作的帷幕。2006 年 12 月 3 日，陕西省人大通过《陕西省实施〈中华人民共和国环境影响评价法〉办法》，第三十一条规定：“已经批准的施工周期长、生态环境影响大的水利、交通、电力、化工、矿产资源开发等建设项目，在其建设过程中应当进行环境监理”，为陕西省建设项目环境监理的有效实施提供了法律依据。为了规范环境监理职业行为，提升环境监理水平，陕西省于 2009 年 8 月下发《〈建设项目环境监理实施方案〉编写技术要求》和《〈建设项目环境监理报告〉编写技术要求》两份指导性文件，对各环境监理机构在监理目标、监理方式和监理效果等方面进行了有效指导。

2011 年 10 月，环境保护部在陕西省西安市组织召开了“全国建设项目环境监理工作交流会”，通过开展各省（区、市）环境监理探索成果展示、监理单位工作经验介绍、下一步发展方向讨论等交流，进一步统一了认识，明确了下一步工作重点和方向。2012 年 1 月，环境保护部发布《关于进一步推进建设项目环境监理试点工作的通知》（环办〔2012〕5 号），提出了完善环境监理工作内容、提升环境监理工作质量的要求，并在 2010 年辽宁省、江苏省第一批试点省份的基础上，将陕西、重庆等 11 个省（市）列入第二批试点名单；提出“在建设项目环境监理管理和技术规范体系、环境监理市场化运作方式、环境监理机构准入、环境监理队伍建设、环境监理收费等方面进行了全方位探索”的要求。自此，建设项目环境监理在我国进入了全面推进与规范化探索阶段。陕西省作为第二批试点省份，对环境监理制度的规范化管理进行了有益尝试，经过不懈地探索与实践，环境监理制度从无到有、从小到大，发展迅速，环境监理的法律地位得以确立，建设单位的环境意识不断深化，培育了一批专业的环境监理人员，形成了良好的发展态势。经过坚持不懈地探索，2013 年 6 月，陕西省发布《建设项目环境监理规范》（DB 61/T 571—2013），该标准规定了建设项目环境监理的术语、基本要求、工作程序、工作方法和措施、主要内容、重大变动、变更和暂停处理、档案等内容，对环境监理技术体系进行了凝练与提升，明确了环境监理单位的责任与义务，充分体现了建设项目全过程管理的理念。2008 年 3 月，陕西省环境保护局、陕西省建设厅联合发布《关于进一步加强建设项目环境监理工作的通知》（陕环发〔2008〕14 号），对环境监理管理机构和实施单位、环境监理单位和人员的资质要求、廉政要求，环境监理的范围、内容、费用以及监理文件的管理等进行了规定。此外，为了认真贯彻执行《陕西省实施〈中华人民共和国环境影响评价法〉办法》，落实建设项目环境保护措施，规范环境监理管理，2011 年 11 月，陕西省环境保护厅印发了《陕西省建设项目环境监理暂行规定》（陕环发〔2011〕93 号），进一步明确了环境监理的范围、环境监理单位资质管理及工作职责等内容。这些制度的建立对于促进陕西省环境监理不断向科学化、制度化、规范化、标准化的方向发展，起到了保障作用。

7.2.3　环境监理发展的探索

（1）规范化构建环境监理发展框架

环境监理开展之初，既无法律依据、也无借鉴经验，同时各方认识不统一，为了环境监理事业的健康长远发展，陕西省环境保护局将规范化作为环境监理事业健康发展的保障。

一是在各方努力下，2006 年 12 月 3 日，陕西省人大通过《陕西省实施〈中华人民共和国环境影响评价法〉办法》，将环境监理首次纳入地方性环境保护法律、法规。

二是在建设项目环境保护管理中将环境监理环节和建设项目试生产节点有机结合，于 2009 年 12 月 29 日，陕西省环境保护厅印发《关于加强建设项目试生产核查管理工作的通知》，将建设项目环境监理纳入建设项目试生产的基本条件，环境监理报告纳入项目环保验收的主要依据，有力地确保了建设项目环境监理的执行率。

三是在环境监理资格管理、从业人员教育、环境监理费用等方面，陕西省环境保护局联合省建设厅于 2008 年 3 月 4 日印发《关于进一步加强建设项目环境监理工作的通知》，初步构建起了环境监理初级阶段较为科学的行业规范管理框架；随着环境监理事业的深入发展，2012 年 3 月 7 日，印发《陕西省建设项目环境监理资格备案证书管理规定（试行）》和《陕西省建设项目环境监理从业人员岗位证书管理规定（试行）》，进一步规范了环境监理单位和环境监理从业人员的从业行为。

四是在环境监理技术服务规范方面，在 2008 年组织人员编制完成了《〈建设项目环境监理报告〉编写技术要求》《〈建设项目环境监理实施方案〉编写技术要求》两个指导环境监理技术服务的试行规范，并在 2011 年按照分行业原则对其进行了重新修订，随着对环境监理认识不断深入，由陕西省建设项目环境监督管理站起草的省内地方标准《建设项目环境监理规范》，已于 2013 年 6 月 5 日由陕西省质量技术监督局发布。

五是在环境监理管理制度规范方面，陕西省环境保护厅于 2011 年 11 月 1 日出台了《陕西省建设项目环境监理暂行规定》，确立了环境监理单位、项目建设单位、环境保护部门的责任、权力和利益，有效地解决了环境监理快速发展阶段所出现的一系列关键性问题，进一步规范了环境监理。

六是坚持环境监理实施方案和环境监理报告专家评审制度，通过专家评审规范环境监理现场要求和业绩表述形式，以达到规范环境监理单位环境监理工作目的。

（2）市场化推动环境监理队伍建设

陕西省对环境监理的最初定位是，一不打破传统工程监理体系；二不给企业增加过多负担，不越权、不越位；三把环境监理作为对“三同时”制度过程管理的必备条件。为此，陕西省在环境监理试点阶段，决定率先成立自主经营、自负盈亏、市场化运作模式的陕西绿苑环境监理有限公司，承担陕西省环境监理试点工作。为了扩大影响，2006 年引入市场化经营的陕西华林工程监理公司开展环境监理；根据环境监理市场需求，2008 年将其他市场化经营的 10 家环境监理单位吸收纳入；随着环境监理事业发展，将环境监理单位发展到 23 家，这 23 家单位多为市场化经营的工程监理单位，其从业人员经环境保护培训后开展环境监理工作。环境监理从业人员由最初的 84 人发展到 1 500 余人，从业人员教育由最初的培训证发展到岗位证和技术资格管理证书，采用《建设项目环境监理》《建设项目环境监理相关法律法规》两本教材对从业人员进行培训，累计举办 4 期环境监理培训班，对 371 人进行了环境监理知识培训，给予合格的 308 人发放了环境监理培训证书；举办 10 期环境监理基础岗位知识培训班、对 1 498 人次进行了建设项目环境监理岗位基础知识培训班，给予考核合格的 809 人发放了建设项目环境监理岗位证书；举办 3 期环境监理技术管理培训班，对 269 人进行了技术管理资格培训。

（3）全力以赴做好环境监理试点工作

为了贯彻落实环境保护部《关于进一步推进建设项目环境监理试点工作的通知》相关要求，陕西省于 2012 年 2 月 27 日将榆林市列为建设项目环境监理试点市，并责成省建设项目环境监督管理站与榆林市环境保护局共同研究制定了《关于推进榆林市建设项目环境监理试点市工作的实施意见》。同时，为了进一步推动环境监理试点工作，陕西省环境保护厅于 2012 年 5 月 30 日在榆林市召开全省建设项目环境监理工作现场会，环境保护部、环境保护部西北环境保护督查中心到会予以指导，《中国环境报》、环境保护部和环境保护部西北环境保护督查中心门户网站等的新闻媒体予以报道，会议达到了宣传环境监理、扩大环境监理影响、谋划环境监理工作的目的。此外，为通过设立试点项目带动试点省工作取得突破，陕西省环境保护厅已先后确定了两批 6 个项目作为环境监理试点项目，以期在深化环境监理现场工作、环境监理取费标准等方面进行探索。

7.2.4　主要成效

1. 摸索出适合陕西省环境保护发展要求的环境监理模式

从环境监理试点项目开始至今，陕西省环境监理大致经历了局部试点、重点推广、全面规范 3 个发展阶段，在管理上初步形成了以地方立法、行政规范、技术要求、资格准入、教育培训以及质量控制等为主体的运行管理体系，为建设项目环境监管工作思路、工作方式、工作机制方面的创新发展做了有益的探索，为环境监理的进一步提升奠定了良好的基础。

2. 走出了一条具有省际特色的环境监理之路

陕西省始终把环境监理纳入市场机制，着力强化环境监理的社会服务性质；始终把环境监理技术能力建设放在突出位置，着力提升环境监理的技术服务质量；始终把规范化建设作为环境监理事业健康发展的保障，着力建树环境监理的行业形象；始终把服务管理水平作为落脚点，着力强化环境监理的服务主体地位。正确区分环境监理和工程监理的不同特点，从管理和技术两个层面夯实环境监理责任，明确环境监理的任务，借以实现建设项目环境监理的终极目的，受到了行政监管部门、建设项目单位、环境监理单位、从业人员和业内专家的一致好评。

3. 初步培育起了相对完善的环境监理市场

陕西环境监理试点工作开展之初，就把市场化确定为环境监理发展的基本方向，以市场机制推动环境监理的资源整合与配置，促进环境监理供需关系的良性互动，不断优化公平开放的竞争环境，陕西省获准备案的 23 家环境监理单位均可在全省范围内自由承揽业务，开展工作。为了强化环境监理的市场化地位，进一步完善行业竞争机制，环境监理单位自主成立了旨在相互促进，共同提高的行业自律性组织——陕西环境监理单位联谊会，定期开展研讨或理事会，积极研究并通过行业自律或公约的形式解决了行政主管部门短期内所不能解决的问题。

4. 环境监理对外工作交流进一步扩大

随着陕西省环境监理工作的扎实推进，影响力也在一定的范围内不断扩展和加深。《中国环境报》分别于 2007 年 11 月 1 日、2010 年 5 月 19 日、2012 年 6 月 28 日三次就陕西省成功探索环境监理发展路子的做法进行了专题报道。2011 年 10 月 17—18 日，由环境保护部主办的全国范围内第一次建设项目环境监理工作交流会在陕西省西安市召开。环境保护部西北环境保护督查中心于 2010 年 6 月 28—29 日在陕西省组织召开了西北地区环境监理现场交流座谈会，对陕西省环境监理工作进行了现场观摩学习。自 2008 年起，先后有江苏省、广东省、辽宁省等 10 多个省（市）环境保护厅（局）到陕西省调研建设项目环境监理工作。

7.3 江苏省环境监理历程

2011 年 7 月 11 日，环境保护部发布《关于同意将江苏省列为建设项目环境监理工作试点省份的函》（环办函〔2011〕821 号），标志着江苏省环境监理试点工作的开始。

通过向辽宁省、陕西省、重庆市等环境监理工作起步较早并有一定经验的省（市）调研，2011 年 8 月，江苏省制定了《江苏省建设项目环境监理工作方案》，明确了环境监理工作的基本原则、工作要求、具体范围、工作程序、工作内容等方面内容。

截至 2012 年年初，全省共 24 家单位通过监理资质认定，在设定监理机构准入条件时，江苏省环境保护厅有针对性地将其划分为甲级和乙级两类，其中具有甲级资质的单位有 13 家。同时，江苏省投入更多的精力，加大监理队伍培训、培养力度，组织编写了环境监理岗位培训教材和考试大纲，建立了岗前考试标准化题库，先后依托环境保护部环境工程评估中心举办 4 期培训班，诚邀经验丰富、专业精湛的权威专家授课，参训学员累计达 1 000 多名。

2012 年年底，江苏省制定出台了《江苏省建设项目环境监理机构管理与考核办法（暂行）》和《江苏省建设项目环境监理从业人员管理与考核办法（暂行）》两个规范性文件，更加明确地提出了机构准入与考核、人员登记与管理等方面的要求。文件要求甲级监理机构固定资产不少于 500 万元，工商注册资金不少于 200 万元，具备 12 名以上环境监理工程师，不同行业类别的监理工程师在 3 名以上。乙级资质的监理机构作适当放宽。截至 2012 年年底，江苏省试点开展环境监理的建设项目达 261 个，其中省管项目 143 个，市管项目 118 个。

2020 年年底，江苏省环境科学研究院牵头制定的《建设用地土壤污染修复工程环境监理规范》（DB 32/T 3943—2020）经省市场监督局批准发布。该标准作为《江苏省土壤污染防治工作方案》的重点项目，是江苏省第一项正式发布的土壤污染防治地方标准，也是江苏省 2022 年前计划出台的 100 项生态环境新标准之一。该项标准编制组由江苏省环境科学研究院联合生态环境部南京环境科学研究所、东南大学、南京市江南小化工集中整治工作现场指挥部、南京大学环境规划设计研究院股份公司等单位组成。在标准编制过程中，编制组系统分析了国家相关技术指南和地方相关标准规范，结合省内多个土壤污染修复工程环境监理实施案例，重点围绕江苏省建设用地土壤污染修复工程实施过程中各阶段环境监理要点开展了深入研究，提出了涵盖修复工程全过程环境监理要求，经起草、专家咨询、公开征集意见和多轮技术审查，最终完成标准编制工作。该标准作为江苏省建设用地土壤污染环境管理技术体系中的重要组成部分，其发布实施将有力地加强和提高江苏省建设用地土壤污染修复工程环境监理与相关服务水平，规范环境监理与相关服务行为，促进建设用地土壤污染修复工程环境监理工作科学化、规范化发展。

7.4　河南省环境监理历程

2010 年 8 月，河南省环境保护厅在南阳市召开全省建设项目工程环境监理工作座谈会。会后，河南省环境保护厅组织许昌市环境保护局、济源市环境保护局赴辽宁省环境保护厅、陕西省环境保护厅就两省建设项目工程环境监理开展情况进行交流学习和调研。

2011 年 4 月，河南省环境保护厅发布《河南省建设项目环境监理管理暂行办法的通知》（豫环文〔2011〕68 号）。

2011 年 7 月，河南省环境保护厅办公室发布《关于开展环境监理试点工作的通知》（豫环办函〔2011〕42 号）。

第一批开展环境监理试点的重点行业为酿造、造纸、印染、化学药品制造、基本化学原料制造、有色金属冶炼、废旧电池拆解、垃圾焚烧发电、制革、电镀、交通。环评审批机关在批复上述行业的建设项目环评文件时，应提出明确的环境监理要求；在批复建设项目试生产和竣工环境保护验收时，要将该建设项目合格的环境监理报告作为审查的必备要件。

2011 年 11 月，河南省环境保护厅发布《关于公布河南省第一批环境监理机构备案单位名单的通知》（豫环办〔2011〕136 号）。

2012 年 1 月，环境保护部发布《关于进一步推进建设项目环境监理试点工作的通知》（环办〔2012〕5 号），同意将河南省列为第二批建设项目环境监理试点省份，河南省环境保护厅于 3 月发布《转发环境保护部办公厅关于进一步推进建设项目环境监理试点工作的通知》（豫环办〔2012〕18 号）。

2012 年 8 月，河南省环境保护厅发布《关于进一步规范环境监理工作的通知》（豫环文〔2012〕150 号）。

7.5　其他省份环境监理历程

7.5.1　安徽省

2012 年 4 月 12 日，安徽省环境保护厅发布《安徽省建设项目环境监理技术指南（试行）》。

2016 年 4 月 26 日，安徽省环境监理协会正式成立，这是安徽省内唯一一家环境监理专业协会，旨在宣传、贯彻环境监理相关法规、政策；探索环境监理与咨询的改革和发展方向；提高从业队伍的技术水平和服务能力；为政府主管部门的决策提供技术支持。

7.5.2 内蒙古自治区

2003 年 8 月 1 日起实施《包头市环境保护条例》，第十六条规定："建设项目中的环保设施和污染治理工程应当实施工程环境监理。"

2007 年，内蒙古自治区环境保护局发布《内蒙古自治区环境保护局环境监理管理办法（试行）》，对开展环境监理的建设项目类型、环境监理单位资质管理及人员培训进行了明确规定。

为严格执行环境保护"三同时"制度，加强建设项目建设过程中的环境管理，防止生态破坏和环境污染，乌海市自 2011 年 7 月起，在全市推行建设项目环境监理工作。乌海市环境保护局印发《关于推行建设项目环境监理工作的通知》，要求在全市范围内有效推行建设项目环境监理制度，切实加强建设项目审批后的环境保护跟踪管理；实行重大项目全程监理，一旦新项目在试生产期超标排放一律停产。该通知中明确了建设项目环境监理工作的范围，确定在涉及重点保护区、重金属排放、主要污染物排放量较大等建设项目中开展环境监理工作。在建设项目施工准备阶段，环境监理机构应检查设计文件及施工方案是否符合环境保护要求；在建设项目施工阶段，环境监理机构应进行全过程监理，对施工期污染物排放情况进行监测；试生产期间要对项目环境保护"三同时"制度和环境保护设施运行、生态保护情况、污染物达标排放的技术进行监督；在项目验收阶段，项目建设单位应会同监理机构汇总编制环境监理总结报告，环境保护部门将其作为项目竣工环境保护验收条件之一。该通知还对建设项目环境监理的监督管理、实施、环境监理机构的管理等五项内容进行了规定，于 2011 年 7 月联合乌达区、海渤湾区、海南区三区环境保护局在全市企事业单位中全面启动环境监理工作制度。

2011 年 6 月 24 日，乌海市环境保护局印发《关于推行建设项目环境监理工作的通知》，乌达区率先在一家公司的两个项目建设中推行建设项目环境监理工作。截至 2011 年 7 月 21 日，环境监理公司已完成这两个项目的环境监理实施方案编制工作，并成功入驻施工现场开展现场监理工作。通过环境监理在乌海市项目建设中的实施，并在其他建设项目中推行，标志着乌海市建设项目从环境影响评价审批后到项目竣工验收这个阶段的环境监管几乎真空的局面将得到全面改善。

2012 年 5 月 7 日，内蒙古自治区环境保护厅发布《关于核定建设项目环境监理收费标准的函》（内环函〔2012〕88 号）。

2013 年 8 月，霍林郭勒市重点污染在建项目将实施环境监理工作，根据上级环境保护部门"关于进一步推进建设项目环境监理试点工作"的相关要求，霍林郭勒市环境保护局针对辖区存在的"环境风险高或污染严重的建设项目"，即化工、发电、农药、医药、危险废物（含医疗废物）集中处置、生活垃圾集中处置、水泥、造纸、电镀、印染、钢铁、有色及其他涉及重金属污染物排放的建设项目，要求在建设项目开工建设前，委托内蒙古自治区环境保护厅认定的环境监理机构开展项目施工期环境监理工作，明确环境监理范围及内容，及时开展环境监理工作。环境监理单位出具的环境监理报告，将作为日后环境保护主管部门批复试生产和竣工环保验收的重要依据。

7.5.3　山西省

2007 年山西省人大公布的《山西省重点工业污染监督条例》明确“重点工业污染防治设施建设实行环境工程监理制度，建设单位应当委托具有相应专业监理资质的机构，对污染防治设施建设施工进行现场监理”，山西省环境保护局《关于在建设项目中推行环境工程监理工作的通知》（晋环发〔2007〕306 号）和《关于落实重点工业污染建设项目环境工程监理工作的通知》中均规定“对冶金、电力、化工、建材、焦化、煤炭、跨区域、流域重大项目等试行环境监理制度”。

2010 年，山西省环境保护厅在《关于进一步加强建设项目环境工程监理工作的通知》（晋环发〔2010〕160 号）中对环境监理机构的资质和从业人员资格提出明确要求。

7.5.4　浙江省

浙江省自 2002 年起先后发布了多项关于开展工程环境监理的规定，省内的宁波、湖州和温州等地级市也相继下发了在全市推行建设项目工程环境监理制度的文件，浙江省环境保护科学设计研究院成立了环境监理中心，组织专业队伍，对省内近百个工程实施了环境监理。

2004 年，《浙江省建设项目环境保护管理办法》（省政府令　第 166 号）规定，“对可能造成重大环境影响的建设项目，推行环境监理制度，由建设单位委托具有环境工程监理资质的单位对建设项目施工中落实环境保护措施进行技术监督”。同年，浙江省环境保护局《关于在建设项目中推行环境监理的通知》（浙环发〔2004〕23 号）提出对建材、电力、水电、围涂、交通运输、市政等工程实施环境监理制度，并将环境监理总结报告作为环境保护验收的资料之一。

7.5.5　广东省

2014 年，广东省环境保护产业协会培训中心与广东省环境保护干部培训中心在广州市联合举办第 1 期广东省建设项目环境监理技术人员培训班。

7.5.6　广西壮族自治区

2004 年前后，广西壮族自治区环境保护局也曾选择了 10 个水利、公路等重点项目组织开展建设项目环境监理试点工作。广西泰能工程咨询公司、广西壮族自治区环境保护科学研究所科技开发公司、广西交通科学研究所等环评机构，以及福建省交通建设工程监理咨询公司、中国水利水电建设工程咨询公司等工程监理机构，在岑梧高速公路、龙滩水电站、乐滩水电站、广西桂林市防洪及漓江补水小溶江水利枢纽导流隧洞工程、梅溪经资源至龙胜公路温泉至龙胜段公路 5 个项目中开展了试点环境监理工作，其余列入试点范围的项目因种种原因未开展相关工作。从结果来看，广西壮族自治区的试点工作没有从确定环境监理的范围、建立人员和机构资质等相关管理制度、技术规范体系等方面入手，仅在少数几个项目中开展试点，且对试点过程组织、研究总结不够，试点工作并未取得令人满意的效果和反响。2004 年后，广西壮族自治区的环境监理工作基本停止，仅有个别环境保护部审批的项目依托工程监理机构开展了环境监理工作。

第 8 章　典型案例分析

8.1　中国石油四川石化炼化一体化项目

8.1.1　工程概况

8.1.1.1　项目基本情况

该项目建设地点为四川省彭州市隆丰镇，厂址位于成都市、彭州市规划的四川石化基地内。区域内地势平坦开阔，属湔江冲洪积扇中部的老马牧河谷河床，由松散沉积物组成，地表为复垦的低产河滩地和荒地。

中国石油四川石化炼化一体化项目由 1 000 万 t/a 炼油项目和 80 万 t/a 乙烯项目两部分组成，共有工程主项 99 个，其中含炼油生产装置主项 10 个，化工生产装置主项 9 个，炼油区油品储运设施主项 22 个，化工区辅助设施主项 22 个，炼油区公用工程主项 18 个，化工区公用工程主项 7 个，厂外工程主项 9 个，合资主项 2 个（图 8-1）。项目投产后的产品有高密度聚乙烯、线性低密度聚乙烯、聚丙烯、苯、甲苯、二甲苯、一乙二醇、二乙二醇、三乙二醇、环氧乙烷、正丁醇、辛醇、异丁醇、顺丁橡胶、汽油、航煤、柴油、硫黄等。

图 8-1　中国石油四川石化炼化一体化项目土建施工期现场

8.1.1.2 开展环境监理过程简介

鉴于中国石油四川石化炼化一体化项目所在地地理位置特殊，周边环境较为敏感，为了最大限度地降低项目建设过程对周边生态环境的影响和做好建设期环境保护措施"三同时"制度的管理和协调工作，中国石油四川石化有限责任公司（以下简称四川石化）特别委托辽宁碧海作为整个项目建设期的环境监理单位，承担该项目建设全过程的环境监理工作。辽宁碧海于 2009 年 7 月正式成立四川石化项目环境监理部，进驻项目施工现场开展环境监理工作。

为了较好地完成环境监理工作任务，辽宁碧海依靠多年炼化项目环境管理经验，并结合中国石油四川石化炼化一体化项目先进的 IPMT+EPC（业主项目管理团队+设计采购施工总承包商）建设管理模式，采取设立环境监理部驻地专业化管理，环境监理专业管理团队融入四川石化项目业主及总承包商的 HSE 管理体系的管理方法，通过环境监理与参建单位之间管理模式的相互融合，使得环境监理在建设过程中能够充分发挥应有的作用。环境监理以业主的专业化管理团队身份加入参建队伍，开展各项环境保护工作，既让环境监理真正做到了全面了解施工过程中全部环境保护措施关键节点，明确了环境监理在管理团队中的监督地位，又为环境监理的监理和监督的双重工作职能找到了一个合适的结合点。

8.1.1.3 四川石化项目环境监理工作要点

中国石油四川石化炼化一体化项目环境监理主要有以下几个工作重点。

①鉴于中国石油四川石化炼化一体化项目所在地地下自然基层渗透性好、地下水系丰富的特点，四川石化项目环境监理将该项目防渗工程（防渗工程包含 HDPE 膜防渗、水泥基渗透结晶型防渗混凝土及涂层防渗、水池柔性材料防渗、地下水监测和收集井等工程）作为环境监理工作重点，严格依照环境影响评价内容监督防渗工程用材料的防渗性能检验、防渗工程设计及设计变更过程、防渗工程施工过程及各项施工细部节点、防渗工程验收过程等（图 8-2～图 8-5）。

图 8-2 防渗混凝土防渗性能检验

图 8-3 HDPE 防渗膜施工现场

图 8-4 防渗混凝土水池施工现场

图 8-5 防渗工程联合验收

②该炼化项目对钢结构防腐要求较高，施工期包含抛丸/喷砂防腐、酸洗钝化防腐等作业，环境监理将此类作业一并列为施工期环境监理的工作重点。环境监理对此类施工行为的施工前期环境保护方案、施工过程环境保护方案和污染防治措施的执行行为、废弃物/液的合理处理等进行重点监督。

③该炼化项目建设周期长，参建人数多，四川石化专为项目建设期参建人员的生活污水排放而建设了临时污水处理厂，环境监理将污水处理厂的建设过程、运行期管理行为、在线检测设备的运行、达标污水的排放过程作为监督管理的重点。

④为防止炼化一体化工程所有生产装置、辅助装置和公用工程产生的污水、废水及工程界区范围内的雨水对外环境造成污染，该项目建设了大型综合污水处理厂、约 67 km 长的排污管线和氧化塘工程。综合污水处理厂的服务范围是炼化一体化工程界区的所有设施排放的污水、废水和雨水，包括炼油区污水处理线、化工区污水处理线、污水深度处理线、回用水处理线、浓水处理线、事故池和雨水收集（监控）池、污水处理臭气收集处理系统、工程固体废物的临时堆场和固体废物（含污油、渣液）焚烧处理装置等（图 8-6、图 8-7）。鉴于综合污水处理厂、排污管线和氧化塘工程的重要性，环境监理将其作为管理工作重点，严格依照环境影响评价对其建设规模、工艺技术、设计过程、建设过程和验收进行全面监督管理。

图 8-6 综合污水处理厂炼油 DCI 除油池

图 8-7 综合污水处理厂前臭氧接触池

⑤通过对该项目生产工艺分析可知，炼油区的常减压、加氢裂化装置、柴油加氢装置和渣油加氢等装置所产生的含有 H_2S 酸性水将输送至硫黄回收装置进行硫黄的回收。四川石化项目环境监理部经过研究认定硫黄回收装置应当是整个炼油化工区环境工程的重点建设项目，所以硫黄回收装置的设计、建设过程进度控制及关键节点验收被列为环境监理部的工作重点。

⑥炼油化工装置所产生的部分废气中含有 H_2S、NH_3、CO_2 和烃类等物质，按照环境影响评价要求，这些气体将送至火炬系统点燃后排放，如果不点燃，H_2S 进入大气中将引起事故，危及人的生命安全，因此，环境监理部将火炬系统作为监管重点，对其建设质量、进度进行定期检查，并作为环境保护措施核查的重点。

8.1.2 环境监理工作依据

8.1.2.1 法律法规依据

（1）《中华人民共和国环境保护法》（2015 年 1 月 1 日）

（2）《中华人民共和国环境影响评价法》（2016 年 7 月 2 日修订）

（3）《中华人民共和国水污染防治法》（2018 年 1 月 1 日）

（4）《中华人民共和国大气污染防治法》（2018 年 10 月 26 日修订）

（5）《中华人民共和国环境噪声污染防治法》（2018 年 12 月 29 日）

（6）《中华人民共和国固体废物污染环境防治法》（2020 年 4 月 29 日修订）

（7）《中华人民共和国土地管理法》（2004 年 8 月 28 日）

（8）《中华人民共和国水土保持法》（2011 年 3 月 1 日）

（9）《建设项目环境保护管理条例》（2017 年 10 月 1 日）

（10）《危险化学品安全管理条例》（2011 年 12 月 1 日）

（11）《国家危险废物名录》（2021 年 1 月 1 日新版）

（12）《危险废物转移联单管理办法》（1999 年 10 月 1 日）

（13）《关于印发〈能源行业加强大气污染防治工作方案〉的通知》（发改能源〔2014〕506 号，2014 年 3 月 24 日）

（14）《国务院关于加强环境保护重点工作的意见》（国发〔2011〕35 号，2011 年 10 月 17 日）

（15）《国务院关于印发大气污染防治行动计划的通知》（国发〔2013〕37 号，2013 年 9 月 10 日）

（16）《国务院关于印发水污染防治行动计划的通知》（国发〔2015〕17 号，2015 年 4 月 2 日）

（17）《工业和信息化部关于石化和化学工业节能减排的指导意见》（工信部节〔2013〕514 号，2013 年 12 月 23 日）

（18）《关于进一步加强环境影响评价管理防范环境风险的通知》（环发〔2012〕77 号，2012 年 7 月 3 日）

（19）《关于切实加强风险防范严格环境影响评价管理的通知》（环发〔2012〕98 号，2012 年 8 月 7 日）

（20）《突发环境事件应急预案管理暂行办法》（环发〔2010〕113 号，2010 年 9 月 28 日）

（21）《关于加强化工园区环境保护工作的意见》（环发〔2012〕54 号，2012 年 5 月 17 日）

（22）《关于进一步推进建设项目环境监理试点工作的通知》（环办〔2012〕5 号，2012 年 1 月 10 日）

（23）《国家环境保护标准“十三五”发展规划》

（24）《生态环境健康风险评估技术指南　总纲》（HJ 1111—2020）

8.1.2.2　文件依据

（1）与建设项目相关的环境影响报告书及其批复。

（2）项目建设期环境监理合同。

（3）建设项目 HSE 管理规定。

（4）环境监理大纲和方案。

（5）中国石油四川石化项目防渗混凝土指导手册。

（6）中国石油四川石化防渗工程总体设计文件。

（7）炼化项目环境监理工作指导手册。

（8）与项目环境保护相关的会议纪要和通知等。

8.1.3　工作程序、方式

8.1.3.1　工作程序

结合中国石油四川石化炼化一体化项目管理模式特点，辽宁碧海设立设计管理程序、施工管理及验收程序、生态环境保护管理程序和环境保护措施核查程序。另外，为适应环境保护主管部门和四川石化提出的进一步加强施工期环境监管，充分发挥环境监理专业职能的要求，四川石化项目环境监理部将管理职责范围内的所有环境保护措施划分为一般管控工程和重点管控工程。重点管控工程主要包含两部分，一是合同中规定工作范围内的污水池、装置区地坪、装卸栈台和化学品库等所有防渗工程。二是一般管控工程管理过程中发现存在重大环境保护工程工艺技术或质量隐患并需要进行重点管控的工程，环境监理机构将对其进行升级管理；一般管控工程是指除重点管控工程以外的其他环境工程。

1. 设计管理程序

该项目属于大型炼油化工一体化项目，其工艺技术复杂，参与项目设计的单位有中国寰球工程公司、中国石化工程建设公司（SEI）在内的10多个设计单位。为确保环境保护措施设计进度符合“三同时”制度要求，环境保护措施在设计中的工程技术指标与环境技术指标相协调，彻底解决建设项目常见的工程建设指标与环境保护指标不衔接的技术问题，辽宁碧海四川石化项目环境监理部专门为四川石化项目设置了多项设计管理流程，以便对环境工程的设计过程进行全面监督管理，实现环境保护技术指标能够在设计文件中得到切实有效落实的目的。设计管理程序包括环境工程初步设计审查流程（图8-8）、环境工程施工图设计审查流程（图8-9）和环境工程设计变更审批流程（图8-10）。

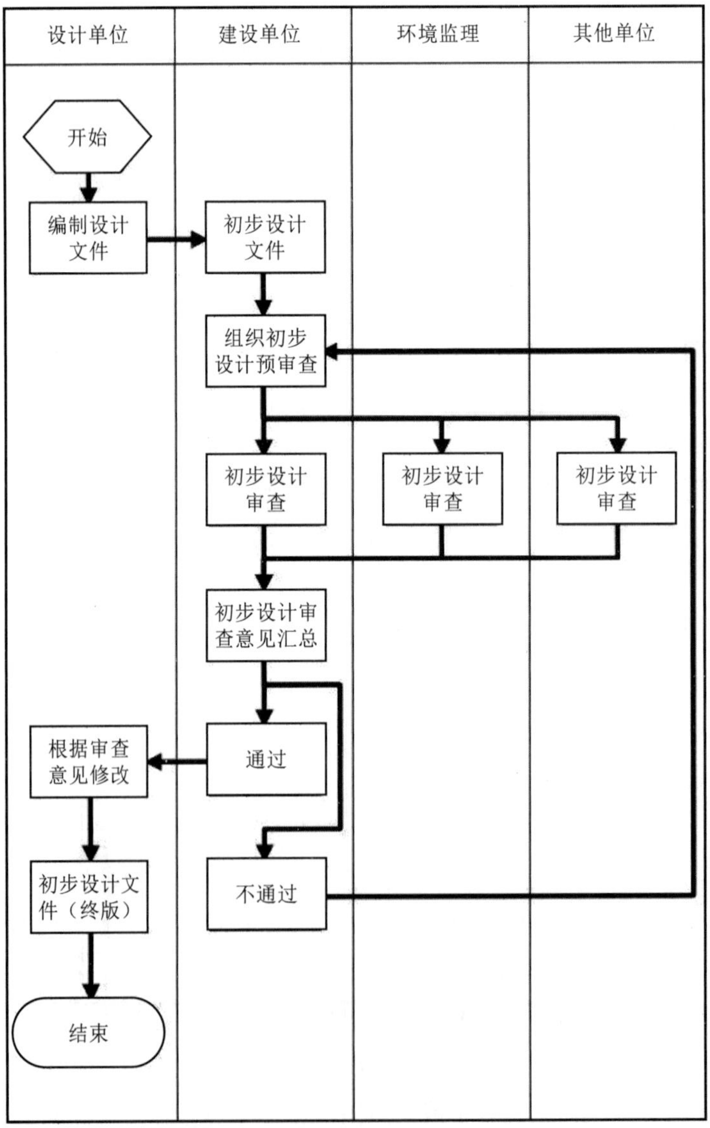

图8-8 环境工程初步设计审查流程

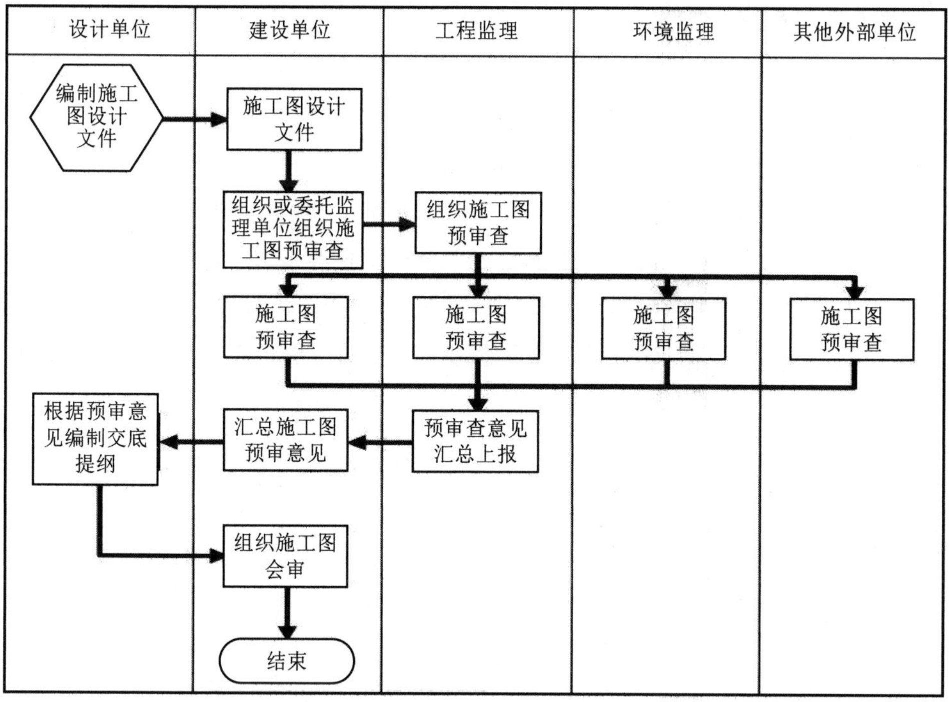

图 8-9　环境工程施工图设计审查流程

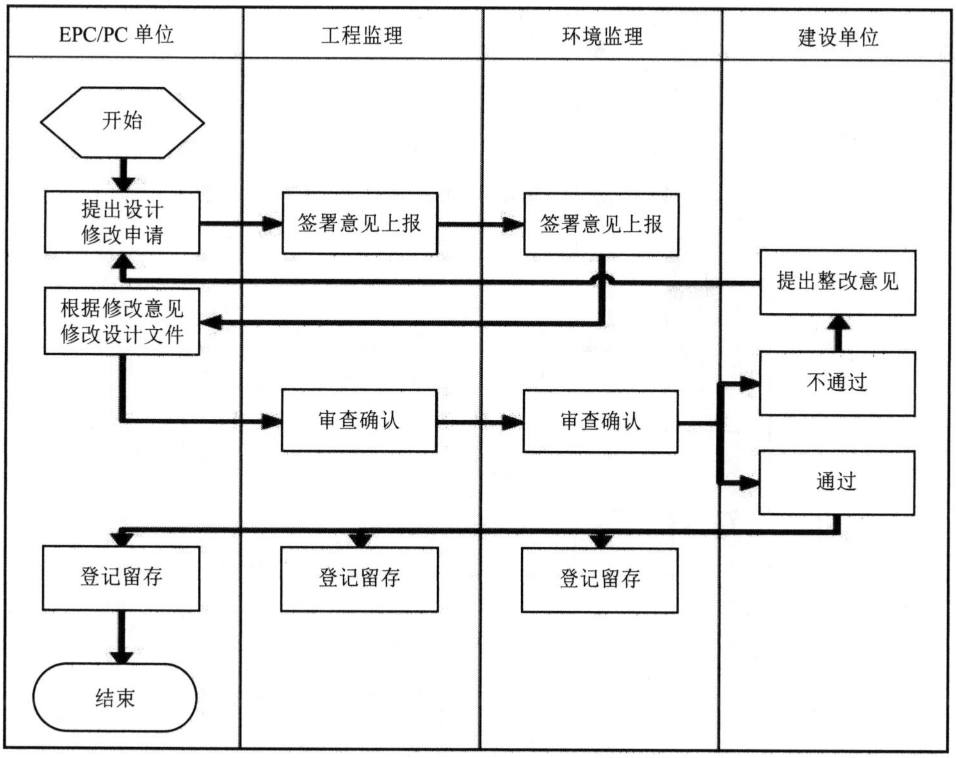

图 8-10　环境工程设计变更审批流程

2. 施工管理及验收程序

施工过程管理是四川石化项目环境监理的重要工作内容，通过第三方环境监理机构对施工过程的监管、定期总结和工作汇报，环境监理对与环境保护措施有关的全部工程建设内容的建设行为和现有的建设管理体系进行监督。

主要的施工过程管理流程有一般环境工程审批、施工期监督管理和验收流程（图 8-11），重点环境工程审批流程（图 8-12），重点环境工程施工期监督管理流程（图 8-13），重点环境工程验收流程（图 8-14），环境工程施工问题整改流程（图 8-15）。另外，在防渗工程所涉及的重要施工过程中，进一步细化了管理控制点，设置了停检点、必检点，详见图 8-16～图 8-23。

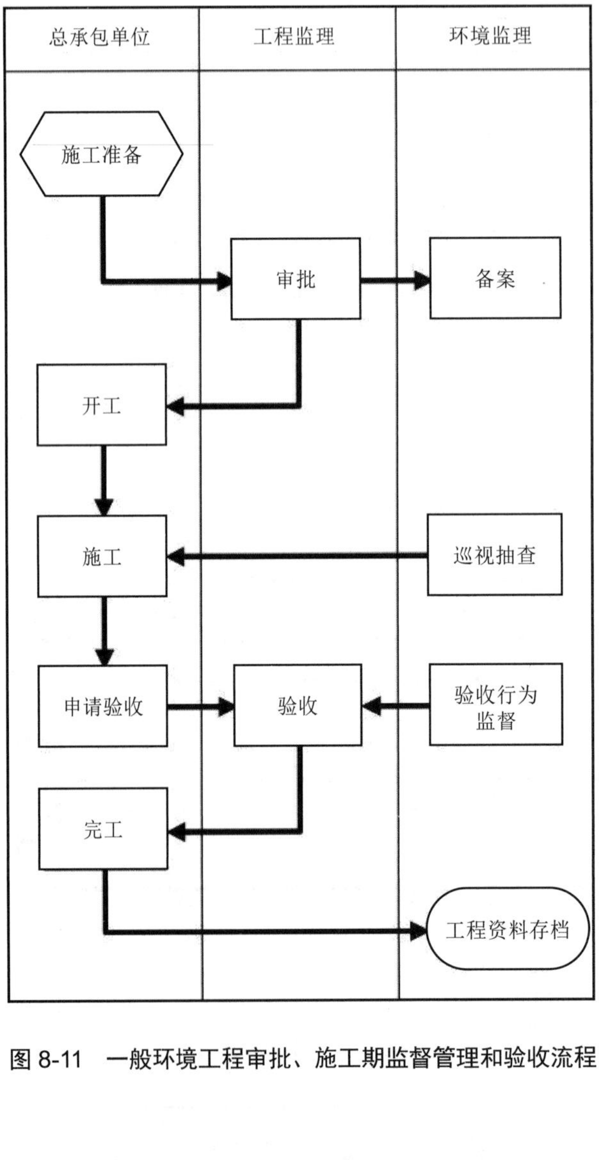

图 8-11 一般环境工程审批、施工期监督管理和验收流程

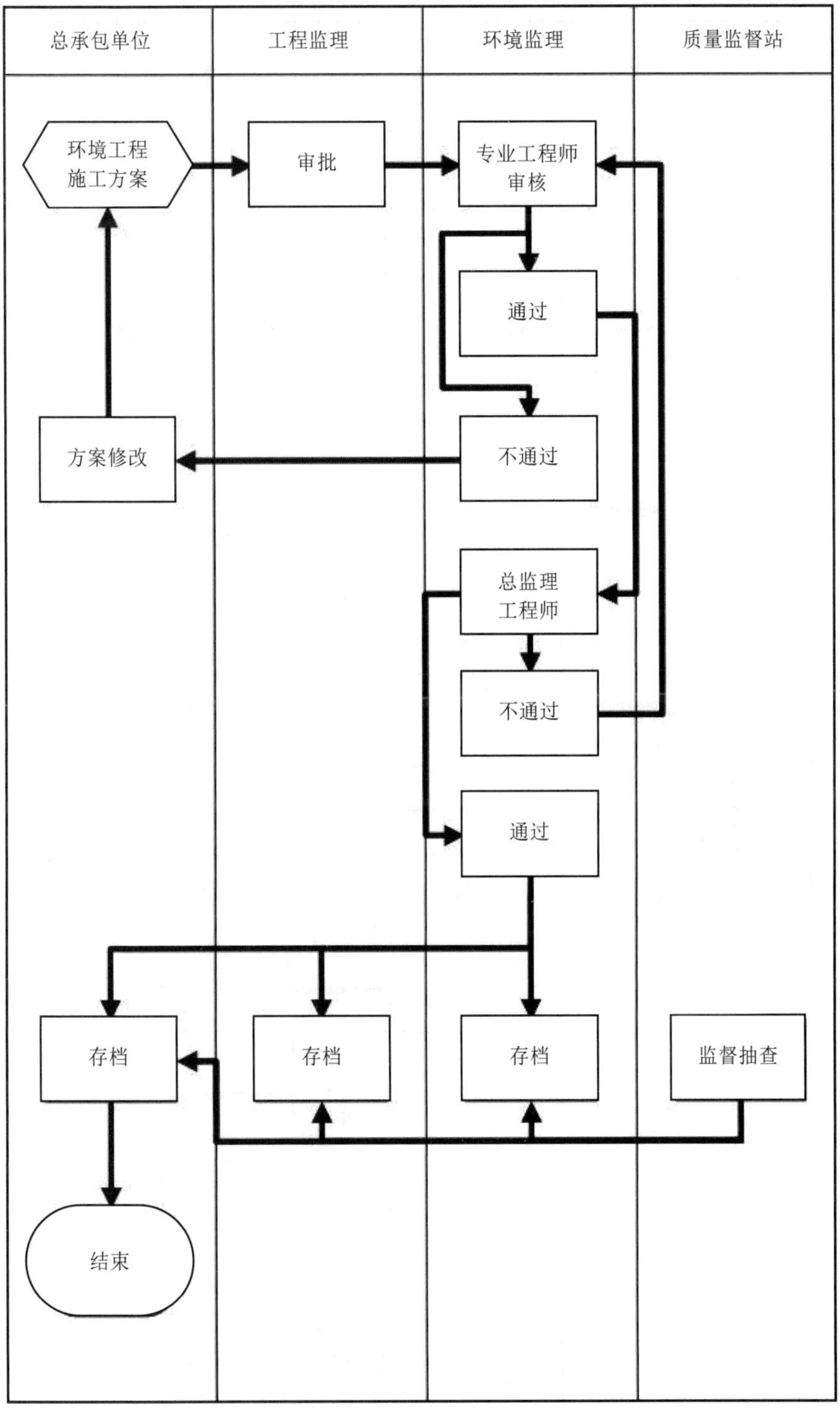

图 8-12　重点环境工程审批流程

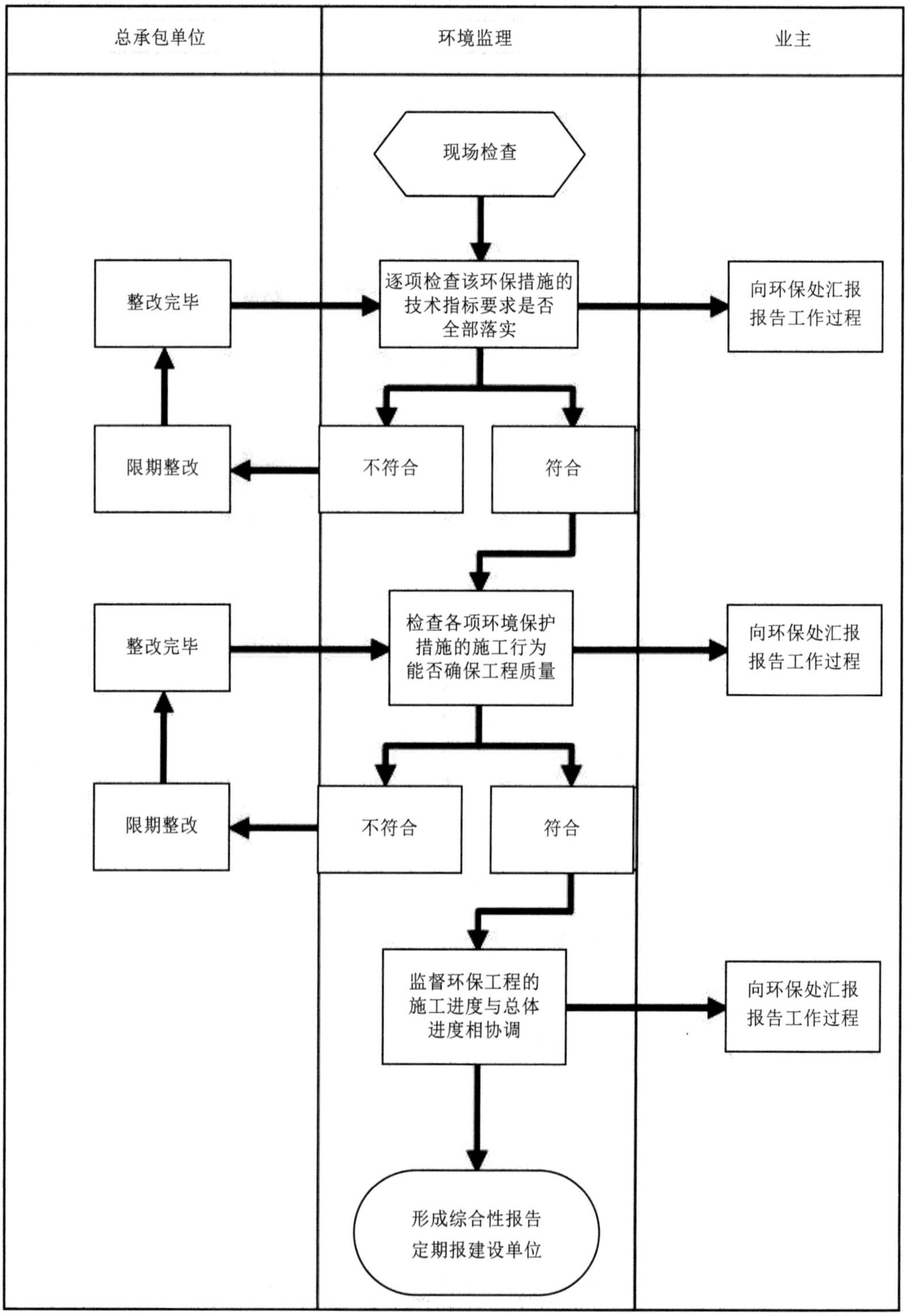

图 8-13 重点环境工程施工期监督管理流程

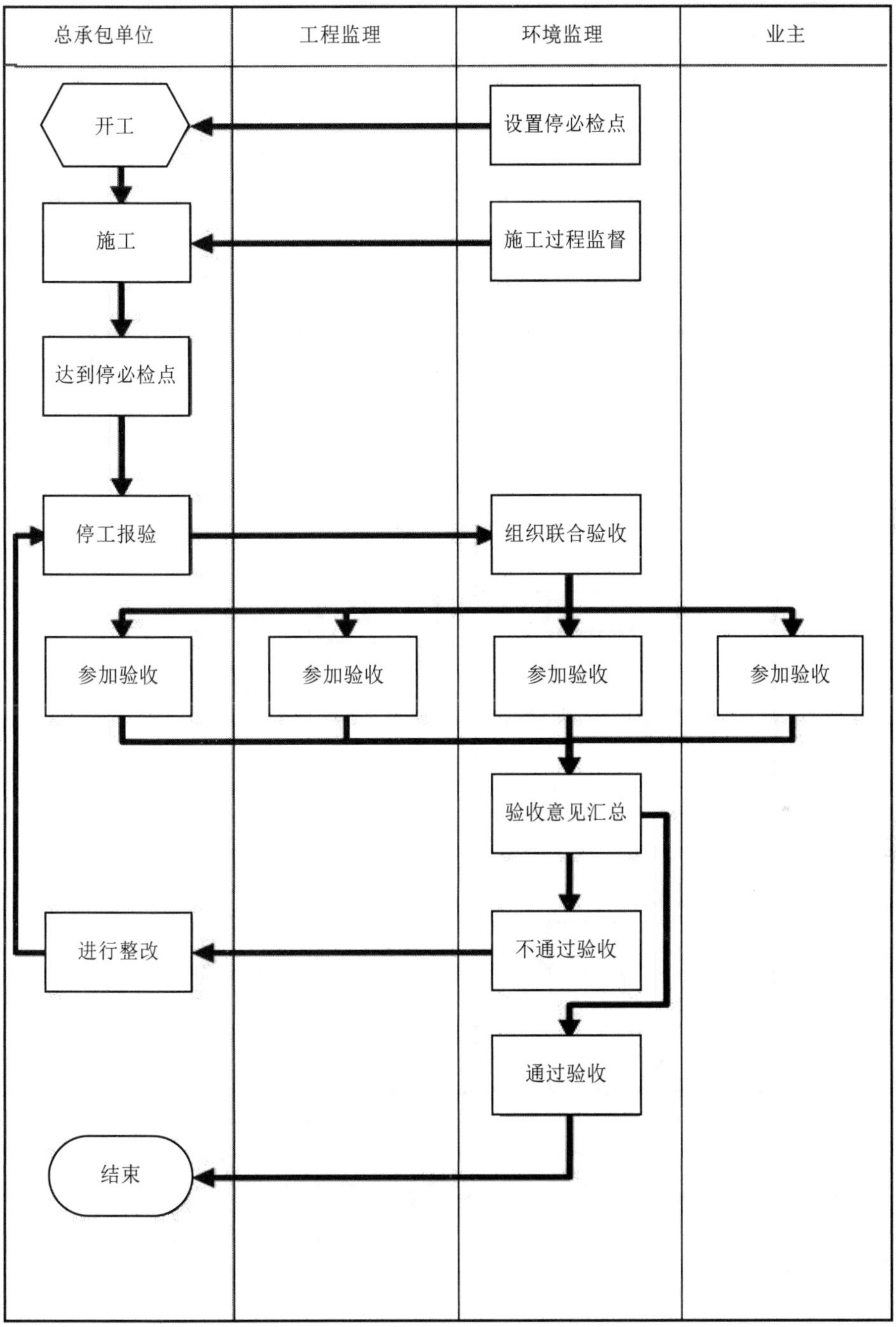

图 8-14 重点环境工程验收流程

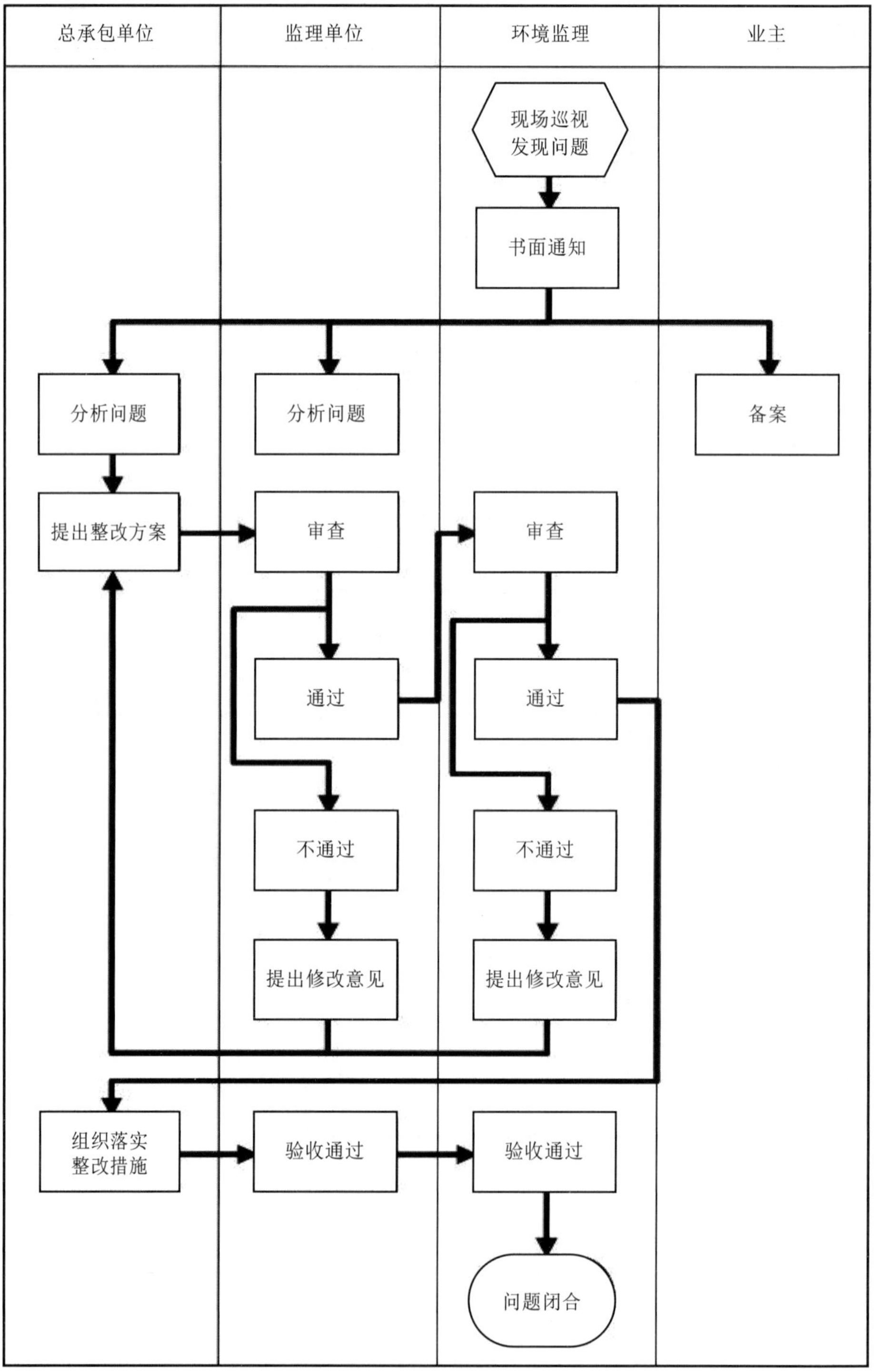

图 8-15 环境工程施工问题整改流程

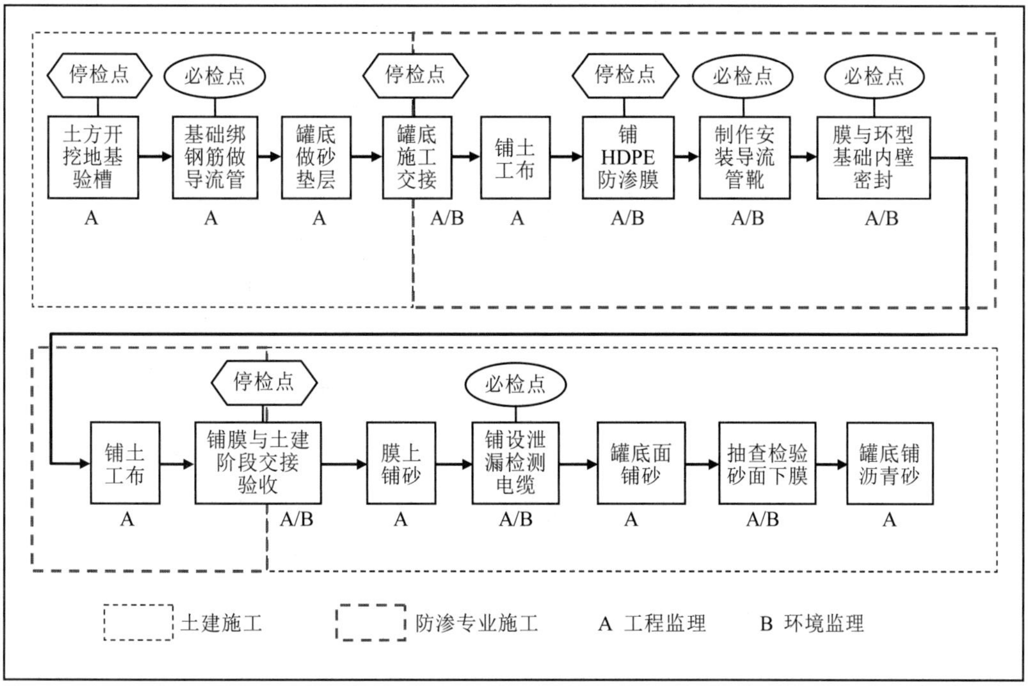

图 8-16　储罐防渗施工控制流程

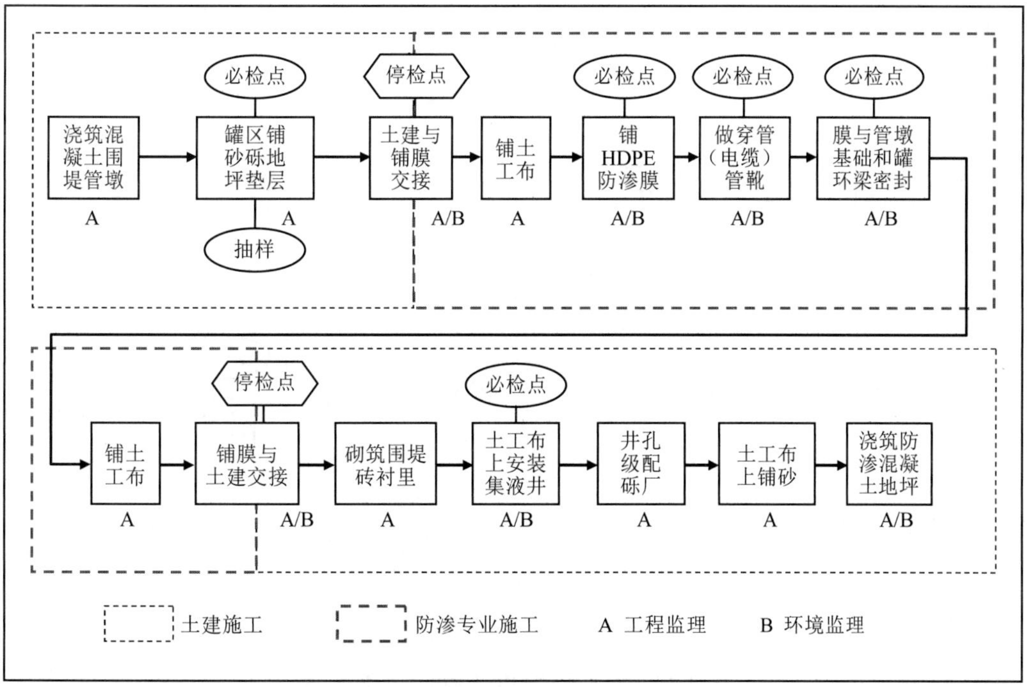

图 8-17　罐区地坪防渗施工控制流程

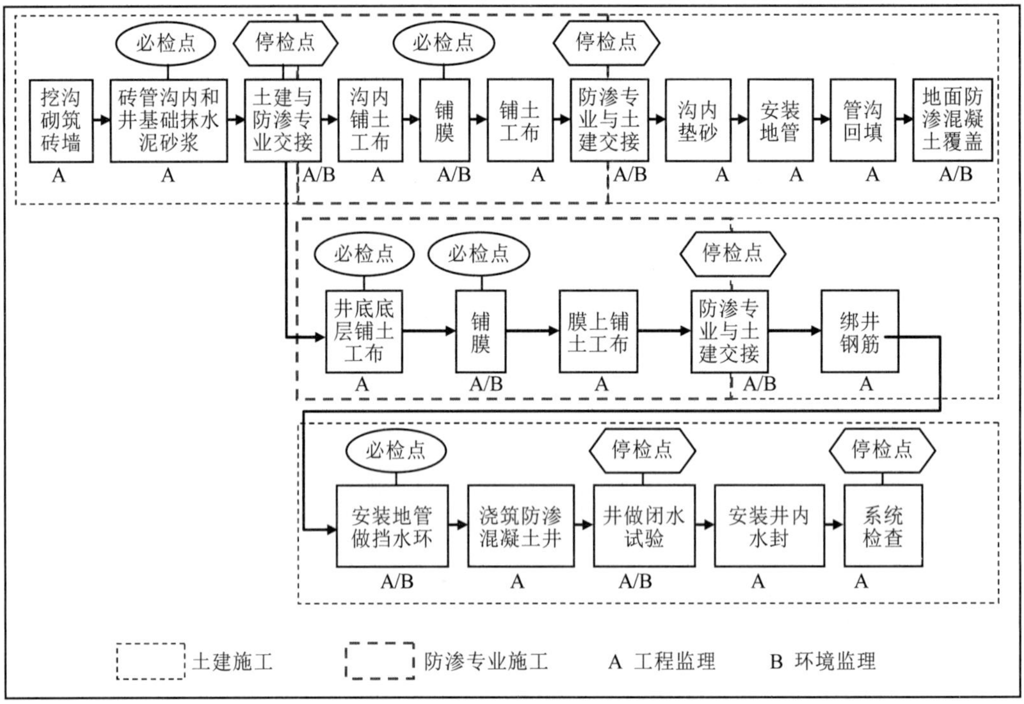

图 8-18 地管（井）防渗施工控制流程

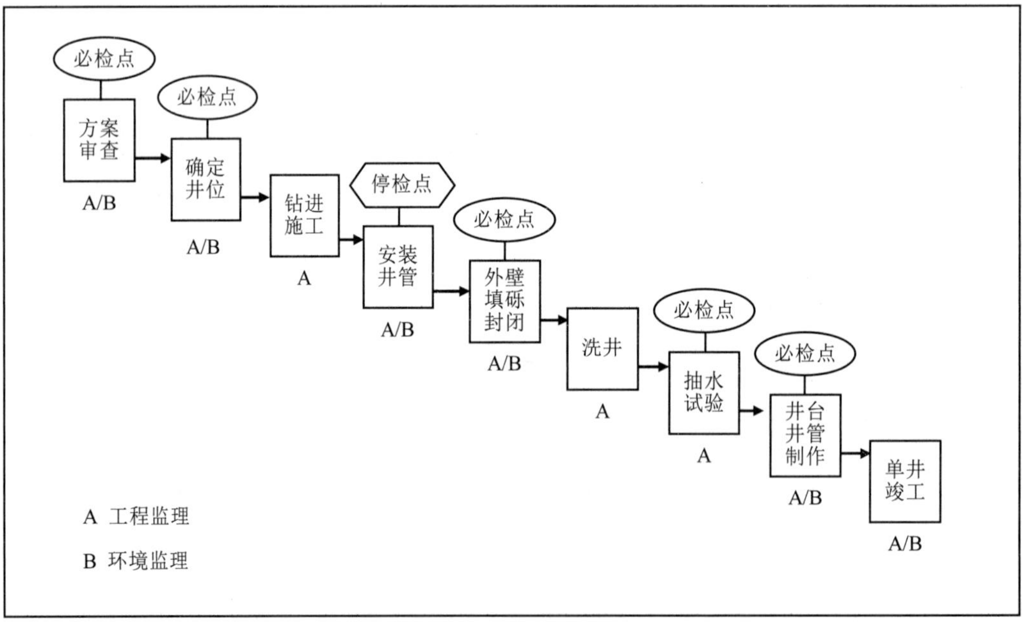

图 8-19 地下水监测抽水井施工控制流程

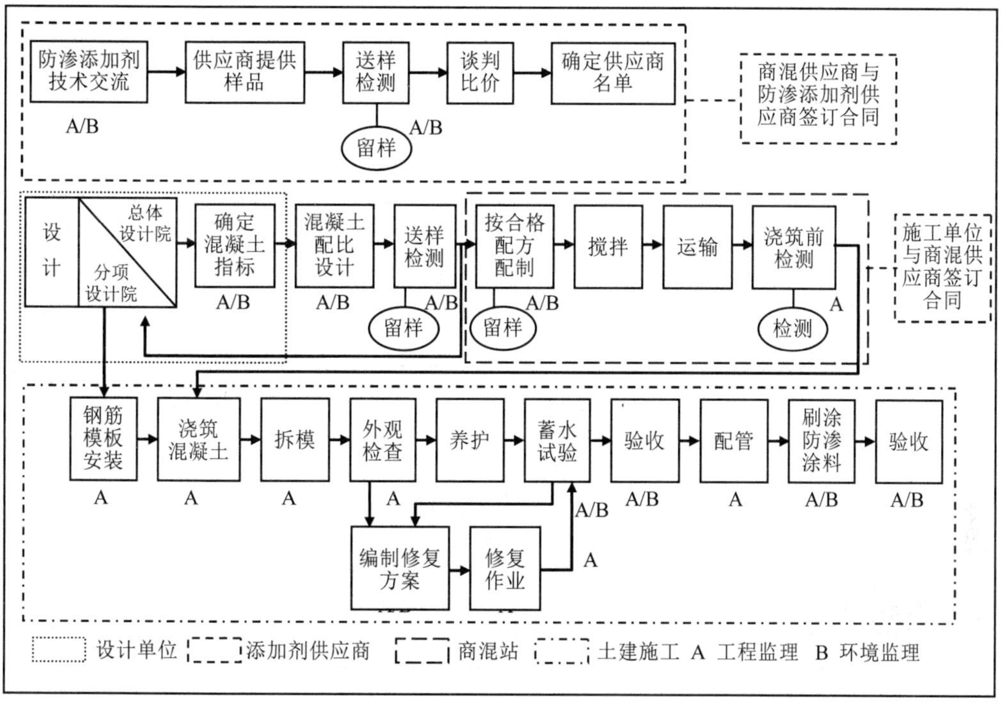

图 8-20　水池防渗施工控制流程

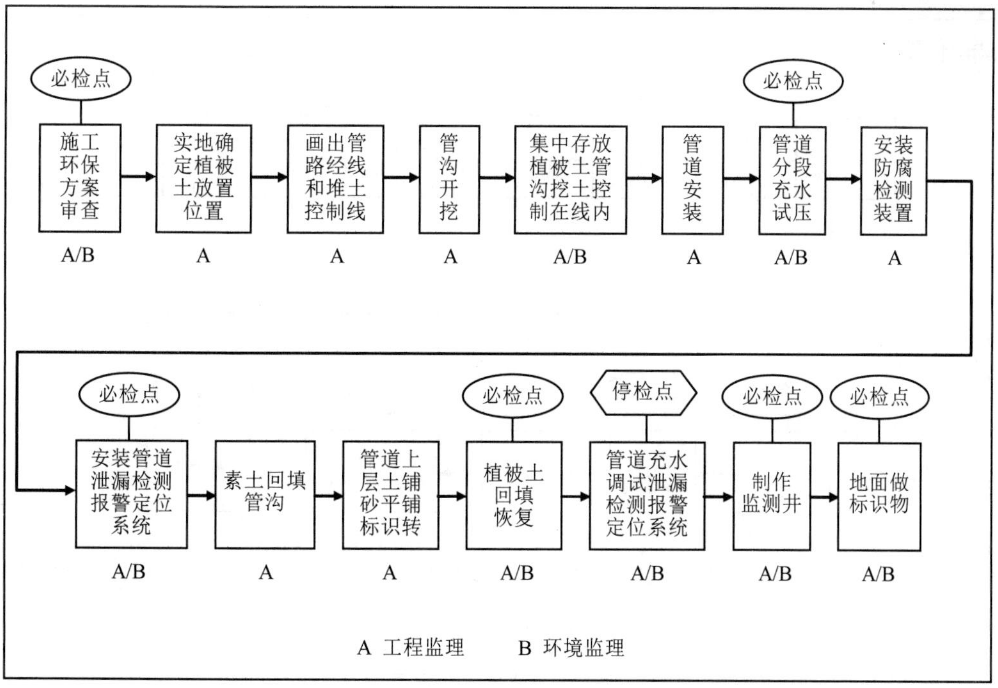

图 8-21　外排水管道施工环保控制流程

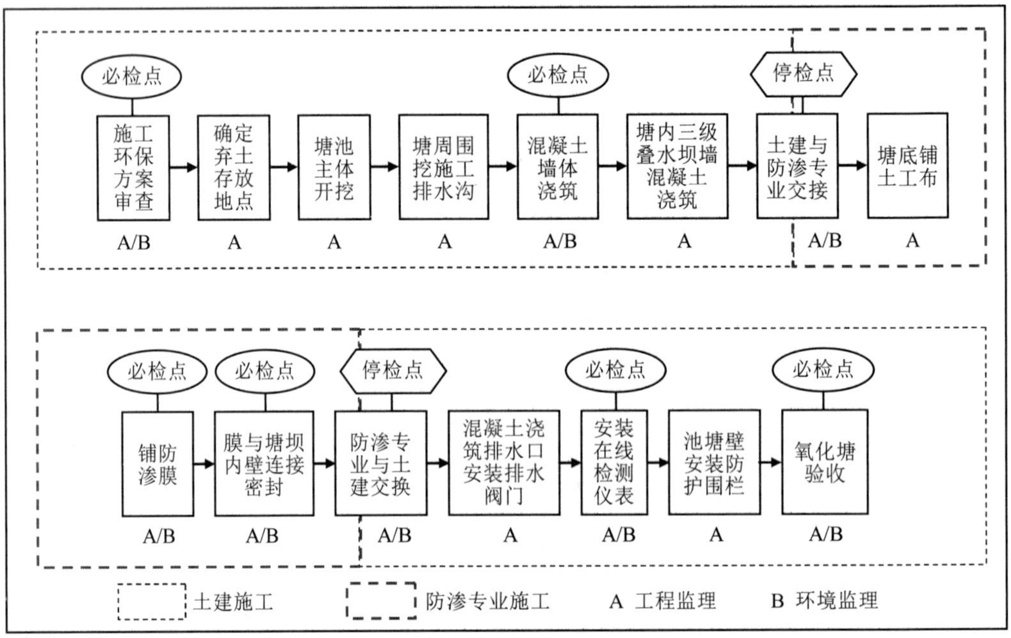

图 8-22 氧化塘施工环保控制流程

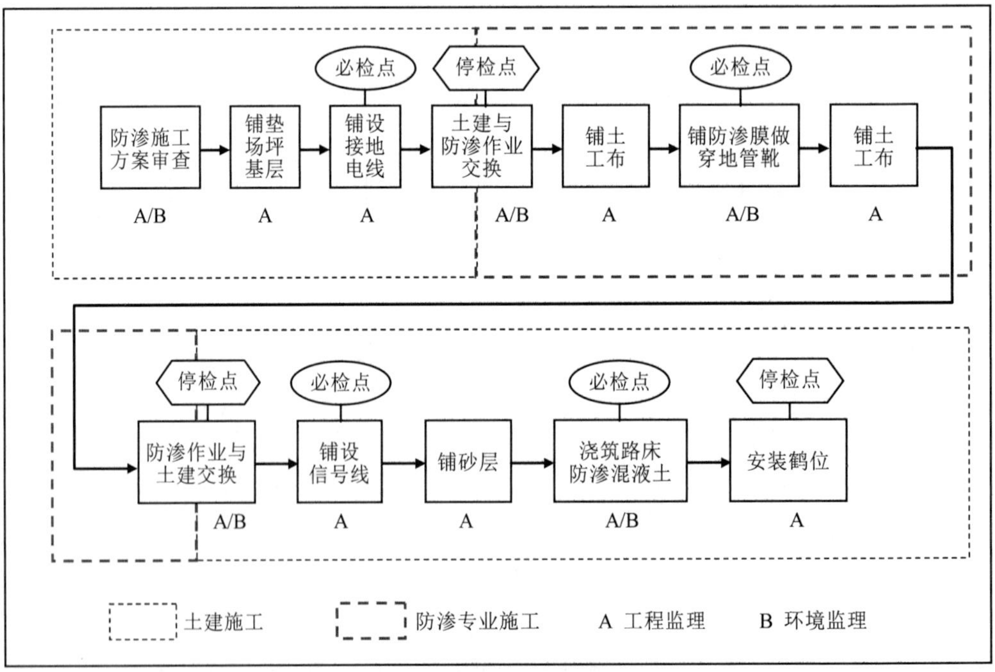

图 8-23 栈台（铁路）防渗施工控制流程

3. 生态环境保护管理程序

生态环境保护工作的开展涉及每个参建单位，以 IPMT+EPC 管理模式为例，环境监理机构工作的开展可按照以下程序进行：①依照项目特点，编制一份生态环境保护管理规定，向所有参建单位发布；②工作开展前期，环境监理机构可以要求参建单位建立起 HSE 管理体系，设立一名施工期生态环境保护负责人与环境监理机构建立起常态化的沟通机制；③对可预见的环境风险或在监督检查过程中环境监理机构发现的环境风险，由环境监理机构协助施工单位设置环境风险防控措施，编入 HSE（健康、安全、环保）方案或环境监理生态环境保护管理规定当中；④环境监理应定期巡视现场，对发现的问题要采取果断措施及时处置，并向业主通报。

4. 环境保护措施核查程序

为做好每一套炼油化工装置的设计、施工及单项工程验收过程的环保措施“三同时”动态管理，在该项目工程管理体系框架内，辽宁碧海四川石化项目环境监理部建立了一套环境保护措施核查机制，定期以单套装置工程为单位对与其相关的所有环境保护措进行逐一的核查，并形成核查资料。核查内容涵盖装置规模，单元组成，主要设备，生产工艺，废水、废气、噪声和废渣防治措施，防渗工程等方面。具体审查流程是：①专业监理工程编制核查方案；②由环境监理总监主持对专业监理工程师编制的核查方案进行评审；③核查方案评审合格后由专业监理工程师组织相关参建单位进行现场核查；④由专业监理工程师笔录记载核查实际内容填入《环境保护措施核查表》；⑤参建各相关方对《环境保护措施核查表》的实际录入内容进行核对，确认无误后签字确认；⑥环境监理总监对核查内容复核无误后存档。

8.1.3.2　工作方式

①定期例会。②现场巡视督导。③联合发布行政通知。④环境监理书面函件（联络信函、审批流程表单、联系单和整改通知单等）。⑤例行检查和考核。⑥组织进行综合性联合大检查。

8.1.4　监理内容、方法及效果

8.1.4.1　环境保护技术咨询

环境保护技术咨询包含环境影响评价及其批复的专业解析、施工期生态环境保护技术咨询、固体废物的无害化处置咨询、噪声防治技术咨询、震动扰民防治措施咨询、环保材料选型及重要技术指标的解析与工程实施技术咨询，施工期 HSE 体系建设中环境保护制度建立等所有与环境保护相关的咨询服务。

经该项目实践，通过环境监理为参建单位提供技术咨询服务，提高了施工方对环境保护技术要求及相关标准的理解能力和执行能力，同时在一定程度上也弥补了部分工程建设标准在环境工程设备或材料性能方面的技术管理空白，进一步保障了环境保护措施由环评

书面要求向工程实体转化的可靠性。

8.1.4.2 炼化装置设计管理

在设计阶段，环境监理应当参与和污染物防控措施设计相关的设计审查工作。

审查工作分为两大部分，一是依照项目环境影响评价及其批复中对于环境保护工程措施和生态环境保护的要求，检查总体设计和分项设计与环境保护要求的符合性，对发现的问题环境监理应以书面形式将审查或整改意见反馈给建设单位和设计单位；二是在设计完成后的施工过程中，由于未考虑到的特殊情况而需要对与环境保护措施相关的设计文件进行修改或变更的，应报环境监理部审核通过后方可变更设计文件。

经过工程实践，环境监理开展的设计管理工作在一定程度上降低了环境保护措施设计漏项或设计失误，避免了由于设计问题给建设单位带来时间上和资金上的损失。工作过程形成资料为将来的项目环境保护专项验收提供了便利条件。定期的工作总结方便了建设单位及政府主管部门对“三同时”制度中同步设计情况的实时掌控。

8.1.4.3 施工期生态环境保护管理

施工期生态环境保护管理是指为了降低或避免在项目建设期给生态环境造成的破坏，环境监理机构依据国家、地方环境保护法律法规及建设单位环境保护制度等文件，根据项目特点针对施工期土建、安装等施工过程中有可能给生态环境造成破坏的行为予以约束的工作行为。根据不同的施工阶段，施工期生态环境保护管理内容不尽相同，主要管理内容包含 3 点：①三通一平阶段：环境监理主要管理内容为施工扬尘的控制、机械噪声控制、振动的防治等。②土建、安装施工期：主要包括施工期生活污水处理和排放，钢铁结构喷砂/抛丸除锈粉尘和固体废物，防腐油漆桶的堆放、运输与处置，石棉/岩棉的堆放与无害化处理，酸碱清洗液体的存放与处置，水土保持，植被恢复，农作物复垦，珍稀动植物的保护等。③工程建设竣工前收尾期：包括防护绿化带的建设、参建单位临时办公拆除后建筑垃圾的处置和生态环境的恢复等。

经过工程实践，施工期生态环境保护管理的开展实现了项目建设期间各类施工行为对周边生态环境的破坏最小化，保护了项目周边的自然环境，促进了项目建设期间参建单位与周边居民的和谐相处。

8.1.4.4 环境保护工程措施落实过程的进度控制与管理

环境保护工程措施落实过程的进度控制是指为了使项目环境保护工程措施在设计、施工和验收过程中都符合“三同时”制度要求而在设计、施工和验收期进行全面的进度控制、监督和总结汇报的工作行为；环境保护工程措施在落实过程中的管理是指为了使环境保护工程措施的设计技术指标、施工执行标准和验收履行程序满足环境影响评价及其批复的要求而在其设计审查、施工过程检查和验收等建设行为发生过程中进行的监督管理工作。

通过工程实践证明，环境保护工程措施落实过程的进度控制与管理一方面做到了环境保护工程建设进度的动态掌握；另一方面做到了环境保护工程建设过程全面受控，各项环境保护指标要求能够得到贯彻落实。在其落实过程中形成的管理过程资料为环境保护专项验收打下了良好的基础。

8.1.4.5　总体工作情况的汇报与建设体系内部沟通协调

环境监理机构对在执行环境监理任务过程中所进行的主要工作内容，在不违背国家法律法规及环境监理合同中规定的保密协议相关要求的前提下，有义务向生态环境主管部门和建设单位做定期书面汇报。

在项目建设过程中，所有与环境保护相关问题的发现、处理和解决都属于环境监理沟通协调的业务范围。发现环境问题后，环境监理负责与建设单位协调，达成一致的解决意见后，向下传达给施工单位执行层进行整改，并在整改行为实施过程中监督检查，问题处理完毕后组织相关职能单位参加联合验收。

由工程实践可以看出，总体情况工作汇报有利于生态环境主管部门和建设单位全面了解与项目相关的各项环境保护工作情况，便于环境监理单位接受生态环境主管部门的指导。建立体系内部沟通协调工作，在生态环境主管部门的监督下，保证项目健康稳步推进。

8.1.4.6　工程建设期环境保护工程资料的收集、整理和汇总

环境监理负责收集项目建设期与环境保护相关的设计、施工和验收资料，并按照项目编号定期整理汇编成册。项目竣工后全部资料交建设单位留存以备环境保护专项验收使用。

8.1.4.7　试生产阶段环境工程运行情况的监督

项目竣工在得到生态环境主管部门批准试生产后，环境监理负责组织协调项目试运行期环境监测的开展，检查主动污染防治措施的落实情况，检查被动污染防治措施的运转情况。

试生产结束后，环境监理根据试生产过程中各项环境保护措施运行情况和监测报告，编制试生产运行阶段环境监督报告。

8.1.4.8　项目之外配套环境保护措施落实过程核查

环境监理机构应当按照环境影响评价中的相关要求定期对项目建设范围之外的配套环境保护措施进行核查，核查内容编入环境监理月报中，并定期将核查内容整理汇总形成书面材料备案。常见的核查项目有以下两点：①其他高污染、高耗能企业的整改。通常为了控制大型炼化一体化项目所在区域的污染物排放总量，都把关停或整合其他高耗能、高污染的小企业作为节能减排的途径之一。②自然保护区或水源地地表水和地下水水体的保护。为了避免大型炼化企业污水排放对自然保护区或水源地地表水和地下水水体造成不良影响，有可能会采取建设长途排污管线异地排放或者迁移水源地的环境保护措施。

此项工作的开展将为项目环境保护专项验收打下良好的基础。

8.1.5 工作经验、亮点及思考

8.1.5.1 工作经验及亮点

经过多年的炼化项目环境监理工作，笔者认为开展工作前必须找好环境监理的自身定位，真正融入整个项目的管理体系中，明确工作目标，严格按照环境影响评价和施工期环境监理合同所规定的工作范围及内容进行监理工作，充分发挥环境监理职能，不拖不靠，积极解决监理期间发现的各类环境保护问题，做好环境监理期间的工作汇报。

辽宁碧海在成立四川石化项目环境监理部之初，就按照四川石化的项目建设管理模式和炼化项目工程特点进行内部组织机构的设置，并明确了环境监理部在参建单位中的监督管理地位，在中国石油四川石化炼化一体化项目中环境监理的管理层面在总承包和工程监理之上，总承包商和工程监理接受环境监理监督。同时，环境监理部充分利用各承包商现有的 HSE 管理资源，与总承包商建立 HSE 联络机制，借助 HSE 例会与各参建单位充分沟通并集中解决现场发现的各类环境保护问题。四川石化项目监理部开展环境监理的工作目标是：①项目建设过程生态环境影响最小化；②确保环境保护措施与主体工程建设进度相协调，设计、施工及验收满足“三同时”制度要求；③各项环境保护措施符合环评及批复要求；④实现各项环境保护要求与项目建设实际情况的协调统一；⑤确保建设项目顺利通过生态环境专项验收；⑥力争使建设项目满足国家环境友好工程相关要求。

在执行中国石油四川石化炼化一体化项目环境监理任务过程中，我们总结了 6 个方面的管理经验和亮点。

（1）明确分工，加强内部间的交流学习

中国石油四川石化炼化一体化项目既有炼油装置又有化工装置，项目部结合成员专业特长，把厂区划分为炼油区和化工区，分别成立相应的项目部，明确责任分工，发挥成员特长，充分调动成员工作积极性。石化项目由于涉及多套主体装置，产污点源较多，对应的生态环境措施也不尽相同，不仅需要专业知识，而且需要更多综合知识的积累，要求专业合作的程度高，因此项目部定期召开学习例会，加强化工与生态环境知识的交流融合，并结合现场实际情况，针对现场发现的问题，成员间群策群力，充分交流心得，做到知识共享，难点问题共同解决。

（2）有针对性地编制巡视计划

该项目由炼油项目 12 套主体装置、乙烯项目 7 套主体装置及公用与辅助工程组成，共计 92 个子项，涉及点多、面广。炼油项目部、乙烯项目部的每个成员根据各自项目现场施工进度计划，每周有针对性地编制巡视计划，并将计划报项目总监批准，每个成员按照各自计划进行日常的巡视工作，将现场巡视情况及过程中发现的问题记录备案，并由项目总监签字审核，项目总监根据巡视计划与工作完成情况对每个成员进行考核。

（3）由环境监理到环境监督的角色转变

环境监理不同于工程监理，工程监理着重于对建设项目本身的质量、进度和投资进行控制管理，代表建设单位对承建单位的建设行为进行专业化的监控；环境监理主要依据环境影响评价文件及批复，对项目建设过程中的环境保护进行监督管理，同时配合生态环境部门对项目建设过程中的环境保护工作进行监督检查。可以说环境监理带有双重身份，一方面代表了建设单位对各承建单位的建设行为进行管控；另一方面代表政府对建设单位的行为进行监督，并引导和帮助建设单位有效落实环境影响评价提出的各项要求。据此，经过同四川石化相关人员的多次沟通，以及生态环境部门的大力支持，确定了四川石化项目环境监理的监督地位，对内强化对设计、施工等单位的内部环境监督和指导，确保生态环境设施和措施与主体工程建设的同步到位，对工程监理的质量控制行为进行监督；对外协调生态环境部门与建设单位，建立协调联动机制，召开联席会议，定期向生态环境部门汇报项目建设进展情况，发现的问题及时通过周报、月报报送生态环境部门，并配合生态环境部门做好对施工现场的监督检查。

（4）重点环节设立停/必检点

由于四川石化基地地处长江中上游地区，位置环境敏感，加之当地地下水含水层以渗水性良好的卵石为主，渗透性强。据此，四川石化基地规划环评的审查意见要求必须采取最严格的地下水污染防治措施，分区制订合理可靠的防渗方案。对此，该项目环境影响评价按照审查意见，在报告书中明确了地下水分区防渗原则，按照重点污染区、特殊污染区和一般污染区分别采取了不同的防渗方案。据此，环境监理部作为工程实施过程的监督单位，为确保工程质量受控，确定了储罐防渗施工、储罐区地坪防渗施工、地管防渗施工、地下水监测及应急抽水井施工、防渗混凝土水池施工、外排水管道施工、氧化塘施工、栈台防渗施工八大施工流程中的一些重点环节作为停/必检点，在工程监理部已经确认的前提下，再报环境监理部进行现场复核确认，通过确认后方可进行下道工序的施工。

（5）建立生态环境措施核查机制

环境监理工作的核心是确保建设单位按照环境影响评价文件及批复的要求，不折不扣地将提出的各项措施严格落实下去。对此，项目部从项目建设中期就着手建立了生态环境措施核查机制，由技术人员负责统计出各个装置对应的生态环境措施，在片区负责人的带队下，协调设计、施工等单位，逐个核对现场落实情况。由于建设施工周期长，生态环境措施核查也是一项常态机制，随着工程的深入，生态环境措施核查工作也将贯穿工程的全过程。每一次核查结果，都将记录在案，在当期的周报中报送建设单位，及时提醒业主现场施工可能与环境影响评价要求存在出入的地方，并提出合理化的建议，必要时进行相应的整改或优化。

（6）开展环境监理过程中发现和协调解决的典型问题

随着工程开展的深入，环境监理部人员也陆续组织协调解决了一些现场存在的问题，为该项目的顺利施工提供了帮助，为今后的项目运行打下了好的基础。

①施工期生活废水问题的解决

由于中国石油四川石化炼化一体化项目参建单位众多，参建人员在高峰期会达到 3 万人以上，各参建单位在厂外临设区域均建立了生活区，由此临设区会产生大量的生活污水与垃圾，四川石化按照环评要求在临设区边界修建了一座临时污水处理厂，环境监理部对运行情况进行了监管。前期运行过程中发现，总管网进水口经常堵塞，且水量时大时小，进水水质也不稳定。对此，环境监理部对所有临设生活区进行了排查，发现部分单位排污管网未设置简单的隔离措施，且雨水管线直接接入污水管网，导致了管网堵塞，使下雨时污水处理厂超负荷运行。为此，环境监理部要求各施工单位严格做到清污分流工作，并督促做好内部的教育，严禁垃圾倒入污水管网。目前，环境监理部对临时污水处理厂进行不定期的检查，并对水质情况进行现场检测，运营单位定期向环境监理部报送运行记录台账（图 8-24～图 8-27）。临时污水处理厂污水经处理后可达到《污水综合排放标准》（GB 8978—1996）一级 A 标的要求。

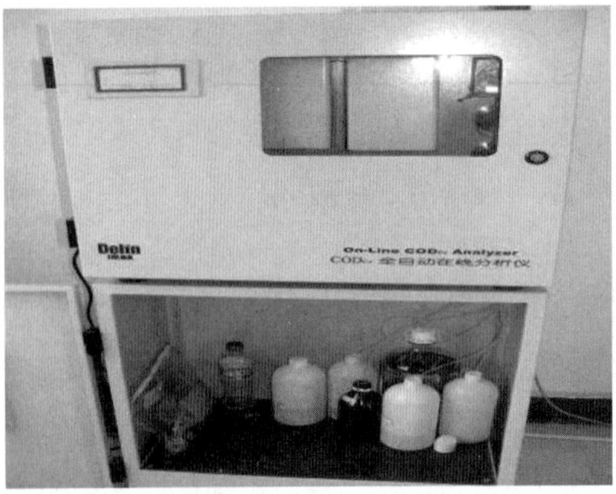

图 8-24　在线监测仪器

图 8-25　察看水质

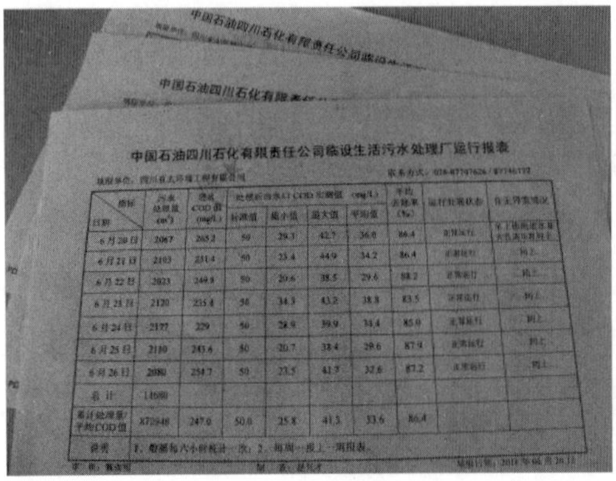

图 8-26　台账

图 8-27　出水情况

②熬制沥青砂粉尘问题

监理人员在现场巡视过程中发现位于420罐区的沥青砂熬制设施在生产过程中未采取有效的环境保护措施，产生了大量的粉尘，对现场施工环境造成了一定的影响，且现场放置的油桶及机具设备存在不同程度的漏油现象。发现这一问题后，环境监理部立即向施工单位下达了整改通知单，要求其停工整改。在征求环境监理部的意见后，施工单位在原除尘系统排放口处增加一套喷淋设施，通过喷淋大大降低了排入空气中的粉尘，同时对油桶、机具设备下的含油泥沙进行了装袋处理，并在整个施工区域下铺设了塑料布，防止油污渗透入地下水（图 8-28～图 8-31）。

图 8-28　油桶渗油侵入泥土

图 8-29　沥青砂排烟

图 8-30　增加喷淋系统

图 8-31　场地下铺设防渗膜及塑料布

③地下水监测及应急抽水工程优化

地下水监测及应急抽水工程作为厂区地下水水质动态监控与事故状态下的应急系统，是防止污染扩散的重要环节。环境监理部查阅相关地勘资料，结合污染防治区划分与地下水走势情况，认为厂区作为污染源头，一旦发生泄漏事故则影响严重，而厂外排污管线所含介质为污水处理厂出水，水质可达污水排放标准中一级标准，不会造成严重污染；同时根据污染防治区的划分，在重点污染防治区进行重点监测（增加井的数量），对非污染防治区进行一般性监测。总的原则是根据污染能力强弱，调整监测井的数量，达到从源头控制地下水污染的目的。经过环境监理部与业主及总包单位协商，根据现场实际情况，对地下水监测及应急抽水系统中的井位的布置和数量进行了优化，目前厂区内井数由 78 口调整为 100 口（图 8-32、图 8-33），减少了厂外排污管线上监测井的数量，加强了厂区内的监控能力。

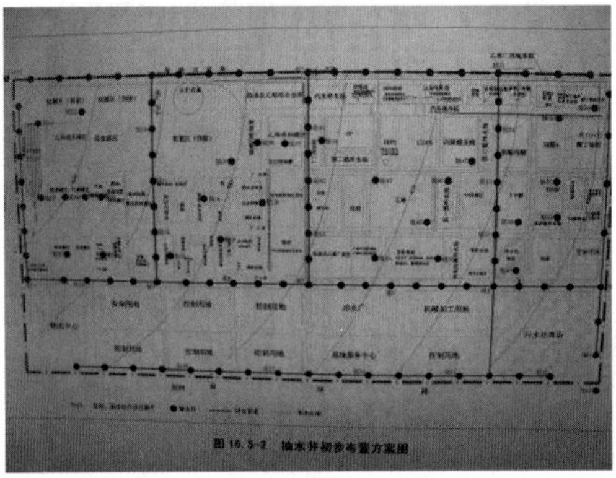

图 8-32 优化前

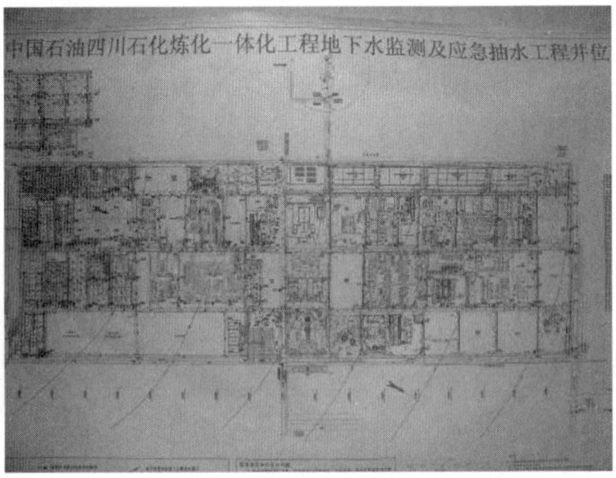

图 8-33 优化后

④防渗膜监管

防渗膜作为一种重要的防渗材料，被四川石化选用，主要用于重点污染防治区的储罐区、化学品库和装置区内排污管网的防渗，这在全国大型石化项目中尚属首次，设计单位、施工单位、监理单位等均未有这方面的施工及管理经验。由于未有经验可循，环境监理部多次对施工与过程监管进行了摸索，尤其是储罐环梁内泄漏孔与防渗膜的连接工法，多次经过与设计单位、施工单位的商议，决定采用自粘防水卷材内套 PE 管，外粘钢管内壁，最后 PE 管与膜进行焊接的方案（图 8-34～图 8-37），大大降低了液渗漏泄漏的可能。此方法在全厂所有储罐区进行了推广，并且广泛用于其他石化项目。

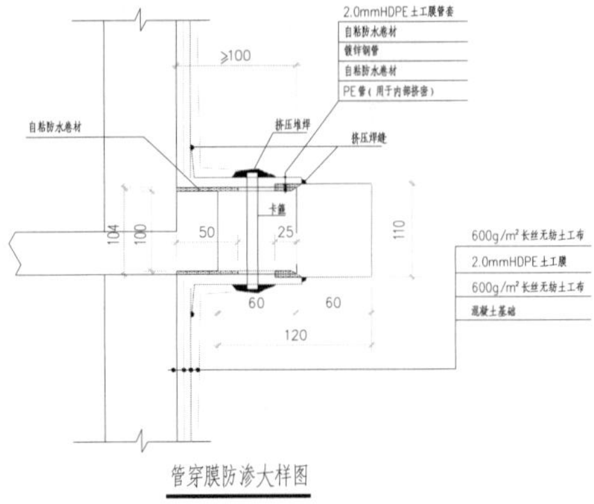

图 8-34 泄漏孔与防渗膜大样图

图 8-35 施工效果

图 8-36　罐底防渗

图 8-37　管沟防渗

另外，环境监理部对防渗膜细部节点的安装、气压与电火花的检测等作为必检点，必须通过环境监理的现场检查，并且要在相关的资料上进行签字确认。

⑤污水池抗渗等级提高

环境监理部在对炼油区火炬设施的设计文件进行检查的过程中发现，该设施中的污水收集池设计的抗渗等级为 S8，经查，S8 等级的抗渗混凝土的相对渗透系数为 1.0×10^{-8} cm/s 左右。经过协调，并翻阅环评资料，根据污染防治区划分原则，污水池应划为特殊污染防治区，混凝土相对渗透系数应不大于 1.0×10^{-12} cm/s。对此，环境监理部及时与业主及设计单位取得联系，并向总包单位下达了环境监理业务联系单，要求其提高抗渗等级，进行相应的整改。

⑥防渗混凝土工程管理

为提高防渗等级，降低污染物渗漏地下的可能，四川石化选用了相对渗透系数不大于 1.0×10^{-12} cm/s 的抗渗混凝土作为重点污染防治区装置区地坪以及特殊污染防治区构筑物等区域的主要防渗材料，如此高抗渗等级的混凝土在全国使用属首次。环境监理部克服专业“瓶颈”，多次查阅相关资料，借鉴国外实用经验，并协调业主部门联系了全国混凝土领域的专家，指导四川石化防渗混凝土的选材与施工，其中对于原材料的送检、试块的制作、渗透系数的检测等过程由环境监理部全程监督（图 8-38～图 8-40）。经过多次试验筛选，最终确定了适合四川石化防渗工程的原材料。对于四川石化防渗混凝土的施工，环境监理部积极协助业主编制了《四川石化炼化一体化项目防渗混凝土施工指导手册》（图 8-41），用于指导各施工单位有关防渗混凝土施工。

图 8-38 渗透系数检测

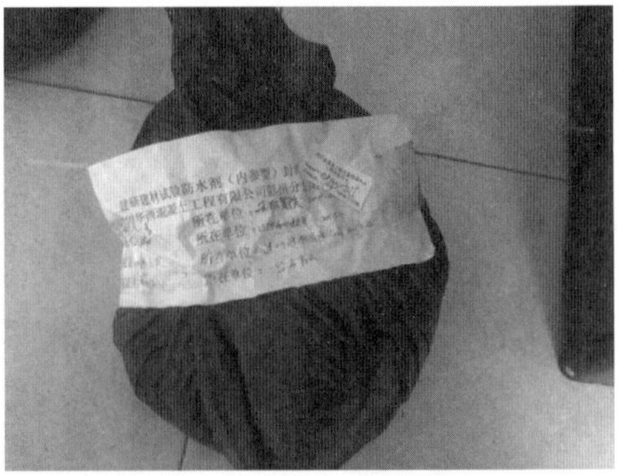

图 8-39 原材料检测

图 8-40 试块制作

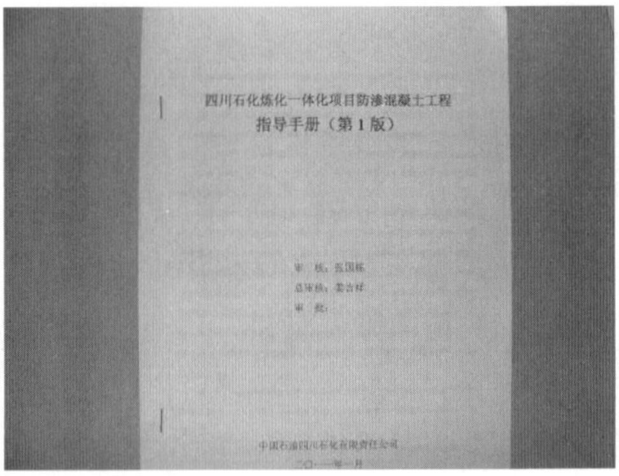

图 8-41 手册

8.1.5.2 思考

通过参与中国石油四川石化炼化一体化项目建设，辽宁碧海在环境监理的管理模式上又进行了全新的尝试。在该项目中，四川石化项目环境监理部成为四川石化 IPMT 中的专业化环境管理团队，这使得环境监理在项目中的角色也发生了变化。在以往承接的建设项目中，环境监理工作通常带有一定的监督作用，这使得建设单位及施工单位在一定程度上对环境监理产生了戒备心理，阻碍了环境监理工作的顺利开展。在这个项目里，环境监理转变为业主的专业化管理团队，一是解决了环境监理难以融入项目建设管理体系的问题，使得环境监理在设计、施工及验收等建设过程中都能实时了解情况，成为工程建设的真正参与者。二是在充分发挥环境监理咨询、专业化管理职能的同时，也让项目建设管理体系内的一体化监督这种新的监督模式得到业主及政府管理部门的双重认可。

8.2　千万吨级大型炼化一体化工程建设期环境监理

8.2.1　炼化一体化项目地下水（土壤）污染防治措施概述

8.2.1.1　炼化一体化地下水（土壤）污染防治的重要性

石油化工项目地下含油污水排污管线纵横交错，布置结构复杂，常常在同一位置不同深度铺设有多层次管网。含有液态化工物料的管线及排污管线一旦发生泄漏，因其埋在地下，轻微渗漏不易察觉，往往在渗漏被发现时已经累积到了很严重的程度。地下工程渗漏点排查困难、修复难度大，且一般需要破坏地上部分构筑物，造成损失较大。排污管线内液体具有毒性或很强的污染性，一旦泄漏会产生较为严重的环境事件，对泄漏区周边土壤、地下水均会产生影响。因此把好地下污水管网施工质量关，做好被动防渗措施是地下水（土壤）污染防治工作能够取得成功的重要保障。

环境监理作为项目建设期环境管理的重要手段，在地下水（土壤）污染防治措施设计、施工和分部分项验收过程中起到重要的作用。

8.2.1.2　炼化一体化地下水（土壤）污染防治基本原则

1. 分区管理因地制宜

大型炼油化工项目投资大，建设节奏快。为了既达到运行期环保措施使用效果，又节省投资成本，需要在总体设计上合理布局。在总图布置上，严格区分污染防治区和非污染防治区，其中污染防治区分为一般污染防治区、重点污染防治区和特殊污染防治区。非污染防治区内没有生产装置和污染管线，不设计防渗措施。

污染防治分区原则：①按照各生产、贮运装置及污染处理装置（包括生产设备、管廊或管线，贮存与运输装置，污染处理与贮存装置，事故应急装置等），通过各种途径可能进入地下水环境的各种有毒有害原（辅）材料、中间物料、产品的泄漏（含跑、冒、滴、漏）量及其他各类污染物的性质、产生和排放量，将厂区分为非污染防治区和污染防治区。②污染防治区根据工程特点又分为一般污染防治区、重点污染防治区和特殊污染防治区。一般污染防治区是指毒性小的生产装置区、装置区外管廊区和厂外污水管道；重点污染防治区是指危害性大、毒性较大的生产装置区、物料储罐区、化学品库、铁路及汽车液体产品装卸区及固体废物暂存区等；特殊污染防治区主要包括各种污水收集池、储存池、循环冷却水池等区域。

2. 科学设计、严把防渗材料准入关

全部污染防治区内均需要制订详细的设计方案，环境监理应参与业主组织的审查工作，根据环境影响评价要求督导落实防渗措施。

防渗膜选型和防渗混凝土配合比设计、试验与检测是确保防渗工程施工材料质量的关键因素（图 8-42）。

图 8-42　防渗混凝土试验

3. 精细管控施工质量，严格验收

防渗工程开工后，很多施工细部节点需要环境监理深入现场，按照环境影响评价要求，依据环境保护法律法规、设计文件和工程管理规范逐一核实，严格把关。从渗漏液收集井的平面布置到污水检查井的止水翼环，从防渗膜的气密性检测到电火花试验，从防渗混凝土的浇筑、试块留样、养护和送检等环节，环境监理依照环境保护要求严格把控，弥补了工程建设环节环境保护措施管理上的不足，填补了环评与整体环境保护验收之间项目建设期的环境管理空白。

环境监理全程参与防渗工程建设期管理，在工程验收中加入环境监理验收流程，设置停检点、必检点，从程序上进一步将环境监理的工程管理控制权限和责任加以落实（图 8-43）。

图 8-43　旁站与验收

8.2.2　环境监理在整个项目管理体系中的定位

8.2.2.1　定位原则

要做好环境监理工作，充分发挥环境监理在项目建设中的积极作用，必须将环境监理队伍整合到整个项目建设管理体系当中，一切发生在项目建设期的环境保护问题都得以在项目管理团队中得到其他建设参与者的密切配合，才能够顺利、高效地将问题解决。

环境监理队伍属于整个项目管理团队的一部分，环境监理项目部受建设单位委托，在项目管理团队之中处于监督地位，通过与各总承包单位项目经理部安全环保负责人建立沟通与联系，把在设计核查、施工过程管理、验收和试运行检查等过程中发现的生态环境保护和环保措施（试运行的设施、设备）问题及时有效地反馈给建设单位，并将需要整改问题的指导意见书面下达至每个总承包单位的具体执行者，并在整改过程中监督检查其合规性，直至需要整改的问题得到妥善解决。

根据炼化项目管理模式特点，在项目建设过程中环境监理对 PMT（指各个装置区项目管理团队，团队可能是项目业主也可能是第三方工程管理公司）、工程监理和总承包单位具有监督约束权，同时环境监理日常工作接受地方生态环境主管部门监督，也接受业主健康安全环境保护部门管理。

8.2.2.2　职责分工

1. 环境监理职责与管理界面划分（表 8-1）

①按项目环评的要求和适用的法规审查防渗工程设计方案。

②监督防渗工程施工技术方案的审查。

③检查防渗材料生产单位准入的符合性。

④监督抽查部分防渗材料生产单位生产过程，设计院的结构设计文件、施工过程与记录、验收过程与记录，抽检原材料。

⑤下达暂停施工、整改、返工、拆除或复工等工程指令。

⑥签署单位工程、分部分项工程验收证书。

⑦编制环境监理周报、月报定期上报业主，月报抄送省生态环境厅、市生态环境局等政府主管机构；遇特殊情况时，可根据需要编制环境监理专题报告材料上报业主和生态环境主管部门（图 8-44）。

2. 工程项目设计、施工、采购总承包商

①建立项目组织机构，配备项目管理人员、设备等。

②参加设计交底，提出图纸会审中的问题。

③审核施工单位编写的防渗工程施工方案，报工程监理、环境监理、质量监督站、石川石化分管项目部、工程部等相关单位审核。

④组织工程材料进场及报验。

⑤检查施工单位施工过程质量，确保整个防渗工程质量并向业主负责。

⑥审核施工单位报送的相关资料，按照工程监理和质量监督站设定的停检点、必检点进行报验。

⑦签署工程签证。

表 8-1 监理界面划分

序号	内容	环境监理	PMT	工程监理	EPC
1	施工组织设计方案	审查	审查	审查	编制
2	开始施工	巡视抽查		监理	实施
3	设置停检点、必检点的施工关键节点	监督	验收	验收	报验
4	单项工程验收	监督	验收	验收	报验

图 8-44 施工期迎检与联合检查

3. 设计单位

①提供满足工艺和规范要求的设计文件，包括施工图纸和设计说明，明确选用材料的技术指标和质量指标、施工适用的标准规范。

②参加施工图纸会审，进行防渗工程设计交底。

③向监督单位提供设计计算书和相关咨询。

④配备现场设计代表协调解决施工中的问题。

⑤根据防渗材料试验结果，完善、优化设计。

4. 联络沟通机制

①建设单位负责组织或授权环境监理、工程监理组织针对防渗工程设计、施工和验收过程中遇到的问题进行沟通交流。

②问题的解决可以是以会议形式、书面函件联络或者电子邮件等形式。

5. 争议与难题协调解决机制

①争议与难题在法律法规现有框架内可以判断的由环境监理或工程监理组织解决。②争议与难题在法律法规现有框架内没有判定依据，需要由主体责任单位提出，报监理单位、业主共同协商解决，需要邀请相关专家的，由业主负责邀请业内专家协助解决。

图 8-45　工作协调与交流

8.2.3　环境监理工作方法

8.2.3.1　防渗膜施工过程管理

1. HDPE 膜施工监管流程

基层处理抽查→基层土工布抽查→HDPE 膜铺设巡查→HDPE 膜质量验收（必检点）→膜上土工布抽查→细沙回填

2. 各分项流程监控内容

（1）基层处理抽查监督内容

基层是否平整、坚实，有无尖锐突起物。

（2）基层土工布抽查监督内容

①土工布搭接部位是否进行缝合或热黏合。

②是否采取一切必要措施防止石头、大量尘土、尖锐物品对下层土工布造成破坏。

（3）HDPE 膜铺设巡查监督内容

① HDPE 膜外观是否干燥和整洁。

②严禁在雨天进行施工，影响焊接质量。

③铺设过程中不得存在皱纹和折痕、悬空等缺陷。

④ HDPE 膜接缝搭接宽度是否满足规范要求（热熔焊接为≥80 mm，挤出焊接为≥55 mm）。

（4）HDPE 膜质量验收监督内容

①热熔双焊缝的非破坏性检测采用充气法。在 250 kPa 压力下试验 3～5 min，压力表的数值不下降或下降不超过 240 kPa 时为合格。

②挤压熔焊单轨焊缝检漏采用电火花法。利用 HDPE 土工膜为电的绝缘体这一特点，预先在挤压焊施工前埋入细铜丝，检测时接入电源，用检测仪在距焊缝 3 cm 左右高度扫探。无束状火花出现则焊缝合格，有束状火花出现则表明此部位存在漏洞，需返工整改后重新检测。

③单轨及双轨焊缝都必须进行破坏性试验的检测（剪切强度和剥离强度）。单轨焊缝剥离强度计算方法为 18.3×取样试件焊缝的宽度；单轨焊缝剪切强度计算方法为 28.2×取样试件焊缝的宽度；双轨焊缝剥离强度计算方法为 20.9×取样试件焊缝的宽度；双轨焊缝剪切强度计算方法为 28.2×取样试件焊缝的宽度。检测数值满足要求后即为合格。

④ HDPE 土工膜焊接时搭接宽度是否满足规范要求。

⑤ HDPE 土工膜表面是否平整，是否存在空谷、褶皱和悬空状态，如有此缺陷需进行整改以满足要求。

（5）膜上土工布抽查监督内容

①是否采用人工滚铺方式，布面是否平整，并适当留有变形余量。

②热黏合的土工布搭接宽度是否满足规范要求（缝合搭接宽度≥80 mm，热黏合搭接宽度≥160 mm）。

3. HDPE 膜施工过程巡视制度

（1）巡视频次

各片区负责人每周根据实际情况拟订柔性材料施工巡视计划，每周应巡视不少于 3 个单项工程。每个单项工程从开工至组织联合验收前，巡视次数不得少于 2 次。

（2）巡视过程中问题的发现与处置

环境监理工程师应按照划分的责任片区认真履行巡视义务，巡视过程中对发现有可能影响防渗效果的质量隐患应立即口头告知责任方整改，并在 2 个工作日内视情节严重程度下发环境监理业务联系单或整改通知单；现场责任单位未能按照要求采取整改措施的，环境监理工程师需上报环境监理总工程师，环境监理总工程师根据问题严重程度可采取向业主工程部签发联系单、向责任单位下发停工令或采取行政、经济处罚等方式促使责任单位完成整改。

4. HDPE 膜资料管理制度

①日常巡视、发现问题及处理过程、验收过程应在环境监理日志中如实记述，不得遗漏。

②隐蔽工程验收资料应于环境监理部审批后的 15 个工作日内由环境监理工程师交办公室存档。受施工方影响未能及时存档的，应无限期停止该专业施工单位的一切施工验收程序，直至工程验收资料返还为止。

③其他相关文字、影像资料应由环境监理工程师每周整理一次存档。

8.2.3.2 防渗混凝土施工过程管理

1. 防渗混凝土适用范围及执行标准

防渗混凝土适用于石油化工项目内重点污染防治区、特殊污染防治区、一般污染防治区的生产装置区、铁路和汽车液体产品装卸区、化学品库房和临时固体废物暂存区、物料储存罐区、装置区外管廊等部分的人工防渗结构。

①一般污染防治区的防渗混凝土要求相对渗透系数小于 1.0×10^{-8} cm/s。

②特殊污染防治区、重点污染防治区和特殊污染防治区的防渗混凝土的相对渗透系数应当小于 1.0×10^{-12} cm/s。

2. 原材料基本要求

以下任何一种材料的见证取样检验报告，和施工所使用材料的生产批次不一致，或检验指标有不合格项时，不得直接在施工现场使用。由环境监理单位重新对同一批次的原材料见证取样进行复检，送政府机构和业主认可的检测机构进行复检，合格后方可在施工现场使用。复检仍不合格的原材料应在环境监理单位的见证下作退场处理。

（1）水泥

渗透系数不大于 1×10^{-12} cm/s 的防渗混凝土水池，应采用中热硅酸盐 42.5 水泥（P·MH 42.5）或低热硅酸盐 42.5 水泥（P·LH 42.5）。标准符合《中热硅酸盐水泥、低热硅酸盐水泥》（GB/T 200—2017）的要求。其他防渗混凝土可采用普通硅酸盐水泥。

混凝土供应商对所用水泥应进行复验。提交质量证明资料以及监理单位的见证取样检验报告，检验报告应符合《通用硅酸盐水泥》（GB 175—2007）的要求。

（2）泵送剂、膨胀剂基本要求

混凝土供应商对所用泵送剂、膨胀剂应进行复验。提交质量证明资料以及监理单位的见证取样检验报告，泵送剂检验报告应符合《混凝土泵送剂》（JC 473—2001）的要求；膨胀剂检验报告应符合《混凝土膨胀剂》（GB/T 23439—2009）的要求。

（3）砂石基本要求

混凝土供应商所用的砂石应进行复验和碱活性检验。提交砂、石的监理见证取样检验报告，砂石符合《普通混凝土用砂、石质量及检验方法标准》（JGJ 52—2006）的要求。其中，砂应符合中砂要求，石应符合连续粒级碎石的要求。

（4）掺合料基本要求

混凝土供应商所用的粉煤灰应进行复验。提交质量证明资料以及监理单位的见证取样检验报告，粉煤灰应符合《用于水泥和混凝土中的粉煤灰》（GB/T 1596—2005）的要求，应使用Ⅰ级灰。

混凝土供应商所用的矿物外加剂（如硅灰）应进行复验。提交质量证明资料以及监理单位的见证取样检验报告，检验报告应符合《高强高性能混凝土用矿物外加剂》（GB 18736—2002）的要求。其他掺合料应符合其产品标准。

（5）水泥基渗透结晶型防水剂基本要求

混凝土供应商所用的水泥基渗透结晶型防水剂应进行复验。提交质量证明资料以及业主指定的监理单位的见证取样检验报告，检验报告应符合《水泥基渗透结晶型防水材料》（GB 18445—2012）的要求。

3. 防渗混凝土试验

（1）试验目的和原则

防渗混凝土试验目的是选择符合要求的水泥基渗透结晶型防水剂、试配合格的防渗混凝土配合比，并验证使用该防渗混凝土配比能否达到重点污染防治区、特殊污染防治区防渗混凝土相对渗透系数应小于 1×10^{-12} cm/s，一般污染防治区防渗混凝土相对渗透系数应小于 1×10^{-8} cm/s 的要求。

水泥基渗透结晶型防水剂应符合《水泥基渗透结晶型防水材料》（GB 18445—2012）的要求；防渗混凝土相对渗透系数必须同时经过业主认可的两家检测机构检测，并且相对渗透系数在同一个检验批次中被鉴定为符合污染防治分区中关于相对渗透系数的要求。

防渗混凝土试验的基本原则是公平、公正、公开。所有试验项目均需业主或业主委托的监督机构进行旁站见证，所有检测结果均需实施机构认可。

（2）试验执行单位和检测单位的选择

经业主同意，允许其进行防渗混凝土试验的单位，其执行的试验过程受到四川石化防渗混凝土试验组织机构的认可；经业主指定的具有合法检测资质的检测单位为防渗混凝土试验指定检测单位。

未经业主同意及试验组织机构认可的混凝土单位进行的防渗混凝土试验过程将不予以采信；未经业主同意及试验组织机构认可的检测单位出具的防渗混凝土相对渗透系数和原材料检测结果将不予以采信。

（3）试验材料要求

水泥基渗透结晶型防水材料提供给试验组织机构时必须具有完好未拆封的产品外包装，并由防水剂供应商提供该产品的合格证、出厂检验报告、使用说明书等相关材料。另外，原装进口防水剂产品需要提供产品报关单。

（4）试验组织机构

①领导决策机构：业主。

②监督检查机构：质量监督站、环境监理。

③组织实施机构：工程监理。

④技术支持机构：总承包及外聘专家。

⑤第三方检测机构：业主指定具有资质的单位承担。

⑥执行机构：水泥基渗透结晶型防水剂供应商、防渗混凝土供应商。

（5）试验流程

经业主认可的防渗混凝土供应商、水泥基渗透结晶型防水剂供应商共同编写试验方案，防渗混凝土试验方案报组织实施机构，由组织实施结构组织工程部、质量监督站、环境监理部和业主指定的相关专家对试验方案进行会审。如果审查未通过，由组织实施机构收集各方审查意见，形成试验方案审查意见书下发到执行机构，责成执行机构按照意见书修改试验方案，修改完成后再次报审；如果审查后，各方对试验方案无异议，由试验组织单位批准执行机构开始试验并组织实施。

混凝土供应商、水泥基渗透结晶型防水剂供应商，将所涉及的原材料按相关规定，在组织实施机构的见证下取样、送样，做好试验记录。

防渗混凝土试验的相对渗透系数第三方检测全过程必须有环境监理人员旁站监督，同一批次的相对渗透系数的检测必须通过两家业主指定的检测机构检测。防渗混凝土相对渗透系数和原材料检测结果符合试验目的要求的，由混凝土供应商编制试验报告，报组织实施机构。组织实施机构接到混凝土供应商提交的试验报告后，组织业主、环境监理部、质量监督站、专家组对试验报告进行评审，由组织实施机构收集各方意见后，出具试验报告审查意见书并由各方会签确认。组织实施机构在试验工作完成后，负责将试验方案、试验方案审查意见书、试验过程记录文字、影像资料、试验报告、试验报告审查意见书及各方会签表、会议纪要等资料汇编成册上报业主。

4. 防渗混凝土施工过程管理

（1）施工方案管理

施工单位编制的施工方案，由工程监理单位组织，通过总包单位、工程监理单位、环境监理单位、质量监督站、业主相关部门等会审后方可实施。

（2）施工单位资格条件的要求

按照环评和项目防渗混凝土设计图纸要求，水池混凝土的渗透系数不大于 1×10^{-12} cm/s，这要求施工单位要有丰富的水池施工经验，配备合格的施工技术管理人员和施工作业人员。

5. 验收管理

（1）基本流程

防渗混凝土的验收工作，在施工任务完成后，由施工单位提出验收报告，并准备相应的资料，由总包单位、工程监理单位、环境监理单位、质量监督站、业主相关部门共同进行验收。

（2）中间验收

①水池结构尺寸偏差和外观质量：轴线位置、标高、平面尺寸、截面尺寸、垂直度、表面平整度、埋件螺栓等的中心位置。

②混凝土的抗压强度报告、抗渗等级、渗透系数不得低于设计文件的规定。

③底板渗漏检查。

（3）单项工程验收

蓄水试验要满足相关技术标准要求。

8.2.3.3 防渗区地坪施工缝管理

混凝土是一种在工程建设中常见的建筑材料，但随着现阶段我国环境保护标准逐步提高，传统的防渗混凝土构筑的防渗漏体系已经不能够完全满足当今的环境保护层面的防渗需求，这是因为防渗混凝土的本身性质所导致的。混凝土结构属于人造石的一种，它的刚性极佳，但也导致了其单体结构不能过大，过大会导致开裂，既影响结构安全又产生防渗隐患。因此，混凝土结构地坪单块长或宽一般不超过 6 m，水池池壁长度不超过 14 m。具有防渗需求的大面积地坪和大体积水池等混凝土构筑物都需要在混凝土结构上设置伸缩缝，接缝的处理尤为重要。接缝处既要防渗，又要具备良好的黏结性、伸缩性、耐老化等特殊性能，兼备这些特殊性能的填缝材料在 2010 年之前较为罕见。

2010 年，四川石化为了按照环评要求做好防渗措施，组织行业内知名专家和优秀的企业进行技术攻关，结合现有聚氨酯类材料的性能，反复改进和优化，制定了一整套独立的技术标准，作出了符合石化系统防渗需要的填缝材料。

1. 管理流程

施工方案审查→现场施工的检查→质量验收监督。

2. 分项节点控制流程

为保证聚醚嵌缝胶施工质量，业主要求严格控制施工节奏，原则上每周审批准予施工的方案不得多于 4 个；单周累计多于 10 项单项工程同时施工时，当周不再进行施工方案的审批。审批内容包括：①审查施工工序是否满足设计要求；②缝道是否符合规格：伸缩缝宽 25 mm、深 200 mm，切割缝宽 6 mm、深 50 mm；③审查方案中所提标准是否满足规范要求；④其他与环境保护相关的内容。

3. 环境监理施工过程监督检查

（1）施工工艺流程

①伸缩缝的工艺流程：缝道清理→节点部位处理→验收→底部填筑改性沥青→填筑耐候型醚化嵌缝胶→质量检查→交付验收。

②切割缝的工艺流程：缝道清理→节点部位处理→验收→填筑耐候型醚化嵌缝胶→质

量检查→交付验收。

（2）施工过程监督检查控制点

①伸缩缝和切割缝是否进行了缝道清理。

②节点部位是否进行了处理。

③伸缩缝底部是否浇筑了改性沥青，以便下一步的施工。

④聚醚嵌缝胶是否按照比例进行了配料施工，配料比例为 1∶2。

⑤处理干净的伸缩缝内是否用改性沥青进行了封底，封底标准为留出离地面 5 cm，作为嵌缝胶施工的条件。

（3）验收控制要点

①伸缩缝内是否清除了一切杂物；切割缝内是否用高压风进行了清理，使缝内无沉积物、缝壁无附着物并保持干燥。

②嵌缝胶表面是否存在气泡，如存在是否已进行了处理，处理时可用柔性纤维材料轻拂注料表面，以消除气泡。

③基面是否清洁、干燥，无松动、起沙等现象，无沉积物。

8.2.3.4 各类污水池、井、混凝土污水管沟、金属与混凝土接口薄弱点管理

1. 管理流程

施工方案审查→现场施工的检查→全部井（池）编号登记→质量验收监督。

2. 分享节点控制流程

在一般情况下，水池类混凝土项目都应编制施工方案，施工方案需经工程监理人员、环境监理人员和业主审批后实施。井类施工一般不需要编制和报审施工方案，但是在特殊情况下，可以要求施工单位编制施工方案并报审后实施，特殊情况包括：发现井类构筑物出现重大质量缺陷，会导致防渗隐患的情况；发现井类闭水试验连续两个单体验收不合格的情况。

环境监理人员必须根据工程实施进度对每个井（池）的施工过程巡视到位，整改过程应当旁站监督；井（池）的验收必须通过闭水试验验证；金属管道与混凝土连接处应当密闭严实，环境监理人员应对每个施工完成的连接点进行编号和摄像存档。

8.2.3.5 检漏与报警措施工期管理

检漏与报警措施是防渗隐蔽工程自检的重要手段之一，为了确保该项措施在将来的化工装置生产运行中发挥积极有效的作用，环境监理人员应在施工期间进行旁站监理。检漏与报警措施设备施工完毕后，环境监理人员应对该措施进行试验，检查电路或报警措施的有效性。

8.2.4 环境监理验收检验设备及方法

8.2.4.1 防渗膜的检验

检验内容：

石油化工项目采用的防渗膜原材料的入厂检验应符合《土工合成材料 聚乙烯土工膜》（GB/T 17643—2011）中环保用高密度聚乙烯土工膜（GH-2 型）相关要求。

环境监理人员应当依据施工方提供的检测报告作为判定依据，大型项目（防渗膜施工量在 5 000 m^2 以上的工程）应当在施工单位材料入场后，由环境监理人员组织相关单位随机采样并送具备检测资质的单位检测合格后方可投入使用。

8.2.4.2 防渗膜验收方法

在施工过程中每条焊缝都应 100%自检合格，环境监理人员按照一定比例抽查，抽查不合格的应当及时整改，并按照标准提高抽检比例（图 8-46）。

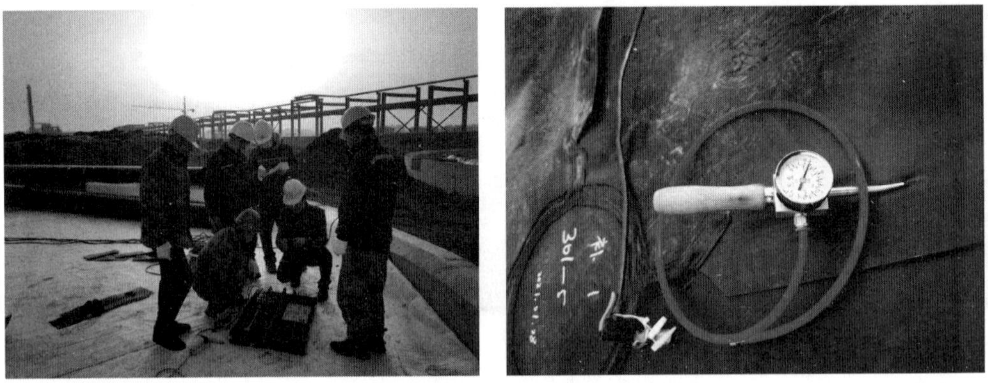

图 8-46 检查现场

焊缝的密封性能检验按照焊缝类型的不同而不同，单轨焊缝应采用电火花形式检验；双轨焊缝应采用气密性检测。由于双轨焊缝的质量优于单轨焊缝，因此在施工过程中，应当要求在具备条件的施工部位必须采用双轨焊，在立面和不方便施工的细小环节可以使用单轨焊，但应在单轨焊部位适当补强。

焊缝的其他物理性能如抗拉伸、抗剪切性能可以通过现场便携式拉力测试仪完成。

8.2.4.3 防渗混凝土验收方法

1. 结构中间验收

（1）依据

《石油化工混凝土水池工程施工及验收规范》（SH/T 3535—2002）。

（2）适用条件

①混凝土覆盖保湿或喷淋养护 14 d 后。

②水池内外模板拆除完毕，并将垃圾清理干净后。

③水池内外部的防水层或防腐层尚未施工。

④土方尚未回填。

（3）验收内容

①水池结构尺寸偏差和外观质量：轴线位置、标高、平面尺寸、截面尺寸、垂直度、表面平整度、埋件螺栓等的中心位置。

②混凝土的抗压强度报告、抗渗等级、渗透系数不得低于设计文件的规定。

③底板渗漏检查。

2. 蓄水试验渗（漏）水量测定

（1）依据

《石油化工混凝土水池工程施工及验收规范》（SH/T 3535—2002）。

（2）适用条件

①混凝土强度已达到设计强度，土方未回填，防水层和池内平衡层未施工的水池。

②水池蓄水前中间验收工作完成。

③水池内清理干净，试验用水温度与环境温度差宜为 20℃，采用清洁水。

④沉降观测点设置完成，充水速度和沉降观测符合规范要求。

（3）观测要求

①充水时的水位采用水位标尺测定。

②渗（漏）水量采用水位测针测定，水位测针的读数精度达到 1/10 mm，测定延续时间不应少于 24 h。

③蒸发量的测定采用敞口圆形水箱，采用测针测定水位，水箱不得漏水。

（4）检查方法

①渗漏点要用粉笔标识范围，用钢尺量出高度和宽度，计算出面积和渗（漏）水量。

②若发现有渗（漏）水现象后，应延长观测时间，观察渗（漏）水量是否有逐渐较少的现象。

③雨天不得进行渗（漏）水测定。

3. 沉降观测

①设置永久沉降观测点。设计无规定时，对称布置不少于 4 点，圆形水池均匀布置，矩形水池布置于长面两端，有伸缩缝的水池，伸缩缝两侧各增加一个观测点，且对称布置，高于地面以便于观测。

②水池底板浇注完观测一次，水池壁板或顶板浇注完观测一次。

③充水前观测一次并做好记录。水池充水速度要缓慢、均匀，充水过程中进行持续观测，发现沉降速率超过 5 mm/d 时，应停止充水，直至稳定后再继续充水，每天充水高度宜控制在 2 m 以内。

④充水至设计高度后观察一次，24 h 后观察一次，连续观察 3 d，以后每 15 d 观察一

次，直至稳定。

⑤放水前后各观察一次。

⑥地基的不均匀沉降应符合设计文件要求。

4. 底板渗（漏）水调查

（1）依据

《地下防水工程质量验收规范》（GB 50208—2002）。

（2）适用范围

全埋于地下的结构，背水面的围护结构的内墙和底板、顶板。

（3）天气条件

地下工程有结露现象时，不宜进行渗（漏）水检测。检查湿渍现象时，不得在人工通风的条件下进行，避免蒸发量大于渗入量，造成湿渍消失。

（4）检测方法

①检查人员用干手触摸湿斑，无水分浸润感觉。

②用吸墨纸或报纸贴附，纸不变颜色。

③用粉笔画出湿渍范围，用钢尺量出高度和宽度，计算出面积。

④对检查出来的湿渍、水珠现象，应当再次养护观察 60 d，为防渗混凝土自修复提供有利条件。在防渗混凝土无法自修复的情况下，应准许修补堵漏，重新验收。对发生渗水或漏水呈线性流下的现象，必须组织业主、设计院、总包单位、施工单位、混凝土供应商、质量监督站、环境监理人员、相关混凝土专家组等进行原因分析，查明原因后，按照业主的要求进行后续处理。

8.2.4.4 井、水池类金属管道贯穿混凝土细部节点验收方法

井、水池类金属管道贯穿混凝土细部节点验收方法与防渗混凝土验收方法一致。需要特别注意的是含有止水翼环的部位，止水翼环应注意检查是否为双面满焊。

8.2.5 信息管理

8.2.5.1 信息管理的任务

①及时与业主沟通信息，使业主了解工程环境保护工作情况。

②定期向业主书面报告（工程环境监理月报）环境保护工作的执行情况。

③工程建设中出现的环境保护工作影响工程目标的问题，及时通过信息传递，报告业主。

④超出合同约定的各种变更，均应得到业主的批准指令。

8.2.5.2 信息管理的目标

通过对工程资料数据的收集、整理、分析，使工程施工随时处在受控状态，确保环境保护目标在主动动态控制过程中实现。

8.2.5.3　信息管理的内容

信息的收集主要来自监理日志、现场记录，生态环境管理部门批复、业主有关指令、设计单位有关文件和其他方面的信息。广东石化项目环境监理部的所有监理资料必须统一编号，以“代码+序号”为标准进行编订。

1. 监理记录及检查表

①会议记录：由固定人员对每次会议作详细记录，并归档保存。

②月报表：总监理工程师每月以报告书的形式向业主报告当月完成工程环境保护方面管理、监理工程等情况的详细情况，并对下步工作的设想提出建设性意见。

③天气记录：监理员详细记录每天的温度、风力、降雨等情况及天气变化对施工工作的影响。

④质量验收记录：环境监理工程师详细记录每次参加工序验收的过程、参加人员、环境保护工作落实情况。

⑤竣工验收记录：环境监理工程师详细记录竣工验收过程中最终验收结果、环境保护验收资料等。

2. 监理月报（周报）

环境监理工程师将根据工程实施进展情况和环境保护方面存在的问题，以监理月报（周报）的方式向业主报告。监理月报由环境监理总工程师签发。

3. 环境监理整改通知单/业务联系单

环境监理工程师在现场检查过程中发现的环境问题，应通过下发环境监理通知单的形式，通知承包人需要采取的纠正或处理措施。环境监理工程师对承包人某些方面的规定或要求，必须通过书面形式通知。情况紧急需口头通知时，随后必须以书面函件的形式予以确认。同样，承包人对环境问题处理结果的答复以及其他方面的问题，也要致函环境监理工程师。

信息汇总归档根据业主的要求，参照国家、省（区、市）、业主对档案管理的办法，并结合本工程特点进行整理归档。施工过程中督促施工单位整理工程档案资料，确保工程档案资料完整准确。

8.2.5.4　资料归档要求

信息汇总归档根据业主的要求，参照国家、业主单位对档案管理的办法，并结合本工程特点进行整理归档。

8.2.5.5　信息传输要求

信息传输要迅速、准确，每月按实际工程情况，对环境方面的问题进行分析、判断、报送业主。必要时利用电子邮件进行信息的快速传输。

1. 内部传输

①环境监理工程师对外来资料要制定一套严格的传递流程，文件传递流程为资料员

（登记）→环境监理总工程师（批示）→资料员→环境监理总工程师（签证或提出处理意见）→环境监理总工程师（审查或签字、批示盖章）→资料员（盖章、发送及存档），确保文件被监理部所有相关人员知晓，确保文件去向明确（图 8-47）。

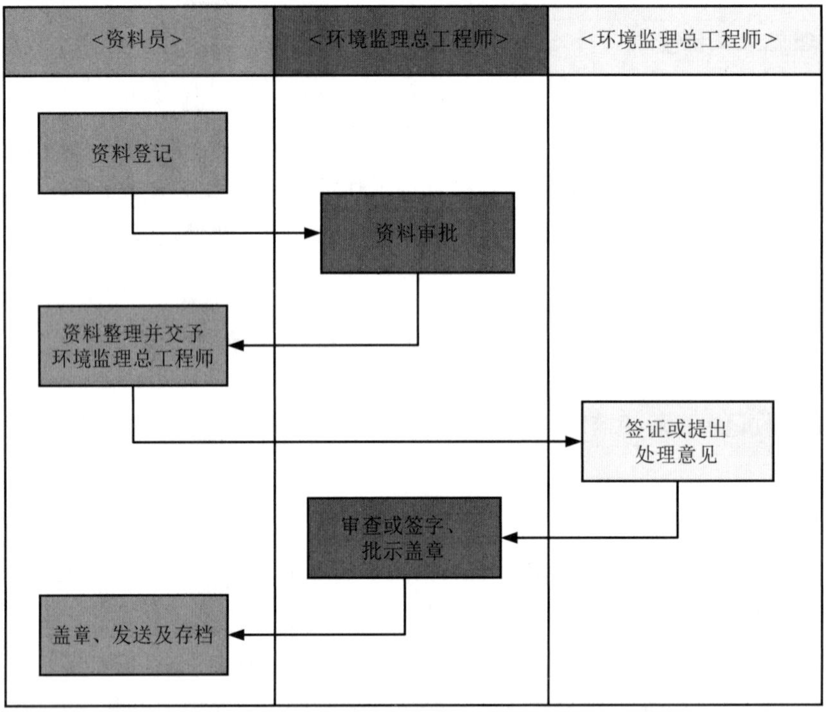

图 8-47　环境监理内部传输流程

②环境监理总工程师可通过会议、内部文件等形式将有关工程各方的信息传递给各监理人员，监理人员应参照执行并将情况向环境监理总工程师反馈，环境监理总工程师应经常检查和过问。

③现场监理人员每日应将工程现场环境保护工作情况逐级汇报至环境监理总工程师，并按规定的格式形成书面统计材料。

2. 外部传递

环境监理总工程师应在约定的时间将环境监理月报报送业主。

8.2.5.6　信息管理控制措施

工程项目的信息管理可采用较为先进的计算机辅助管理，以确保信息管理工作有条不紊地开展。

1. 适用计算机信息管理的设备

配备计算机及网络设备，专线与业主、承包商进行信息交换。参与本工程建设的环境监理总工程师需要具有计算机操作能力，能熟练运用计算机完成自己的本职工作，及时向环境监理部提供相关资料。

2. 建立信息系统数据库

根据信息系统管理内容的不同建立信息系统管理的数据库，完成对数据库信息的统一录入，利用管理程序对数据库进行统一管理、统一维护、统一使用，以保证数据信息的安全性、准确性、保密性。

8.2.5.7　信息管理的标准

按公司 1.1 GB/T 19001—2016 idt ISO 9001：2015 质量体系文件规定进行信息管理，包括通知、施工联系单、各种监理记录（包括监理月报/周报、专题报告）、会议纪要等。

8.2.6　售后服务期工作延伸

8.2.6.1　生产运行前期防渗措施运行状况巡查

由于大型炼化一体化项目的建设内容非常庞杂，一次性整体投资金额较大，在竣工后的查遗补漏（三查四定）是生产运行前期极为重要的一项工作。环境监理作为项目建设施工期环境管理直接参与者，有必要参与到生产运行前的准备工作当中，特别是在防渗工程隐患排查上可以起到关键性作用。

一般环境监理的巡查应结合业主指定的计划安排，按照装置和重点项目进行逐个检查，并做好巡检记录，对发现的问题要督促整改并且确认问题的闭合。

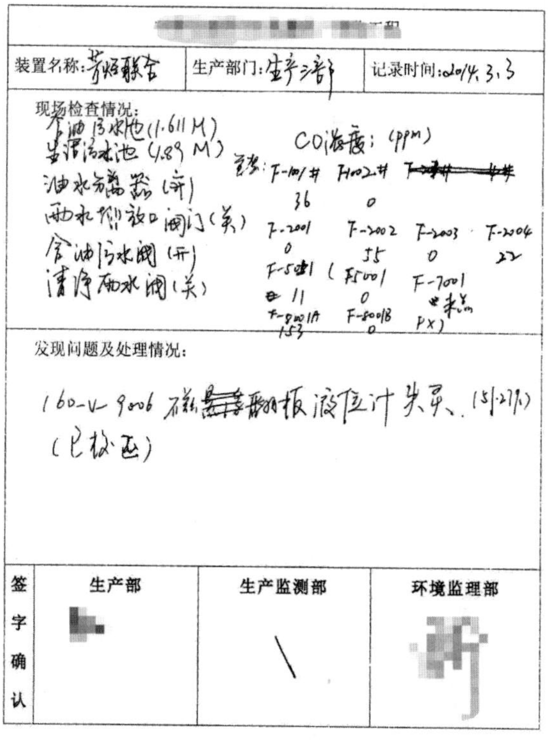

装置名称：

生产部门：

记录时间：2014.3.3

现场检查情况：

CO浓度：(ppm)

F-2001 F-2002 F-2003 F-2004

F-7001

发现问题及处理情况：

160-V-9006

签字确认	生产部	生产监测部	环境监理部

图 8-48　试运行期环境监理现场巡查表

8.2.6.2 防渗隐患的治理与优化改进

随着各套装置逐步投入生产运行，个别防渗薄弱的环节会出现一些设计和施工阶段没有预见的问题，环境监理应积极参与其中，在协助业主解决问题的同时，利用自身的技术咨询能力给业主出谋划策，提供更加实用的优化解决方案。

8.2.7 附件环境监理表单

表 8-2 施工期环境巡查记录

接收：无　　发起：（环境监理单位）
抄送：无　　日期：　　年　月　日
标题：　　编号：（项目号+HJ+流水号）

施工单位名称及分部工程名称			
天气		气温	
开始时间		终止时间	
环保项目	巡视部位、工序	环境影响情况描述	
发现问题及处理情况简述			
其他			
环境监理工程师：			

注：本表由环境监理单位填报，一式两份，存档一份。

表 8-3 施工期环境旁站检查记录

接收：无　　发起：（环境监理单位）
抄送：无　　日期：　　年　月　日
标题：　　编号：（项目号+HJ+流水号）

施工单位名称及分部工程名称			
天气		气温	
开始时间		终止时间	
现场检查总体情况			
隐蔽工程、防渗防腐工程情况			
环保措施执行情况			
环境安全及风险防范措施落实情况			
污染治理工程进展情况			
发现问题及处理情况简述			
其他			
环境监理工程师：			

注：本表由环境监理单位填报，一式两份，存档一份。

表 8-4　环境保护工程验收记录

接收：（环境监理单位）　　　　　　　　　　　发起：（施工单位）
抄送：（建设单位）　　　　　　　　　　　　　日期：　　　年　　月　　日
标题：　　　　　　　　　　　　　　　　　　　编号：（项目号+HJ+流水号）

施工单位		合同号	
开工日期		完工日期	
工程概况			
工程环保 验收评语	验收组组长：　　　　　　年　　月　　日		
建设单位		代表签字	
环境监理单位		代表签字	
总承包单位		代表签字	
工程监理单位		代表签字	

注：本表由施工单位填报，一式三份，环境监理单位、建设单位各一份，存档一份。

表 8-5　环境问题处理意见单

接收：（环境监理单位）　　　　　　　　　　　发起：（施工单位）
抄送：（建设单位）　　　　　　　　　　　　　日期：　　　年　　月　　日
标题：　　　　　　　　　　　　　　　　　　　编号：（项目号+HJ+流水号）

施工单位工程名称及编码			
分布工程名称及编码			
环境质量 问题部位			
环境质量 情况说明			
拟采取的 弥补措施			
有关措施的 附件			
施工单位 申报记录	施工单位（章） 项目经理（负责人）： 年　月　日	环境监理项目部 审批意见	□按报送措施计划执行 □其他意见 环境监理单位（章） 环境监理总工程师： 年　　月　　日

注：本表由施工单位填报，一式四份，环境监理单位、施工单位各一份，抄送建设单位一份，存档一份。

表 8-6 环境问题通知回复单

接收：（环境监理单位） 发起：（施工单位）
抄送：（建设单位） 日期： 年 月 日
标题： 编号：（项目号+HJ+流水号）

致：________________________________（环境监理项目部） 我方接到编号为______号环境问题通知单后，已按要求完成了工程的环境保护工作。 现上报，请予以复查。 详细内容： 施工单位（章） 项目经理（负责人）： 年 月 日
环境监理项目部复查意见： 环境监理项目部（章） 环境监理总工程师： 年 月 日

注：本表由施工单位填报，一式四份，环境监理单位、施工单位各一份，抄送建设单位一份，存档一份。

表 8-7 环境问题停工指令单

接收：（建设单位、施工单位） 发起：（环境监理单位）
抄送：无 日期： 年 月 日
标题： 编号：（项目号+HJ+流水号）

致：__________________________项目部（施工单位） 由于本指令单所述原因，通知贵部于_____年___月___日____时对工程项目暂停施工。 环境监理项目部（章） 环境监理总工程师： 年 月 日
工程暂停原因：
引用合同条款或法规依据：
建设单位意见 建设单位（章） 建设单位代表： 年 月 日
施工单位签署 施工单位（章） 项目经理（负责人）： 年 月 日

注：本表由环境监理单位填报，一式四份，环境监理单位、施工单位、建设单位各一份，存档一份。

表 8-8 环境问题复工报审表

接收：（环境监理单位） 发起：（施工单位）
抄送：（建设单位） 日期： 年 月 日
标题： 编号：（项目号+HJ+流水号）

致：________________________________（环境监理项目部） 编号为______《环境问题停工指令单》所停工的___________部位，现已满足复工条件，我方申请于 _____年___月___日复工，请予以审批。 附：证明文件资料 施工单位（章） 项目经理（负责人）： 年 月 日
审核意见： 环境监理项目部（章） 环境监理总工程师： 年 月 日
审批意见： 建设单位（章） 建设单位代表： 年 月 日

注：本表由施工单位填报，本表一式四份，环境监理单位、建设单位、施工单位各一份，存档一份。

表 8-9　环境问题复工指令单

接收：（建设单位、施工单位）　　　　　　　　　发起：（环境监理单位）
抄送：无　　　　　　　　　　　　　　　　　　　日期：　　　年　　月　　日
标题：　　　　　　　　　　　　　　　　　　　　编号：（项目号+HJ+流水号）

致：________________项目部（施工单位） 鉴于________环境监理项目部停工指令（编号：______）中所述环境问题已经消除，请贵部于____年___月___日___时对工程项目恢复施工。 环境监理项目部（章）　环境监理总工程师：　　年　　月　　日
建设单位意见 建设单位（章）　　建设单位代表：　　年　　月　　日
施工单位签署 施工单位（章）　　项目经理（负责人）：　　年　　月　　日

注：本表由环境监理单位填报，一式四份，环境监理单位、施工单位、建设单位各一份，存档一份。

表 8-10　环境保护问题返工指令单

接收：（建设单位、施工单位）　　　　　　　　　发起：（环境监理单位）
抄送：无　　　　　　　　　　　　　　　　　　　日期：　　　年　　月　　日
标题：　　　　　　　　　　　　　　　　　　　　编号：（项目号+HJ+流水号）

致：________________项目部（施工单位） 由于本指令单所述原因，通知贵部对________________________，按上述要求予以返工，并确保本返工工程项目达到环境保护条款合格标准。 环境监理项目部（章）　环境监理总工程师：　　年　　月　　日
返工原因：
返工要求：
建设单位意见 建设单位（章）　　建设单位代表：　　年　　月　　日
施工单位签署 施工单位（章）　　项目经理（负责人）：　　年　　月　　日

注：本表由环境监理单位填报，一式四份，环境监理单位、施工单位、建设单位各一份，存档一份。

表 8-11　环境问题监理工程师通知单

接收：（施工单位）　　　　　　　　　　　　　　发起：（环境监理单位）
抄送：（建设单位）　　　　　　　　　　　　　　日期：　　　年　　月　　日
标题：　　　　　　　　　　　　　　　　　　　　编号：（项目号+HJ+流水号）

致：____________项目部（施工单位） 经检查发现你单位在______________工程施工过程中，由于本通知单所述原因造成环境问题，属违反环境保护条款作业，环境监理人员已当场提出口头警告。现在指令你单位在________时间前完成整改。整改完成后书面通知我部检查，如在规定时间内未完成整改，将依据______________之规定对你单位罚款，直至停工处理。 环境监理项目部（章）　环境监理总工程师：　　年　　月　　日
违规原因：
施工单位签署： 签收人：　　年　　月　　日

注：本表由环境监理单位填写，一式四份，环境监理单位、施工单位各一份，抄送建设单位一份，存档一份。

表 8-12 环境问题监理工程师通知回复单

接收：（环境监理单位）	发起：（施工单位）
抄送：（建设单位）	日期：　　年　月　日
标题：	编号：（项目号+HJ+流水号）

致：____________________（环境监理项目部） 　　我方接到编号为______________的环境问题监理工程师通知后，已按要求完成了____________________工作，现上报，请予以复查。 　　详细内容： 　　附：回复材料 施工单位（章）　　项目经理（负责人）：　　年　月　日
环境监理项目部复查意见： 环境监理项目部（章）　　环境监理总工程师：　　年　月　日

注：本表由施工单位填报，本表一式四份，环境监理单位、施工单位各一份，抄送建设单位一份，存档一份。

表 8-13 环境监理业务单

接收：（施工单位）	发起：（环境监理单位）
抄送：（建设单位）	日期：　　年　月　日
标题：	编号：（项目号+HJ+流水号）

致：______________项目部（施工单位） 　　事由： 　　内容： 环境监理项目部（章）　　环境监理总工程师：　　年　月　日
施工单位签署： 　　签收人：　　年　月　日

注：本表由环境监理单位填写，一式四份，环境监理单位、施工单位各一份，抄送建设单位一份，存档一份。

表 8-14 环境保护工程项目施工组织设计或（专项）施工方案报审

接收：（环境监理单位）	发起：（施工单位）
抄送：（建设单位）	日期：　　年　月　日
标题：	编号：（项目号+HJ+流水号）

致：____________________（环境监理项目部） 　　我方已完成__________工程施工组织设计或（专项）施工方案的编制，并按规定已完成相关审批手续，请予以审查。 　　附：□施工组织设计 　　　　□专项施工方案 　　　　□施工方案 施工单位（章）　　项目经理（负责人）：　　年　月　日
审核意见：环境监理项目部（章）　　环境监理总工程师：　　年　月　日

注：本表由施工单位填报，本表一式四份，环境监理单位、施工单位各一份，抄送建设单位一份，存档一份。

表 8-15　报验/报告申请

接收：（环境监理单位）　　　　发起：（施工单位）
抄送：（建设单位）　　　　　　日期：　　年　　月　　日
标题：　　　　　　　　　　　　编号：（项目号+HJ+流水号）

致：______________________（环境监理项目部） 　我方已经完成了______________工作，现报上工程报验申请，请予以审查和验收。 　附件： 施工单位（章）　　　项目经理（负责人）：　　　　年　　月　　日
环境监理项目部审核意见 环境监理项目部（章）　　　环境监理总工程师：　　　　年　　月　　日

注：1. 用于取（弃）土场整治恢复报告单、临时用地整治恢复报告单、拌和站排放达标检验报告单、围堰拆除申请单等。2. 本表由施工单位填报，一式四份，环境监理单位、施工单位各一份，抄送建设单位一份，存档一份。

表 8-16　污水处理工程检验报告单

接收：（环境监理单位）　　　　发起：（施工单位）
抄送：（建设单位）　　　　　　日期：　　年　　月　　日
标题：　　　　　　　　　　　　编号：（项目号+HJ+流水号）

<table>
<tr><td colspan="9">致：______________________（环境监理项目部）
　我方已经完成了污水处理工程工作，经自检各项指标合格，请予以检查。
施工单位（章）　　　项目经理（负责人）：　　　　年　　月　　日</td></tr>
<tr><td colspan="9">自检记录</td></tr>
<tr><td colspan="5">土建</td><td colspan="4">设备安装</td></tr>
<tr><td colspan="2">几何尺寸</td><td colspan="2">质量</td><td>漏水情况</td><td colspan="2">单项运行</td><td colspan="2">联合运行</td></tr>
<tr><td colspan="2"></td><td colspan="2"></td><td></td><td colspan="2"></td><td colspan="2"></td></tr>
<tr><td colspan="5">电器</td><td colspan="4">技术档案</td></tr>
<tr><td colspan="2">容量</td><td colspan="2">质量</td><td>安装</td><td colspan="4" rowspan="2"></td></tr>
<tr><td colspan="2"></td><td colspan="2"></td><td></td></tr>
<tr><td colspan="9">污水处理效果</td></tr>
<tr><td rowspan="2">流量/（m³/d）</td><td colspan="2">pH</td><td colspan="2">COD/（mg/L）</td><td colspan="2">SS/（mg/L）</td><td colspan="2">石油类/（mg/L）</td></tr>
<tr><td>出水</td><td>进水</td><td>出水</td><td>进水</td><td>出水</td><td>进水</td><td>出水</td><td>进水</td></tr>
<tr><td></td><td></td><td></td><td></td><td></td><td></td><td></td><td></td><td></td></tr>
<tr><td colspan="9">环境监理项目部审核意见
环境监理项目部（章）　　　环境监理总工程师：　　　　年　　月　　日</td></tr>
</table>

注：本表由施工单位填报，一式四份，环境监理单位、施工单位各一份，抄送建设单位一份，存档一份。

表 8-17 环境保护工程材料/构配件/设备报审

接收：（环境监理单位）	发起：（施工单位）
抄送：（建设单位）	日期： 年 月 日
标题：	编号：（项目号+HJ+流水号）

致：______________________________（环境监理项目部） 我方于______年____月___日进场的工程材料/构配件/设备数量如表（见附件），现将质量证明文件及自检结果报上，拟用于下述部位： 请予以审核。 附件： 1．数量清单； 2．质量证明文件； 3．自检结果。 施工单位（章） 项目经理（负责人）： 年 月 日
环境监理项目部审核意见 环境监理项目部（章） 环境监理总工程师： 年 月 日

注：本表由施工单位填报，一式四份，环境监理单位、施工单位各一份，抄送建设单位一份，存档一份。

表 8-18 环保工程竣工报验单

接收：（环境监理单位）	发起：（施工单位）
抄送：（建设单位）	日期： 年 月 日
标题：	编号：（项目号+HJ+流水号）

致：____________________（环境监理项目部） 我方已按合同要求完成了______________________________工作，经自检合格，请予以检查和验收。 附件： 施工单位（章） 项目经理（负责人）： 年 月 日
环境监理项目部检查意见 经初步验收，该工程 1．符合/不符合我国现行法律、法规要求； 2．符合/不符合我国现行工程建设标准； 3．符合/不符合设计文件要求； 4．符合/不符合施工合同要求。 综上所示，该工程初步验收合格/不合格。可以/不可以组织正式验收。 环境监理项目部（章） 环境监理总工程师： 年 月 日

注：本表由施工单位填报，一式四份，环境监理单位、施工单位各一份，抄送建设单位一份，存档一份。

表 8-19　重大环境问题报告单

接收：（环境监理单位）　　　　　　　　　　发起：（施工单位）

抄送：（建设单位）　　　　　　　　　　　　日期：　　年　月　日

标题：　　　　　　　　　　　　　　　　　　编号：（项目号+HJ+流水号）

致：＿＿＿＿＿＿＿＿＿＿＿＿＿＿＿＿（环境监理项目部） ＿＿＿年＿＿月＿＿日，在＿＿＿＿＿＿＿＿发生＿＿＿＿＿重大环境问题，现将现场发生情况结果报告如下，待调查结果出来后，再另做详情报告。 施工单位（章）　　项目经理（负责人）：　　年　月　日
简要经过：
环境影响情况：
应急措施：
初步处理意见： 环境监理项目部（章）　　环境监理总工程师：　　年　月　日

注：本表由施工单位填报，一式四份，环境监理单位、施工单位各一份，抄送建设单位一份，存档一份。

表 8-20　环境保护工程设计变更申请单

接收：（建设单位、环境监理单位）　　　　　发起：

抄送：　　　　　　　　　　　　　　　　　　日期：　　年　月　日

标题：　　　　　　　　　　　　　　　　　　编号：（项目号+HJ+流水号）

工程名称	
分部工程名称	
设计单位	
申请变更内容及理由 申请单位（章）　　项目经理（负责人）：　　年　月　日	
审核意见 建议修改方式：□自行修改　□通知设计单位修改　□另行委托 环境监理项目部（章）　　环境监理总工程师：　　年　月　日	
建设单位意见 建设单位（章）　　建设单位代表：　　年　月　日	
设计修改情况记录	

注：本表由申请单位填报，一式四份，建设单位、环境监理单位、申请单位各一份，存档一份。

8.3　重金属污染场地土壤治理与修复项目

污染场地土壤治理与修复类项目环境监理工作的主要内容包括施工前的准备工作、施工期的环境监理工作、施工结束后的总结报告编制。

1. 施工前的准备工作

工程开工前的准备主要为资料收集、整理，主要包括：

①治理与修复场地的背景资料收集与整理。

②区域环境概况资料的收集与整理。

③收集修复目标值及修复路线。

④与治理与修复相关的法律法规文件等的收集与整理。

2. 施工期的环境监理工作

①修复施工前的准备。

②施工期过程的环境监理。

③施工期二次污染防治措施的落实情况。

3. 施工结束后的总结报告编制

施工结束后，环境监理单位应当根据施工期的环境监理工作内容、资料、影像等材料编制施工期环境监理总结报告，协助业主单位、效果评估单位完成省生态环境主管部门和省自然资源主管部门对项目效果评估报告的审核等工作。

该案例对各阶段环境监理工程师的主要工作内容进行介绍，并结合了项目案例总结报告中的主要内容。该案例为成都市某老厂区重金属（六价铬）污染项目治理与修复项目。

8.3.1 治理与修复场地的背景

在场地修复的背景信息中，监理单位需要详细地介绍厂址的历史信息、生产的产品和产品历史变迁信息、厂区平面布置信息、各装置区可能产生的主要污染物以及修复与治理后规划用地情况；介绍风险评估单位开展污染调查与风险评估的过程及主要结论；简要介绍施工单位、环境监测单位、监理单位的项目由来。

该项目的污染场地位于成都市二环与三环之间，该场地的厂区于 50 余年前建成，主要从事镀件、镀锡、镀铬、磷化等业务。2016 年 11 月 30 日，该厂区正式启动搬迁工作，截至 2019 年年底，该厂已完成停产、搬迁工作。目前，厂区内的各类设备设施均已拆除并运出，电镀车间厂房、办公大楼、污水处理站等构（建）筑物已经拆除完毕，仅保留维修车间、前处理车间和磷化车间厂房，用作商业改造。

根据《国务院关于印发土壤污染防治行动计划的通知》（国发〔2016〕31 号），《国务院办公厅关于推进城区老工业区搬迁改造的指导意见》（国办发〔2014〕9 号），国家环境保护总局印发的《关于切实做好企业搬迁过程中环境污染防治工作的通知》（环办〔2004〕47 号），环境保护部印发的《关于加强土壤污染防治工作的意见》（环发〔2008〕48 号），环境保护部、工业和信息化部、国土资源部、住房和城乡建设部四部委联合印发的《关于保障工业企业场地再开发利用环境安全的通知》（环发〔2012〕140 号），环境保护部印发的《污染地块土壤环境管理办法》（环境保护部令　第 42 号）等文件的要求，停产或搬迁企业在对原有场地进行再开发利用时须进行场地评价。

按照相关规定，业主单位委托相关风险评估单位（以下简称风评单位）开展厂址地块调查与评估工作，风评单位编制了《××原厂址地块土壤污染状况详细调查和风险评估报告》《××原厂址地块土壤污染治理与修复项目实施方案》。报告结论为：本地块土壤污染物主要为六价铬，修复目标值为 5.7 mg/kg，场地修复土壤量为 31 448.4 m^3。

业主单位根据风评单位编制的《××原厂址地块土壤污染状况详细调查和风险评估报告》《××原厂址地块土壤污染治理与修复项目实施方案》开展污染土壤修复，业主单位通过招标委托了施工单位开展污染土壤的修复与治理工作，并委托了专业单位开展施工期环境监理工作。监理单位进场后，环境监理工程师在对《××原厂址地块土壤污染状况详细调查和风险评估报告》《××原厂址地块土壤污染治理与修复项目实施方案》核对后，建议业主单位委托第三方检测单位开展施工期环境监测工作。

8.3.2　环境概况

原址修复污染土壤项目对场地地下水影响较大，因此在开展治理与修复工作前需要明确场地所在区域的环境概况，重点需要了解地形地貌、气候特征、地表水系、地质概况和土壤层概况等信息。

原址异位修复涉及的转运距离一般较短且在相对封闭的原址内进行，主要二次污染为少量的遗撒污染物，一般要求施工单位做好清扫工作，并将清扫的遗撒物转运在待处理的污染物处即可，汽车运输时将产生扬尘污染物、药剂管理不当可能造成的地下水污染，环境监理工程师应当及时督促施工单位做好洒水降尘。成都的施工单位根据当地生态环境主管部门的要求一般应在施工场界设置喷淋设施，土壤污染清挖区域设置雾炮机等降尘设备，运输道路设置专人清扫。药剂储存、添加场地应当做好相应的防渗漏、防遗撒等措施。

异地异位修复在污染土壤修复中使用得较少，主要是存在于污染土壤修复过程中发现的少量危险废物或者小方量的污染土壤中，可采用异地协同处理的方法处置。环境监理工程师应当根据《固体废物污染环境防治法》等法规的要求，建议业主单位或施工单位及时委托具备相应资质的单位对危险废物进行处置。环境监理工程师需要旁站固体废物的清理、装运、转运等过程，并监督处置过程的合规性、合法性。

项目开工前，环境监理工程师应当收集《项目土壤污染状况详细调查和风险评估报告》《项目实施方案》等信息，协助施工单位核对相关信息的真实性和完整性，是否可以满足开展项目修复与治理的需求，如果不能够满足要求，应继续收集项目信息或补充调查。

该项目开工前，环境监理工程师协助施工单位开展了项目污染状况和地层信息调查，并完善了相关地层文信息，补充了场地污染状况调查。

8.3.3　环境监理工作的依据

环境监理工作的依据是监理单位从事监理工作的规范性文件，主要包括与开展污染土壤施工修复相关的法律法规、国家政策文件；与生态环境保护相关的导则、规划、标准；风险评估单位编制的详细调查和风险评估报告、实施方案；施工单位编制的施工组织设计（或施工方案）；检测单位编制的监测方案；施工单位的施工合同；环境监测单位监测合同以及环境监理单位的监测合同。

8.3.3.1 相关法规

①《中华人民共和国环境保护法》。

②《中华人民共和国土壤污染防治法》。

③《中华人民共和国固体废物污染环境防治法》。

④《中华人民共和国水污染防治法》。

⑤《中华人民共和国环境噪声污染防治法》。

⑥《中华人民共和国安全生产法》。

⑦《中华人民共和国大气污染防治法》。

⑧《中华人民共和国土地管理法》。

⑨《中华人民共和国水土保持法》。

⑩《中华人民共和国水法》。

⑪《中华人民共和国城乡规划法》。

⑫《建设项目环境保护管理条例》。

⑬《国务院关于印发〈土壤污染防治行动计划〉的通知》（国发〔2016〕31 号）。

⑭《污染地块土壤环境管理办法》（环境保护部令　第 42 号）。

⑮《工业企业场地环境调查评估与修复工作指南（试行）》（环境保护部公告　2014 年第 78 号）。

⑯《工矿用地土壤环境管理办法（试行）》（生态环境部令　第 3 号）。

⑰《保障工业企业场地再开发利用环境安全的通知》（环发〔2012〕140 号）。

⑱《地下水污染防治实施方案》（环土壤〔2019〕25 号）。

⑲《关于印发土壤污染防治行动计划四川省工作方案的通知》（川府发〔2016〕63 号）。

⑳《关于印发〈四川省工矿用地土壤环境管理办法〉的通知》（川环发〔2018〕88 号）。

㉑《关于印发〈四川省污染地块土壤环境管理办法〉的通知》（川环发〔2018〕90 号）。

㉒《成都市人民政府关于印发成都市土壤污染防治工作方案的通知》（成府函〔2017〕54 号）。

8.3.3.2 导则、标准及规范

①《建设用地土壤污染风险管控和修复监测技术导则》（HJ 25.2—2019）。

②《建设用地土壤修复技术导则》（HJ 25.4—2019）。

③《污染地块风险管控与土壤修复效果评估技术导则（试行）》（HJ 25.5—2018）。

④《污染地块地下水修复和风险管控技术导则》（HJ 25.6—2019）。

⑤《土壤环境质量　建设用地土壤污染风险管控标准（试行）》（GB 36600—2018）。

⑥《污水综合排放标准》（GB 8978—1996）。

⑦《城镇污水处理厂污水排放标准》（GB 18918—2002）。

⑧《土壤环境监测技术规范》（HJ/T 166—2004）。

⑨《建筑施工场界环境噪声排放标准》（GB 12523—2011）。

⑩《环境空气质量标准》（GB 3095—2012）。

⑪《建设用地土壤污染风险管控和修复术语》（HJ 682—2019）。

⑫《工程测量规范》（GB 50026—2007）。

⑬《镍铬盐污染场地处理方法》（HJ/T 5542—2019）。

⑭《铬渣干法解毒处理处置工程技术规范》（HJ 2017—2012）。

⑮《重金属污染土壤填埋场建设与运行技术规范》（DB 11/T 810—2011）。

⑯《地下水环境监测技术规范》（HJ 164—2020）。

⑰《污染场地修复技术目录（第一批）》（环境保护部公告〔2014〕第75号）。

⑱《固体废物　浸出毒性浸出方法　硫酸硝酸法》（HJ/T 299—2007）。

⑲《固体废物　浸出毒性浸出方法　水平振荡法》（HJ 557—2010）。

⑳《地下水质量标准》（GB/T 14848—2017）。

㉑《土壤和沉积物　六价铬的测定　碱溶液提取—火焰原子吸收分光光度法》（HJ 1082—2019）。

8.3.3.3　其他文件

①《××原厂址地块土壤污染状况详细调查和风险评估报告》（四川××科技有限公司）。

②《××原厂址地块土壤污染治理与修复项目实施方案》（四川××科技有限公司）。

③《××原厂址地块土壤污染治理与修复项目施工组织设计》（成都××工程有限公司）。

④施工单位的施工合同。

⑤环境检测单位的监测合同。

⑥环境监理合同等。

上述文件为本项目的环境监理依据，在本项目结束后，生态环境部相继发布了其他相关的文件，在今后的环境监理工作中可作为环境监理的工作依据。

①《地下水管理条例》（国务院令　第748号）。

②《建设用地土壤污染风险管控和修复名录及修复施工相关信息公开工作指南》（生态环境部公告　2021年第71号）。

③《关于进一步加强重金属污染防控的意见》（环固体〔2022〕17号）。

④《关于印发“十四五”土壤、地下水和农村生态环境保护规划的通知》（环土壤〔2021〕

120 号）。

⑤《关于加强危险废物鉴别工作的通知》（环办固体函〔2021〕419 号）。

其他土壤治理与修复可能用到的一些法规、规范及标准，涉及治理与修复所在地的地方规范、标准等文件，需要环境监理单位收集。

①《固体废物鉴别标准　通则》（GB 34330—2017）。

②《危险废物鉴别标准　通则》（GB 5085.7—2019）。

③《危险废物鉴别技术规范》（HJ 298—2019）。

④《一般工业固体废物贮存和填埋污染控制标准》（GB 18599—2020）。

⑤《生活垃圾卫生填埋场防渗系统工程设计规范》（CJJ 113—2007）。

⑥《垃圾填埋场用高密度聚乙烯土工膜》（CJ/T 234—2006）。

⑦《水泥窑协同处置固体废物技术规范》（GB 30760—2014）。

⑧《危险废物收集　贮存　运输技术规范》（HJ 2025—2012）。

⑨《国家危险废物名录（2021 年版）》（生态环境部令　第 15 号）。

⑩《危险废物填埋污染控制标准》（GB 18598—2019）。

8.3.4　修复目标值及路线

8.3.4.1　修复目标值

修复目标值一般由风险评估报告根据地块规划的建设用地类型、风险计算等因素确定，一般都通过省级生态环境主管部门和自然资源主管部门的评审，是施工单位制定施工修复目标值的基础，并指导施工单位按修复目标值开展修复工作。修复目标值也是环境监理工程师在确认施工单位在施工过程中是否修复合格的判定标准值。

该项目修复工程内容分为六价铬污染土壤的原址异位修复和原位修复两种方式。

1. 原址异位修复土壤清挖目标值

根据相关规划、本场地规划土地利用性质（Ⅱ类用地），以及结合国家相关规范要求，本地块拟采取异位修复技术的浅层污染土壤的清挖修复目标值采用《土壤环境质量　建设用地土壤污染风险管控标准（试行）》（GB 36600—2018）中Ⅱ类用地的筛选值（表 8-21）。

表 8-21　清挖目标值　　单位：mg/kg

序号	关注污染物	风险控制值	筛选值（Ⅱ类）	管制值（Ⅱ类）	清挖目标值
1	六价铬	5.7	5.7	78	5.7

2. 污染土壤修复目标值

修复后的土壤中六价铬含量应达到 GB 36600—2018 第二类建设用地要求（表 8-21）。

根据技术筛选，针对六价铬污染土壤，建议采用还原/稳定化修复技术修复，根据污染土壤修复后的最终去向，选择采用 HJ 1082—2019 检验还原/稳定化后土壤中六价铬的浓度。

由于该项目异位修复后土壤处置方式为原位回填，为保证修复效果，考虑修复后的土壤回填后对区域地下水可能造成的二次污染，故回填前还应检测浸出浓度，前处理分别按照《固体废物　浸出毒性浸出方法　硫酸硝酸法》（HJ/T 299—2007）和《固体废物　浸出毒性浸出方法　水平振荡法》（HJ 557—2010）进行浸出液检测，浸出浓度需达到《地下水质量标准》（GB/T 14848—2017）中Ⅳ类标准，即六价铬浓度不超过 0.1 mg/L。

8.3.4.2　修复路线

修复路线是施工单位开展修复施工的工艺过程，对修复效果有明显的影响。环境监理工程师在审核施工单位的施工组织设计（或施工方案）的过程中，应详细审查施工组织设计（或施工方案）是否满足施工合同、经过评审的“详细调查和风险评估报告、实施方案”中确定的修复路线。修复路线的确定是明确修复施工过程中可能产生的二次污染物及二次污染物防治的基础。

该项目采用了还原/稳定化技术对六价铬污染土壤进行修复。

根据厂址地块污染特性、地块开发利用计划，分别采用原地异位和原地原位相结合的修复模式，治理过程结合适当的工程措施。原地异位和原地原位相结合的修复模式能够较快、有效地解决厂址地块土壤污染问题。

结合该项目污染情况和地块特点分析，最终确定修复技术路线如下：

（1）0～3 m 污染修复范围分区清挖，清挖后的污染土壤采用原地异位化学还原稳定化技术进行修复；

（2）0～3 m 的污染土壤清挖完成后，3 m 以下污染土壤采用原位高压注射还原技术进行修复；

（3）基坑清挖及异位修复后土壤经修复效果评估单位验收合格，且原位修复后土壤经修复效果评估单位验收合格后，将修复合格的土壤回填至原基坑。

该项目的主要修复技术见表 8-22，修复技术路线见图 8-49，修复工艺流程如图 8-50 所示。

表 8-22　修复技术

修复深度/m	修复技术	修复后土壤处置
≤3	原地异位化学还原稳定化	原位回填
＞3	原位高压注射还原	原位

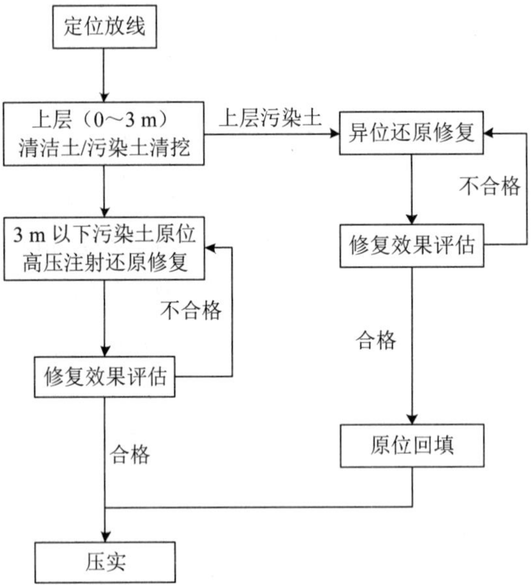

图 8-49 修复技术路线

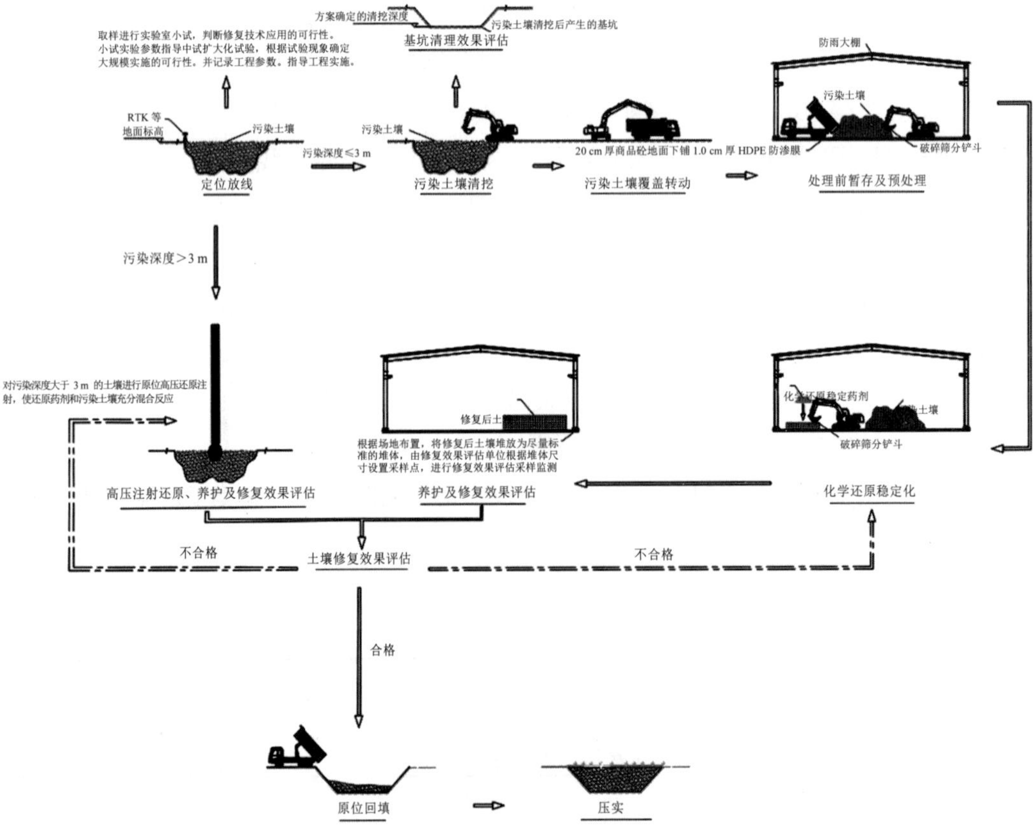

图 8-50 工艺流程

8.3.5　土壤修复准备工作

土壤治理与修复准备工作主要包括修复试剂配比的确定、修复施工场地准备、修复施工机械的准备。

8.3.5.1　修复试剂配比的确定

开展污染土壤修复工作前，施工单位需要根据修复路线中确定的修复方法，明确施工过程中需要用到的化学试剂、修复试剂配比，并对试剂配比开展污染土壤的室内小试试验、场地中试试验。

由于土壤的复杂性、不确定性等原因，为了保证污染土壤的修复效果，开展污染土壤修复工作前需要进行室内小试试验，并根据小试效果进行场地中试试验，根据中试效果开展场地修复工作。

（1）室内小试试验：开展小试工程前，施工单位需要向环境监理工程师提交试剂初步配比浓度，编制满足污染土壤中铬浓度范围报审表，经环境监理工程师批准后进行室内小试试验。环境监理工程师对施工单位的取样、试剂添加、搅拌、养护等进行旁站监理，见证施工单位取样，送检测单位检测。施工单位根据室内小试检测报告编制小试试验效果报告，并在报告中提出场地中试试剂配比浓度报环境监理工程师审核。

（2）场地中试试验：施工单位根据小试检测报告结果，选取较优的几个试剂配比浓度，编制中试试验计划，报环境监理工程师审批。施工单位根据环境监理工程师对中试试剂配方的批复开展场地中试工作，环境监理工程师对场地中试过程进行旁站监理。施工单位根据中试检测报告编制中试试验效果报告，并在报告中提出场地修复试剂配比报环境监理工程师审核。

本项目室内小试和场地中试内容如下。

（1）室内小试步骤

①取混合后的污染土壤约 200 g，备用。

②投加药剂配制，称取一定量的多硫化钙，加入 40 mL 水中稀释成多硫化钙溶液，备用。

③将多硫化钙溶液加入 200 g 污染土壤中。

④搅拌均匀后，静置，根据确定的时间在自然条件下养护。

⑤养护结束后，取样品送检测单位检测。

（2）场地中试步骤

①取污染土壤 200 kg，备用。

②称取多硫化钙，加入 40 L 水中稀释成多硫化钙溶液（根据环境监理工程师批准的药剂添加量质量百分比称取多硫化钙药剂），备用。

③将多硫化钙溶液加入 200 kg 污染土壤中。

④使用土壤破碎筛分铲斗搅拌均匀后，人工摊铺静置，在自然条件下养护 4 d。

⑤养护结束后，取土壤样品送检。

8.3.5.2 修复施工场地准备

场地整理前需要确定场地平面布置，分配好污染土壤暂存区、修复土壤养护区、修复土壤待检区、修复后的土壤堆存区、化学试剂配制及存储区、机械设备存放区。

土壤修复的二次污染主要包括可能产生的修复场地区域的土壤和地下水的污染等，并制订相应的监测计划，在场地平整前完成修复场地的二次污染防治的采样及检测工作。监测的主要因子为试剂可能带来的污染、污染土壤的主要因子等。

在项目场地东侧，施工单位建设处置场地占地面积为 1 709 m^2，为防止污染土壤在暂存和修复过程中土壤中的污染物迁移进入处置场地下方土壤造成二次污染，须在处置场地底部采取防渗措施。该项目所选择的处置场地为公司柴油机试验车间，车间原有水泥地坪尚未拆除保留较完整，且厚度较厚，可满足该项目的防渗需要，因此该项目对处置场地内原有地坪进行了修补、对处置场地内原先未硬化部分新建了混凝土地坪（施工方式：找平、压实、浇筑 20 cm 厚 C25 混凝土）。

在处置场地四周修建规格为 0.3 m×0.3 m 的雨水沟（砖混结构，表面水泥砂浆抹面），用于导流处置场地雨水（导流至收集池）。

处置场地北侧新建两个收集池（4.3 m×4 m×1.2 m，混凝土结构），用于收集处置场地雨水和污染土壤开挖区基坑降水（每次产水则泵至收集池）。

收集池兼作修复药剂配制池，即可利用收集到的雨水作为修复施工用水，也可利用药剂对基坑水中可能存在的六价铬进行处理。

该项目处置场地采用地面混凝土硬化+顶部防雨棚，配套雨水沟+收集池的措施，以降低修复和土壤暂存过程中的二次污染风险。

8.3.5.3 修复施工机械的准备

该项目所使用的施工机具主要有挖掘机、铲车、自卸汽车、Allu 斗（DS3-12）筛分机（以下简称 Allu 斗）、钻井机、高压旋喷注射机、泵、RTK-GPS 仪、雾炮机、场界喷淋设施等。

8.3.6 原址异位修复

原址异位修复工程主要包括污染土壤定位放线、污染土壤清挖、污染土壤转运至修复处置场地暂存、向污染土壤添加化学试剂、搅拌、养护、检测、转运至修复合格暂存区、回填等步骤。

8.3.6.1 定位放线

环境监理工程师应当对放线定位的准确性进行复核，依据风评单位的《污染调查与风险评估报告》、施工单位的《施工组织设计》复核清挖拐点坐标，保证清挖的范围不小于可能存在污染区域，清挖定位放线是清挖合格的基础。

该项目根据施工单位的《施工组织设计》确定的清挖拐点进行定位放线，环境监理工程师根据风评单位的《××原厂址地块土壤污染治理与修复项目实施方案》、施工单位的《施工组织设计》复核清挖拐点坐标。

该项目选择准度较高的 RTK 测绘器，标高引测及水准测量采用水准仪，长测量采用 50 m 及 30 m 的卷尺配合 10 kg 拉力器进行测量。同时用全站仪作为主控仪器，并辅以一台测距仪配合。各仪器进行周期检定，以确保测量仪器的精度。

依据场区平面控制桩与污染区分布图，利用 RTK 手持测绘器首先测放出污染区域叠加后的边界坐标拐点（污染区域最外层边界坐标拐点），用白灰撒出边界线；其次将污染土壤修复区域按清挖深度不同分别测放出坐标拐点，确定不同区域的清挖边线及清挖深度。

8.3.6.2 基坑清挖

环境监理工程师需要对清挖过程、转运过程进行巡视检查，确认施工单位在清挖过程中是否到位，在转运过程中是否存在遗撒、并对遗撒物进行清扫至修复堆存场地。环境监理工程师应检查施工单位对清挖边界采取的快速检测结果，清挖基坑满足修复目标值要求时，同意施工单位停止基坑清挖，并对施工单位基坑清挖结果自检采样过程进行旁站监理，见证修复效果评估单位的采样过程。环境监理工程师根据施工单位的自检合格报告、修复效果评估单位出具的合格证明文件，并及时签署施工单位提交的清挖合格证明文件。

基坑合格判定标准：施工单位按照设计及施工方案确定的清挖深度进行清挖，清挖挖到设计深度后，施工单位在基坑侧表面取样进行现场快速检测，经检测确认污染土壤中污染物含量小于修复目标值后停止清挖；然后由施工单位对基坑四壁采样送实验室检测，检测结果小于等于修复目标值即为达到清挖要求；最后提请修复效果评估单位进行基坑四壁验收监测，监测采样点位数符合《污染地块风险管控与土壤修复效果评估技术导则》（HJ 25.5—2018）的要求，采样应符合《土壤环境监测技术规范》（HJ/T 166—2004）的要求，监测应符合相应监测方法的规范要求，检测结果小于等于修复目标值即为清挖合格，即不再进行清挖。如果存在清挖至定点放线位置仍不合格的（施工单位自检或者修复效果评估单位验收监测），需再进行清挖和检测，直至基坑清挖合格为止。

该项目基坑定位放线工作完成后，采用挖掘机沿等高线自上而下、分层、分段、依次进行。基坑清挖采取边清挖边运输污染土壤至处置场地，以免污染土壤对周边土壤造成影响。

土方清挖及运输过程需注意安全施工，并避免污染土壤散落至非污染区域，并要求做到以下几点。

（1）清挖过程中要经常检查基坑边坡的稳定性，稳定性差的地方需要及时采取支护措施。

（2）严格控制坑边载荷，堆土应距坑边 2 m 以外。

（3）严禁自下而上或采取倒悬的清挖方法，施工中清挖面要做成一定的坡势，以利排水。

（4）加强排水措施，确保基坑清挖面不浸水，在坡顶外设置截水沟，防止地表水冲刷坡面和基坑外排水回流，在坑基内及时设置水泵及时排除地下渗水和地表径流。

（5）挖土时应注意检查基坑底是否有暗沟等存在，确保安全。

（6）当清挖基坑深度超过现场自然地面 2 m 时，必须在周边设置防护栏杆。

（7）土壤清挖采用机械清挖的方法。由于进行原场地清挖，根据清挖要求和土壤清挖量，在施工前合理安排机械设备和人员数量，并做好各方面的准备工作。在清挖时，现场配置实时检测设备，实时检测各污染区特征污染物浓度，给清挖区域提供在线式的数据反馈，及时发现与要求清挖区域不一致的区域。

（8）在施工区域周边采取栅栏封闭式围护，在行车方向上留出专门的出入口，作为施工人员、设备的专用通道，并在门口设置专业保安人员进行看护，悬挂宣传标识，保证人员的安全。为防止施工期间无关人员擅自进入现场，对人员及车辆的出入进行严格的管理，人员凭胸卡进出、车辆凭出入证进出。

施工单位按照设计及施工方案确定的清挖深度进行清挖，清挖挖到设计深度后，施工单位在基坑侧表面取样进行现场快速检测，经检测确认污染土壤中污染物六价铬的含量小于目标值后停止清挖；然后由施工单位对基坑四壁采样送实验室检测，检测结果小于等于目标值即为达到清挖要求；最后提请修复效果评估单位进行基坑四壁验收检测，检测结果小于等于目标值即为清挖合格，即不再进行清挖。如果存在清挖至定点放线位置仍不合格的（施工单位自检或者修复效果评估单位验收检测），需再进行清挖和检测，直至基坑清挖合格为止。

8.3.6.3 清挖工程量

施工单位应当在清挖合格后，及时编制污染土壤清挖方量确认表报环境监理工程师审批，环境监理工程师在应当在核对相关资料审查并对现场清挖拐点及面积、深度等检查的基础上，及时对施工单位提交的清挖土方量进行核对。

经环境监理单位现场核对及施工记录资料核查，基坑实际清挖面积统计如下：

A 区基坑清挖深度 3 m，清挖后产生的基坑面积为 605.41 m^2。

B 区基坑清挖深度 3 m，清挖后产生的基坑面积为 1 365.14 m^2；局部深度 5 m，清挖后产生的基坑面积为 102.64 m^2。

C 区基坑清挖深度 3 m，清挖后产生的基坑面积为 178.7 m^2。

D 区基坑清挖深度 3 m，清挖后产生的基坑面积为 66.51 m^2。

E 区（实际为 B 区西南侧）基坑清挖深度 0.6 m，清挖后产生的基坑面积为 99.84 m^2。

各基坑污染土壤清挖方量见表 8-23。

表 8-23 污染土壤清挖汇总

基坑编号	清挖挖工程量/m^3			污染深度/m
	定线测量清挖	自检后二次清挖	小计	
A 区	1 963.4	5.2	1 968.6	0～3
B 区	6 271.2	26.1	6 297.3	0～3，局部至 5
C 区	1 080.5	—	1 080.5	0～3
D 区	280.3	—	280.3	0～3
E 区	95.2	—	95.2	0～3
总计	9 721.9			

8.3.6.4 污染土壤异位修复

施工单位应当在开展污染土壤修复前，根据中试试验结果编制的试剂配比浓度报环境监理工程师批准，并按批准后的试剂配比浓度开展污染土壤修复工作。环境监理工程师应当对污染土壤治理与修复过程进行巡视检查，检查的主要资料包括试剂来源文件、试剂配比记录、试剂使用记录等文件，污染土壤药剂添加与搅拌情况等。

污染土壤养护合格后，环境监理工程师应当对施工单位的自检采样过程进行旁站监理，见证修复效果评估单位的取样过程，监测采样点位数符合《污染地块风险管控与土壤修复效果评估技术导则》（HJ 25.5—2018）的要求，采样应符合《土壤环境监测技术规范》（HJ/T 166—2004）的要求，监测应符合相应监测方法的规范要求。环境监理工程师应当根据施工单位提交的自检报告和修复效果评估单位出具的验收合格证明文件，签署意见允许施工单位将修复后土壤转运至修复合格暂存区或者合同规定的修复合格土壤填埋区，填埋区应按照合同、相关规范的要求进行防渗处置。

待原址原位土壤修复合格后，环境监理工程师签署意见允许施工单位对修复合格后土壤进行回填至原清挖基坑。

该项目工作原理为：还原稳定性药剂和清挖出来的污染土壤混合，化学药剂和土壤充分混合接触，利用药剂的还原作用将毒性很强的六价铬还原成为三价铬，然后调节 pH，使土壤中的铬稳定化，从而达到降低土壤毒性的目的。

其主要施工工艺流程如下。

（1）筛分预处理

污染土清挖后先运输至防雨棚，在棚内先利用 Allu 斗（表 8-24）对污染土壤进行筛分、破碎等预处理工序去除砖块、树根等杂物，再使用 Allu 斗将筛分后的污染土壤与喷洒的修复药剂充分搅拌混合（图 8-51）。

预处理主要是对修复处置土壤的颗粒粒径、水分等参数的控制。为了防止修复过程中卡料和保证修复过程充分反应，需要将进行修复的污染土壤颗料控制在 30 mm 以下。本次异位化学还原修复使用多硫化钙溶液作为还原剂，加入后与土壤充分混匀，土壤中的六价铬经化学还原反应，被还原为低毒性的三价铬，以此达到修复的目的。

表 8-24 预处理设备

名称	功能描述	处理能力/（m^3/h）	数量/套	备注
Allu 斗	土壤筛分、破碎、搅拌	60～80	1	控制土壤粒径小于 3 cm

（2）污染土壤还原/稳定化

该项目采用还原/稳定化进行原地异位土壤修复处理，根据中试效果将还原/稳定化药剂与土壤进行搅拌混匀。异位修复药剂添加及搅拌如图 8-52 所示。

图 8-51 筛分预处理

图 8-52 试剂添加及搅拌

（3）养护

污染土壤经稳定化/还原处理后，运至待检区养护，待检区土壤按批次堆成梯形条垛状，堆高不高于 5 m，养护时间为一周左右。

（4）施工单位自检及修复效果评估单位检测

养护结束后，施工单位/修复效果评估单位根据规范要求，采集修复后的土壤进行检测，检测结果使土壤中六价铬的浓度值满足第二类建设用地的要求即为处理合格土壤。

（5）修复后的土壤回填

修复合格的土壤，经修复效果评估单位验收检测及确认土壤修复达到二类建设用地要求后，把修复后的土壤回填至原址；在基坑表层用 50 cm 的清洁土壤平铺在基坑表面。

8.3.7 原地原位修复

8.3.7.1 高压旋喷注射现场试验及效果

施工单位应当在开展原地原位修复前，编制高压旋喷注射试验计划报环境监理工程师审批，试喷计划应当明确高压旋喷注射试喷的相关参数、试喷时间、地点等。施工单位应当按照环境监理工程师批准的试喷计划进行试验；环境监理工程师应当按照试喷计划到场旁站试喷过程，并在试喷养护完成后见证施工单位对试喷试验区域的取样检测。施工单位应对试喷效果进行评估、优化，根据试喷后土壤检测报告，编制试喷试验结果报告报环境监理工程师批准。

该项目根据施工单位提交的施工组设计，施工单位采用二管法旋喷形式，施工单位于 2021 年 10 月 10 日开展高压旋喷注射现场试验。现场试验共完成 3 个注浆点位高压旋喷注射，注射孔采用三角成排布置，影响半径设为 0.6 m、压缩空气为 0.7 MPa、气量为 1.0 m^3/min，药剂压力为 30 MPa，流量为 75 L/min，提升速度为 18 cm/min，旋转速度为 15 rad/min，施工结束后进入正常养护阶段。现场高压旋喷注射试验平面布置如图 8-53 所示。

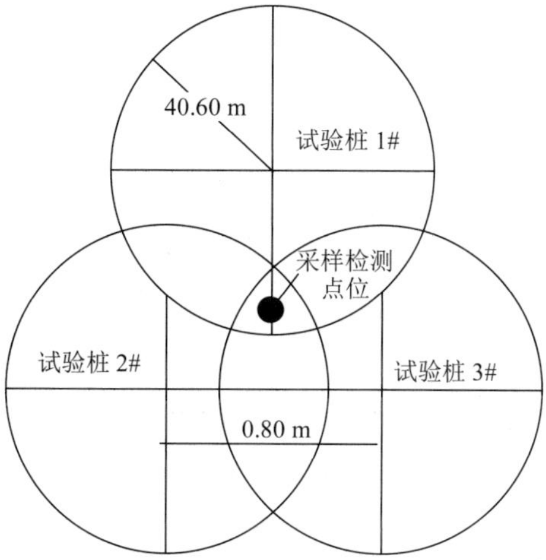

图 8-53　现场高压旋喷注射试验平面布置

2021 年 10 月 14 日，施工单位在影响半径边界处钻孔取样，采样位置如图 8-53 所示，采样深度分别为 6 m、10 m、14 m，检测指标为 pH、总铬及六价铬总量，采集样品送检测单位进行检测，检测结果统计如表 8-25 所示。

表 8-25　高压旋喷注射现场试验样品检测结果

样品编号	NT-XF-F1	NT-XF-F2	NT-XF-F3
pH	8.51	9.43	8.94
铬/（mg/kg）	267	257	235
六价铬/（mg/kg）	1.6	ND	2.6

根据检测报告可知，在上述试验参数的条件下，高压旋喷注射影响半径边界处点位的不同深度样品六价铬含量均修复达到本项目修复目标值，故施工单位将上述参数作为修复用原位高压旋喷注射工作开展的控制参数。

8.3.7.2　修复范围确定

环境监理工程师应当对放线定位的准确性进行复核，依据风评单位的《污染调查与风险评估报告》、施工单位的《施工组织设计》复核清挖拐点坐标，保证高压旋喷影响的范围不小于可能存在污染区域，旋喷范围确定准确性是修复合格的基础。

该项目基于详细调查及修复过程中的补充检测结果，按《××原厂址地块土壤污染治理与修复项目实施方案》(四川××检测科技有限公司，2021 年 1 月)、施工单位编制的《施工组织设计》将 3 m 以下污染土壤修复治理范围确定为原位修复范围。综合考虑污染分布、现场施工情况、交叉项目及周边环境等因素，将开挖范围分为 4 个区域，分别编号为 A 区、B 区、C 区、D 区。

根据详细调查和修复过程中的补充调查，A 区、B 区、C 区、D 区内并非全部点位的 3 m 至最大污染深度之间的各层均超标，若同一区域根据点位超标情况，对超标层进行原位修复，而对未超标层不进行修复，一方面可能导致清洁土和污染土之间的交叉污染，另一方面前期调查因样本代表性问题存在不确定性，存在修复不到位的风险，因此本项目对 A 区、B 区、C 区、D 区的 3 m 至最大污染深度层的全部土壤进行原位修复。

另外，基于保守操作，实际施工过程的原位修复深度应在各区域最大污染深度的基础上加深至少 1 m（最大污染深度已达到基岩层的除外）。

8.3.7.3 高压旋喷施工方法

环境监理工程师应当对旋喷过程进行巡视检查，检查主要内容包括试剂来源文件、沉井资料、旋喷施工记录，旋喷液是否外溢等。修复结束后，环境监理工程师应当见证施工单位对修复效果的取样检测，监测采样点位数符合《污染地块风险管控与土壤修复效果评估技术导则》（HJ 25.5—2018）的要求，采样应符合《土壤环境监测技术规范》（HJ/T 166—2004）的要求，监测应符合相应监测方法的规范要求。施工单位应当根据自检报告、修复效果评估单位的检测结果证明文件编制修复合格文件报环境监理工程师审批。原位修复合格施工单位可以按照环境监理工程师的批准文件进行移位修复土壤回填。

该项目高压旋喷施工具体的工序如下（图 8-54）。

（1）钻机定位：移动钻机到指定桩位，将钻头对准孔位中心，同时整平钻机，放置平稳、水平，钻杆的垂直度偏差不大于 1%。

（2）钻孔：钻头在预定桩位钻孔至超出设计标高 0.5 m（预钻孔孔径为 13 cm），跟管钻进，防止塌孔（图 8-55）。

（3）插管：钻机钻孔后，拔出钻杆、插入高喷管，拔出套管，移走引孔钻机（哈迈 HM90A）再进入旋喷钻机。旋喷施工前，首先进行低压（0.5 MPa）射水试验，用以检查喷嘴是否畅通，压力是否正常。在旋喷钻机插管过程中，为防止泥砂堵塞喷嘴，可用较小压力（0.5～1.0 MPa）边下管边射水。

（4）制备修复试剂：桩机移位时，即开始按设计确定的配合比制备修复药剂。首先将水加入桶中，再将修复药剂倒入，开动搅拌机搅拌 10～20 min，而后拧开搅拌桶底部阀门，放入第一道筛网（孔径为 0.8 mm），过滤后流入储存罐，然后通过泵抽进第二道过滤网（孔径为 0.8 mm)，第二次过滤后流入药剂桶中，待压浆时备用（图 8-56）。

（5）提升喷浆管、搅拌：在达到设计深度后，接通空压管，开动药剂泵、空压机和钻机进行旋转，并用仪表控制压力、流量和风量，分别达到预定数值时开始提升，继续旋喷和提升，直至达到预期的加固高度后停止。

（6）桩头部分处理：当旋喷管提升接近桩顶时，应从桩顶以下 1.0 m 处开始，慢速提升旋喷，旋喷数秒，再向上慢速提升 0.5 m，直至桩顶停浆面。

（7）若遇砾石地层，为保证桩径，可按上述（4）～（6）步骤重复喷浆、搅拌，直至喷浆管提升至表面，关闭高压药剂泵（空压机），停止修复药剂、风的输送，将旋喷浆管旋转提升出地面，关闭钻机。

（8）清洗：开启高压泵，清洗全部管路中残存的修复药剂，直至基本干净。并将黏附在喷浆管头上的土清洗干净。

（9）移位：移动钻机进行下一个注射点的施工。

（10）检测：全部点位注射完成后，养护两周，进行施工单位采样检测分析，修复效果评估单位采样检测，都合格即为治理修复合格。

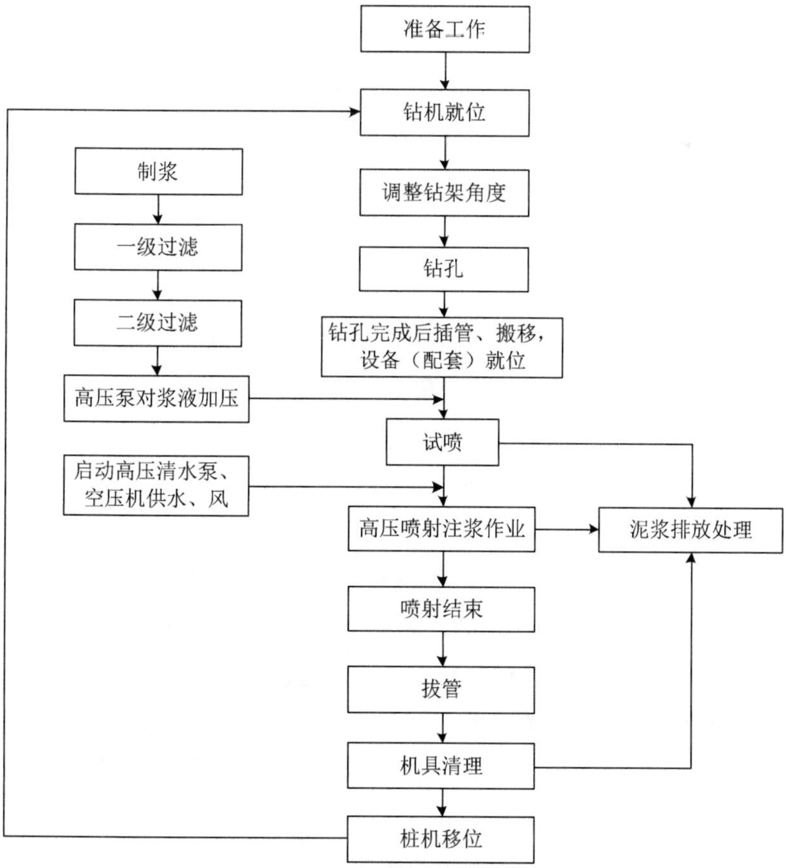

图 8-54　高压旋喷施工工艺流程

图 8-55 原地修复钻孔

图 8-56 高压注射修复

8.3.7.4 修复工程量

施工单位在施工合格后，应当及时将原址修复工程材料编制成原址修复的工程量清单，报环境监理工程师审核，环境监理工程师应该在审查施工单位上报材料的基础上，及时进行现场复核，并签署确定文件。

本项目分别于 2021 年 10 月 26 日—12 月 12 日完成了 B 区、C 区原位修复，2021 年 11 月 23 日—12 月 18 日完成了 A 区、D 区原位修复。共计完成约 2 076 m^2（投影面积）的深层污染土壤修复（经修复效果评估单位验收合格），共计布设了 4 253 个原位化学还原注浆点位，原位修复土壤约 1 3276.3 m^3，共计使用修复药剂 350 t。

8.3.8 修复后土壤暂存和回填

污染土壤异位及原位修复合格后，施工单位应当及时编制合格文件报环境监理工程师审核。环境监理工程师审核完成后，施工单位编制修复后土壤回填计划报环境监理工程师审核，并按照环境监理工程师审核的回填计划进行修复后土壤回填。环境监理工程师应对回填工作进行巡视检查，主要包括对回填压实度、回填的扬尘防护等工作进行监督检查。

8.3.8.1 异位修复后土壤暂存

该项目异位化学还原修复后土壤在大棚内暂存养护，养护完成后施工单位取样检测并合格后，报请修复效果评估单位取样检测，检测合格后转移至大棚外修复合格土壤暂存区，待原位修复土壤修复效果评估单位验收合格，基坑具备回填条件时再进行回填。由于场地面积有限，该项目将地块内的空置区用于修复后土壤暂存，该暂存区位于场地中部。暂存区铺设了 1.5 mm 厚的 HDPE 土工膜进行防渗。在修复过程中严格按照下列要求堆存：

（1）存放区堆存土壤高度不超过 6 m。

（2）堆存区设立标示牌，标明此区域土壤信息。

（3）堆存完成后苫盖 HDPE 膜和防尘网，防止二次污染。

（4）存放区配置 1 台挖掘机和 1 台装载机，用于土壤的堆存施工。

（5）存放区配置 4 名工人，用于指导堆存施工、防尘网苫盖、指挥交通等工作。

8.3.8.2　异位修复土壤回填

该项目根据 HJ 1082—2019 来检验还原/稳定化后土壤中六价铬的浓度，修复后的土壤中六价铬的浓度达到第二类建设用地要求后，回填至原地块。

回填施工工艺流程如图 8-57 所示，回填施工要求如下。

（1）回填土应按规范、设计要求及时进行土方回填，分层密实，保证其密实度。

（2）回填采用机械碾压。

（3）回填土施工摊铺厚度每层不超过 300 mm，用推土机进行找平作业。

（4）回填土碾压时控制碾压机械行驶速度，不得超过 2 km/h，碾压搭接宽度不小于 1 m。

（5）回填完成后在表面覆盖防尘网。

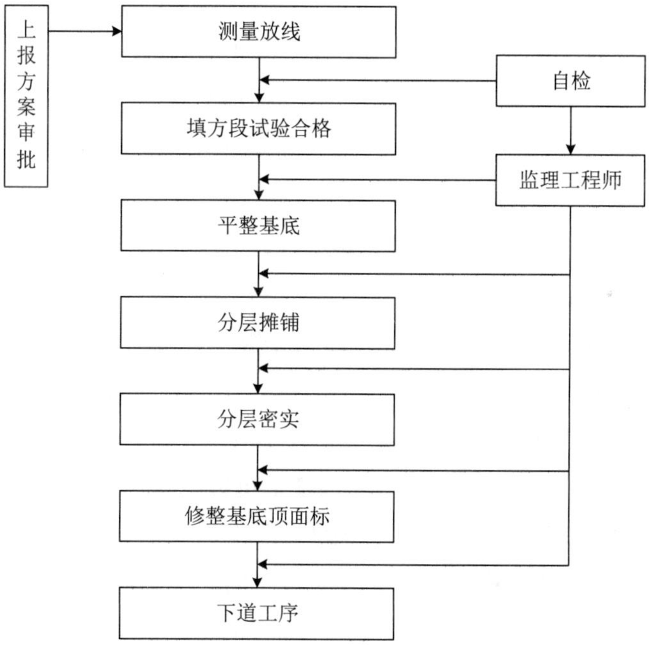

图 8-57　回填施工工艺流程

8.3.9　施工期二次污染防治

环境监理工程师应当明确施工单位在施工过程中采取的二次污染防治措施，以及对防治措施的落实情况进行检查，主要采取方式包括日常巡视检查，检查过程中发现施工单位未按要求落实的，应要求施工单位及时落实二次污染防治措施。

环境监理工程师对第三方监测施工期环境监测、施工单位的环境监测等采样过程进行旁站监理，环境监理工程师应当对监测单位的监测过程是否符合监测方案、相关采样、监测规范的合规性进行检查，及时发现其中的不合规之处并进行纠正。

该项目施工二次污染的主要污染类型及防治措施主要包括以下几个方面。

（1）水环境防护的措施

施工过程中产生的污水量虽然不大，但是不经处理或处理不当，同样会对环境产生不良影响，故施工期废水不能随意直排。其污染控制措施主要有：

①及时收集集水池中废水以及基坑积水和渗出水；

②对现场油料存放进行防渗漏处理，储存和使用采取有效措施，防止跑、冒、滴、漏污染水体。

（2）大气环境防护措施

施工过程中对大气产生环境影响的主要因素为粉尘和扬尘、施工机械燃油烟气和运输汽车尾气。

①粉尘和扬尘

该项目在建设过程中，粉尘和扬尘主要来源于土方的挖掘、堆放、清运和场地平整等过程产生的粉尘；建筑材料如水泥、石灰、砂子以及土方等在其装卸、运输、堆放等过程中，因风力作用而产生的扬尘污染；搅拌车辆及运输车辆往来造成地面扬尘；施工垃圾及清运过程中产生扬尘。

上述施工过程中产生的废气、粉尘及扬尘将会造成周围大气环境污染，其中又以粉尘及扬尘的危害较为严重。

施工期间产生的粉尘和扬尘污染主要取决于施工作业方式、材料的堆放及风力等因素，其中受风力因素的影响最大。

②施工机械燃油烟气和运输汽车尾气

项目在施工期对环境空气的影响还包括施工机械在使用过程中产生的燃油烟气和汽车在运输过程中产生的汽车尾气。施工机械和重型运输车辆行驶过程中所排放的废气，其中主要污染物为 NO_2、CO 和烃类物等。此类废气的产生量较小，在环境空气中经一定距离的自然扩散稀释后，对项目地区的环境空气质量的影响很小。

③该项目综合考虑项目施工特点、现场施工条件，采取的大气污染防控措施主要有以下几点。

围挡设置：整个××地块和修复处置场地均位于同一工地内，与交叉作业单位一道，对整个工地设置了围挡。围挡采用硬质一次成型板材，围挡外侧加挂绿毯。施工期定期对围挡进行巡视检查，确保围挡牢固、连续、完好、整洁，对明显变形、污损的围挡及时更换。

出入口设置：在工地大门内侧设置挡水带、排水沟、三级沉淀池、冲洗设施。该项目土壤均在工地内进行修复，无渣土外运车辆，但该项目其他车辆出场均进行了冲洗。

湿法作业：围挡设置了雾状喷淋装置（喷淋装置位于围挡内侧，低于围挡 20 cm，喷头向内），整个施工期均保持围挡喷淋开启。污染土壤开挖、污染土壤异位修复、修复后土壤回填等作业过程均设置了移动式雾炮喷淋降尘。

封闭施工：异位处置场地设置了防雨棚和围挡，土壤异位修复全程在处置场地内进行。

非道路移动机械管理：该项目对所有进出施工现场的非道路移动机械进行了进出场登记，建立了机械进出场台账和用油台账，留存油品购置发票。整个施工期未使用任何未取得排放环保标志的、国Ⅲ以下排放标准的非道路移动机械。

裸土管理：对异位修复合格土壤、暂不回填的基坑、回填后的裸土等，超过 8 h 不扰动的裸土使用 800 目以上密目网进行覆盖。

遇到有黄色、红色预警的重污染天气，按照成都市政府要求全面停工，等待预警过后再恢复施工。

（3）声环境防护措施

该项目施工过程中主要产生噪声的设备有挖土机、场地平整及压实机、筛分破碎斗等生产设备。施工单位严格遵守施工期厂界噪声排放标准限值要求管理，未有施工期噪声扰民的情况发生。主要采取的措施包括：

①加强施工管理，合理安排施工作业时间，严格按照施工噪声管理的有关规定执行。

②尽量采用低噪声的施工工具，如以液压工具代替气压工具，同时尽可能采用施工噪声低的方法。

③施工机械应尽可能放置于对周围敏感点造成影响最小的地点。

④在高噪声设备周围设置掩蔽物。

⑤混凝土需要连续浇灌作业前，应做好各项准备工作，将搅拌机运行时间压到最低限度。

除上述施工机械产生的噪声以外，施工过程中各种运输车辆的运行，还将会引起敏感点噪声级的增加。因此，应加强对运输车辆的管理，车辆行驶应尽量避开居民点，另外应尽量压缩工区汽车数量和行车密度，控制汽车鸣笛。

（4）固体废物处置措施

该项目涉及固体废物为污染土壤，污染土壤的处置均在场内进行，施工机具在施工期内均未出场，对遗撒在道路上的土壤及时进行了清扫，并按污染土壤进行处置，不涉及固体废物外排。

（5）生态环境防护措施

该项目施工范围内没有珍稀动植物，没有保护动物，绿化景观等生态环境在该项目结束后由后续开发公司恢复。

（6）土壤环境保护措施

根据场地土壤污染特征及其治理工艺，该项目治理过程可能产生的土壤二次污染影响主要包括以下方面：

①在污染土壤清挖、运输过程中，可能会产生污染土壤的遗撒，造成场地非污染区及道路周边土壤的污染。

②在污染土壤清挖过程中的临时堆放，污染土壤处置过程中污染土壤的存放，都会因降水导致土壤中污染物的水平扩散和下渗，以及气态污染物和扬尘的干湿沉降，造成场地及其周边土壤的二次污染。

采取的主要防护措施有：

①该项目还原/稳定化处置会产生粉尘，通过喷雾剂降尘，可大大降低粉尘的影响。

②现场对未开挖到位的裸露基坑断面进行覆盖，对基坑开挖到位后的土壤采用防雨苫布覆盖，最大限度地减少施工扬尘。

（7）环境监测

污染土壤修复过程中除施工方自行的监测之外，建设单位还聘请了第三方环境监测单位——四川省××检测有限公司进行了环境监督性采样检测，对监测过程环境监理工程师进行了见证监督，监测主要任务包括环境空气质量监测、无组织废气监测、地下水环境监测和噪声环境监测，监测项目如表 8-26 所示。

表 8-26 施工期每月环境监理计划

序号	项目类别	检测指标	频次/（次/d）	点位数
1	环境空气	PM_{10}	1	4
		TSP	1	4
		硫化氢、氨、臭气浓度、甲硫醇	4	6
2	无组织废气	硫化氢、氨、臭气浓度、甲硫醇	4	6
3	环境噪声	等效连续 A 声级	1	2
4	地下水	pH、硫酸盐、氯化物、锰、铜、锌、铝、挥发性酚类（以苯酚计）、阴离子表面活性剂、氨氮、硫化物、亚硝酸盐、硝酸盐、氰化物、氟化物、汞、砷、硒、镉、六价铬、铅、镍、总磷、总氮、石油类等	1	3

注：噪声监测时间为昼间，该项目无夜间施工。

8.3.10 环境监理总结

项目施工结束，监理单位应当及时总结治理与修复的施工过程，并汇编施工过程中的文字材料、影像资料等，编制施工期环境监理总结报告。其中监理总结报告结论部分应当明确以下几点：

（1）明确施工单位是否按照施工合同等全部内容，污染土壤修复后是否符合既定目标值要求。

（2）施工期二次污染防止措施落实情况。

（3）是否满足验收的意见。

环境监理总结报告附件主要包括在施工过程中的监理影像资料、监理单位签署的施工过程资料。

附　录

辽宁省环境保护局文件

辽环发[2007]24号

签发人：王秉杰

关于印发《辽宁省建设项目环境监理管理暂行办法》的通知

各市环境保护局、各有关单位：

为贯彻落实《辽宁省人民政府关于落实科学发展观加强环境保护的决定》，切实加强建设项目全过程环境管理，特制定《辽宁省建设项目环境监理管理暂行办法》，现印发给你们，请遵照执行。

辽宁省环境保护局

二〇〇七年四月二十九日

主题词：环保　印发　建设项目　监理　通知

抄送：国家环保总局

辽宁省环境保护局　　2007年5月8日印发

图1　《关于印发〈辽宁省建设项目环境监理管理暂行办法〉的通知》

中华人民共和国环境保护部办公厅

环办函〔2010〕630号

关于同意将辽宁省列为建设项目施工期环境监理工作试点省的复函

辽宁省环境保护厅：

你厅《关于将我省列为建设项目施工期环境监理工作试点省的请示》（辽环〔2010〕8号）收悉。经研究，现函复如下：

一、2004年以来，你省在建设项目环境监理方面进行了积极探索，初步建立了环境监理管理机制和环境监理技术队伍，完成了众多行业的建设项目环境监理工作，有效推进了建设项目“三同时”管理。我部同意将你省作为建设项目环境监理试点省份。

二、原则同意你厅编制的《辽宁省环境监理试点工作方案》。试点工作需重点关注以下几方面内容：

（一）环境监理定位

— 1 —

图2 《关于同意将辽宁省列为建设项目施工期环境监理工作试点省的复函》

辽宁省环境保护厅文件

辽环发〔2011〕22号

关于印发《辽宁省建设项目环境监理管理办法》的通知

各市、绥中县环境保护局：

为切实加强建设项目建设全过程环境管理，防止生态破坏和环境污染，省厅制定了《辽宁省建设项目环境监理管理办法》，现印发给你们，请遵照执行。

二〇一一年五月九日

图3　《关于印发〈辽宁省建设项目环境监理管理办法〉的通知》

附 件

环境保护部办公厅文件

环办环评〔2016〕32号

关于废止《关于进一步推进建设项目环境监理试点工作的通知》的通知

各省、自治区、直辖市环境保护厅(局),新疆生产建设兵团环境保护局,环境保护部各环境保护督查中心:

目前,建设项目环境监理试点工作已结束,经研究决定,废止2012年1月10日发布的《关于进一步推进建设项目环境监理试点工作的通知》(环办〔2012〕5号)。

特此通知。

环境保护部办公厅

2016年4月7日

图4 《关于废止〈关于进一步推进建设项目环境监理试点工作的通知〉的通知》

参考文献

[1] 尚宇鸣，张宏安，燕子林，等．小浪底工程环境保护与环境监理[J]．人民黄河，2000（2）：40-41，48.

[2] 侯达公．石化项目环境监理技术规范制订与应用[D]．沈阳：沈阳建筑大学，2016.

[3] 姜海波，孙健．环保管理制度的创新——环境监理制度在青藏铁路格拉段施工期的探索[J]．铁道劳动安全卫生与环保，2008（1）：9-12.

[4] 路夕．西气东输：将环保进行到底[J]．中国石油石化，2003（2）：98.

[5] 鲁实，王晓萍．保护地球环境[J]．防灾博览，2007（3）：7-9.

[6] 乔蓉娜．浅谈对垃圾填埋场工程施工期环境监理的认识[J]．黑龙江环境通报，2013，37（1）：72-74，81.

[7] 沈德富．环境监理现状分析与对策[J]．环境保护科学，1999（4）：46-48.

[8] 陈振宇．建设项目试运行期环境监理规程制定与应用[D]．沈阳：沈阳建筑大学，2016.

[9] 吴婕．城市生态恢复规划的国外优秀案例借鉴[J]．北方环境，2011，23（5）：163-165，169.

[10] Håkan Tarras-Wahlberg N，Nguyen Lan T. Environmental regulatory failure and metal contamination at the Giap Lai pyrite mine，northern vietnam[J]. Journal of Environmental Management，2008，86（4）.

[11] Abdul Razzaq Ghumman. Assessment of water quality of rawal lake by long-time monitoring[J]. Environmental Monitoring and Assessment，2011，180（1-4）.

[12] Charpin-Kadouch Carmel，Mouche Jean-Marie，Quéralt Jacqueline，et al. Housing and health counselling：preliminary results of a new medical referral system in France[J]. Environmental Research，2007，103（2）：149-153.

[13] Sven Wunder，Stefanie Engel，Stefano Pagiola. Taking stock：a comparative analysis of payments for environmental services programs in developed and developing countries[J]. Ecological Economics，2008，65（4）：834-852.

[14] Wei Zhang，Guoxiang Li. Environmental decentralization，environmental protection investment，and green technology innovation[J]. Environmental Science and Pollution Research，2020，24（12）.

[15] Esteve Corbera，Carmen González Soberanis，Katrina Brown. Institutional dimensions of payments for ecosystem services：an analysis of mexico's carbon forestry programme[J]. Ecological Economics，2008，68（3）：743-761.

[16] 张铭鸿．中国经济新常态背景下中韩贸易发展研究[D]．延边：延边大学，2018.

[17] 我国利用世界银行贷款情况[J]．年鉴信息与研究，1997（1）：61.

[18] 叶汝求．改革开放30年环保事业发展历程——解读历次国务院关于环境保护工作的决定[J]．环境

保护，2008（21）：4-8.
[19] 林科．困扰中国环境的十大问题[J]．中国农村科技，2004（2）：54.
[20] 国家统计局能源司．环境保护事业全面推进生态文明建设成效初显——改革开放40年经济社会发展成就系列报告之十八[EB/OL]. [2018-09-17]. http://www.stats.gov.cn/ztjc/zifx/ggkf40n/201809/t20180917_1623287.html.
[21] 乔蓉娜．浅谈对垃圾填埋场工程施工期环境监理的认识[J]．黑龙江环境通报，2013，37（1）：72-74，81.
[22] 侯达公．石化项目环境监理技术规范制订与应用[D]．沈阳：沈阳建筑大学，2016.
[23] 张志敏．环境监理实用手册[M]．北京：中国环境科学出版社，1993.
[24] 陆新元，王世庆．环境监理[M]．北京：中国环境科学出版社，1999.
[25] 祝兴祥，牟广丰，吴波，等．公路建设项目生态环境保护研究与实践[M]．北京：中国环境科学出版社，2007.
[26] 杜海声．浅谈对环境工程监理的认识[J]．环境工程，2009，27（S1）：543-546.
[27] 艾西．建设项目环境监理收费方法制定[D]．沈阳：沈阳建筑大学，2015.
[28] 赵维钧．严格环境准入 促进绿色发展[J]．环境保护，2010，38（6）：16-17.
[29] 祝兴祥．建设项目环境保护管理创新思路与举措[J]．环境保护，2003，31（10）：3-6，12.
[30] 方学强．中国建设项目环境监理发展存在问题及未来发展趋势[J]．环境与发展，2018，30（4）：224-225.
[31] 陈宇，张泽，聂伟，等．建设项目环境监理工作有效性管理的探讨[J]．环境与发展，2014，26（3）：74-76.
[32] 艾西．建设项目环境监理收费方法制定[D]．沈阳：沈阳建筑大学，2015.
[33] 吕志超．浅析建设项目试运行期的环境监理[J]．黑龙江环境通报，2011，35（2）：93-94.
[34] 陈树沛，陈艳卿．浅谈工业类建设项目竣工环保验收的环境监理[J]．青海环境，2016，26（3）：127-129.
[35] 刘文跃．环境监理在环境保护竣工验收中的作用[J]．资源节约与环保，2013（9）：115.
[36] 蔡志洲，刘镭，杨悦，等．无人机助力铁路施工期环境监理的研究[J]．环境监测管理与技术，2017，29（4）：1-4.
[37] 建设项目环境保护管理条例（修订草案征求意见稿）．环办函〔2015〕2194号.
[38] 王林荣．试析当前经济形势下宏观经济政策抉择[J]．农村科学实验，2018（8）：1.
[39] 张萌．基于新形势下国际经济与贸易的发展趋势[J]．智富时代，2019（2）：1.
[40] 高奇．新形势下国际经济与贸易行业发展研究 [J]．营销界，2019（46）：195-196.
[41] 李玉峰．习近平关于生态文明建设的思想略论[J]．思想理论教育导刊，2015（6）：19-23.
[42] 陈志立．浅析习近平生态文明思想及其意义[J]．重庆电子工程职业学院学报，2015，24（3）：53-57.
[43] 王璐．习近平生态文明思想的理论创新及世界意义[J]．理论学习，2017（4）：14-18.
[44] 李静．我国建设项目环境监理中的问题及解决对策[J]．环境保护与循环经济，2011（4）：20-22.
[45] 夏来水，戚茜，杨万民．试论我国建设项目环境监理的发展及建议[J]．中国环保产业，2012（1）：35-38.
[46] 李强，李敬伟，王克军．关于环境监理工作的探讨[J]．北方环境，2011（8）：167-168.
[47] 邹波涛．建设工程监理工作的现状分析及对策研究[J]．中小企业管理与科技（上旬刊），2012（4）：

48-49.
[48] 王建芬，李志宏．工程建设中监理现状及改善对策建议[J]．四川建材，2012（1）：245-246.
[49] 中国建设监理协会．建设工程监理概论[M]．北京：中国知识产权出版社，2010：20-54.
[50] 环境保护部环境工程评估中心．建设项目环境监理[M]．北京：中国环境科学出版社，2012：93-94.
[51] 田丰，宋磊，席天功，等．中国建设项目环境监理现状与发展趋势研究[J]．环境科学与管理，2013，10（38）：56-62.
[52] 郑鹏，张蔚峰．环境监理试点阶段存在的部分问题分析与探讨[J]．环境与可持续发展，2015，40（3）：110-112.
[53] 高林，吕英英．建设项目环境监理存在的问题及解决对策[J]．新西部（中旬刊），2019，11（9）：134-135.
[54] 许中兴．新环保法时期环境监理的机遇与挑战[J]．资源节约与环保，2016（9）：171-173.
[55] 高中伟，赵静，徐文世．论排污许可时代环境监理的必要性[J]．石油化工安全环保技术，2020，36（6）：14-18.
[56] 张鹏，尤洋，邱立莉，等．设项目竣工环境保护验收现状及建议[J]．环境监控与预警，2017，9（5）：62-64.
[57] 时志强，蔡同锋．环境监理在建设项目环境管理中的意义[J]．环境科学与管理，2014，39（9）：32-34.
[58] 赵静．建设单位自主环保竣工验收中存在的问题及对策[J]．环境与发展，2019（1）：234-235.
[59] 杨光富．浅论企业使用财政专项资金的风险管理[J]．今日财富，2018（16）：101-102.
[60] 宋扬东，马文敏，冯杰，等．自筹资金航天项目风险管理探索与实践[J]．中国航天，2015（6）：34-37.
[61] 骆珣，王晓庆．项目风险评估的应用与展望[J]．现代管理科学，2006（9）：11-12.
[62] 丁香乾，石硕．层次分析法在项目风险管理中的应用[J]．中国海洋大学学报（自然科学版），2004（1）：97-102.
[63] 郭金玉，张忠彬，孙庆云．层次分析法的研究与应用 [J]．中国安全科学学报，2008，18（5）：148-153.
[64] 卢有杰，王勇．项目管理知识体系指南（XPMBOK 指南）（第三版）[M]．北京：电子工业出版社，2005.
[65] 潘安文．项目管理理论与实务[M]．济南：山东人民出版社，2009.
[66] 刘洪浩．浅谈项目风险管理理论[J]．学理论，2011（3）：73-74.
[67] 王连芬，许树柏．层次分析法引论[M]．北京：中国人民大学出版社，1990.
[68] 戚安邦．项目风险不确定性成本集成管理方法研究[J]．企业管理．2003（12）：98-101.
[69] 张炳江．层次分析法及其应用案例[M]．北京：电子工业出版社，2014.
[70] 霍亚楼．项目成本管理[M]．北京：对外经济贸易大学出版社，2007.
[71] 林荷，郑秋锦，陈佑成．“互联网+”背景下传统企业转型 O2O 电子商务现状与对策[J]．宏观经济研究，2015（12）：79-85.
[72] 付祖江，李俊峰，岳彩勇．基于互联网的“环保管家”系统初探[J]．中外企业家，2018（11）：171-172.
[73] 丁宇晶．如何将环保管家理念引入广西工业园区[J]．环境与发展，2017，29（3）：9-11.
[74] 柯燕珍．试述“互联网+环保”在环境保护和经济发展中的促进作用[J]．化工管理，2017（5）：230-231.
[75] 李侃．南宁 C 公司埃塞俄比亚 K 糖厂项目风险管理分析与研究[D]．南宁：广西大学，2014.

[76] 梁国禄．南宁市青秀区“智慧城区”电子政务平台建设项目风险管理研究[D]．南宁：广西大学，2018.
[77] 熊佐芳，程海明．新形势下环保管家服务模式分析[J]．资源节约与环保，2017（11）：91，94.
[78] Michele Jacobi，Nancy E Kinner，Bobby H Braswell，et al. Environmental response management application[C]. International Oil Spill Conference Proceedings，2008：881-885.
[79] Ibrahim Abaker Targio Hashem，Ibrar Yaqoob，Nor Badrul Anuar，et al. The rise of “bigdata” on cloud computing：review and open research issues[J]. Information Systems，2015，47（Jan）：98-115.
[80] Gu Jifa，Zhang Lingling. Data，DIKW，big data and data science[J]. Procedia ComputerScience，2014，31.
[81] Christopher J Clarke，Suvir Vanna. Strategic risk management：the new competitive edge[J]. Long Range Planning，1999，32（4）：414-424.
[82] Simons R，A Noteon，Identifying Stratigic Risk. HBS case services[M]. Boston MAt Harvard Business School Press，1999.
[83] T L Saaty. The analytic hierarchy process[M]. Mc.Graw：Hill International Book Company，1980.
[84] C Chapman，S Ward. Project risk management. Process，techniques and insights. Second Edition[J]. John Wiley & Sons，2003.
[85] 刘钧．风险管理概论[M]．北京：中国金融出版社，2005.
[86] 洪军，阳兆祥．工程经济学[M]．北京：高等教育出版社，2011.
[87] 沈建明．项目风险管理[M]．北京：机械工业出版社，2004.
[88] 白俊思．现代项目管理[M]．北京：机械工业出版社，2002.
[89] 邱菀华．现代项目风险管理方法与实践[M]．北京：科学出版社，2003.
[90] 詹志明，尹文君．环保大数据及其在环境污染防治管理创新中的应用[J]．环境保护，2016，44（6）：44-48.
[91] 赵宇，禾志强，张志勇．基于电力在线技术监督平台的环保管家模式探讨[J]．云南科技管理，2019，32（2）：38-39.
[92] 褚福友．钢铁企业环保管家的服务研究[J]．环境与发展，2019，31（3）：242，244.
[93] 刘文清．“互联网+”智慧环保生态环境多元感知体系发展研究[J]．中国工程科学，2018，20（2）：111-119.
[94] 李强．王晓伟，雷克刚．我国环保产业发展现状与未来发展之路[J]．科技创新导报，2011（8）：145.
[95] 高铁．浅析县域工业园区环境管理工作存在的问题及对策——以扶余工业集中区环保工作为例[J]．科技创新与应用，2017（23）：142，144.
[96] 谭民强，步青云，蔡梅，等．关于建立工程环境监理制度的问题分析与对策探索[J]．环境保护，2009（8）：60-63.
[97] 魏建军，周水兴．山区高速公路施工期环境监理实践的探讨[J]．公路，2005（9）.
[98] 董小林，吴世红．关于公路环境监理专业化问题[J]．交通环保，2005（1）.
[99] 解新芳．环境监理——先进的环境管理方式[J]．中国水利，1995（12）.
[100] 李继超．公路环境监理试点工作中存在的问题及其运作模式探索[J]．交通环保，2005（1）.
[101] 郁麒昌．高速公路施工中的环保监理[J]．中南公路工程，2000（2）.
[102] 张芳．浅论高速公路施工中的环保监理[J]．科技情报开发与经济，2004（2）.

[103] 龙梅，娄吉宏，韦克宇．关于高速公路施工中的环保监理[J]．广西大学学报（自然科学版），2004（2）.
[104] 冯德．公路建设中的环境保护措施[J]．山西建筑，2004（2）.
[105] 刘晓星．工业园区治污需要“环保管家”[J]．表面工程与再制造，2018，18（4）：39-41.
[106] Adir Ubaldo Rech. Payment for environmental services：an environmental zoning guardianship instrument[J]. American Journal of Environmental Protection，2014，3（1）：5-11.
[107] Kathleen Segerson Thomas J. Miceli，voluntary environmental agreements：good or bad for environmental protection[J]. Journal of Environmental Economics and Management，1998：12.
[108] 许亚男．合同环境服务运作机制及其应用研究[D]．北京：对外经济贸易大学，2014.
[109] Heeres R R，Vermeulen W，Walle F. Eco-industrial park initiatives in the USA and the Netherlands：first lessons[J]. Journal of Cleaner Production，2004，12（8-10）：985-995.
[110] 廖敏，于良杰．国外生态工业园区的发展现状和启示[J]．宿州教育学院学报，2015，18（6）：11-12.
[111] Brian H Roberts. The application of industrial ecology principles and planning guidelines forthe development of eco-industrial parks：an Australian case study[J]. Journal of Cleaner Production，2004，12（8/10）：997-1010.
[112] 田志富，寇思勇．工业园区环保管家技术服务工作探讨——以河北省某地市国家级高新技术产业开发区为例[J]．环境与发展，2017，29（3）：7-8.
[113] 杨志刚，徐珍，薛彦君，等．化工园区环保管家服务探讨[J]．绿色科技，2018（20）：155-156，158.
[114] 陈景赛，郑毅．新形势下环保管家服务模式分析[J]．资源节约与环保，2018（11）：124.
[115] 郝晓娜，郭嘉庆．对于新形势下环保管家服务模式的研究[J]．资源节约与环保，2018（6）：28.
[116] 褚福友．钢铁企业环保管家的服务研究[J]．环境与发展，2019，31（3）：242，244.
[117] 张晶华．新形势下铁路企业引入“环保管家”服务模式研究[J]．铁路节能环保与安全卫生，2019，9（1）：1-3，21.
[118] 丁长春，梁红超，张雨佳，等．“环保管家”服务于化工企业分析[J]．环境与发展，2018，30（11）：252-253.
[119] 林保国，吴用，侯萍．关于工业园区环保管家技术服务工作探讨[J]．环境与可持续发展，2018（5）：16.
[120] 胡劲梅．浅谈环保管家的发展模式及作用[J]．资源节约与环保，2018（9）：135-136.
[121] 黄诗仪，汤知鑫．环保管家服务模式探索[J]．资源节约与环保，2018（5）：120.
[122] 刘见功．探讨企业实行环保管家的途径及优势[J]．智能城市，2019，5（5）：132-133.
[123] 吴克华，周飞．环保管家服务模式应用于工业园区的思考[J]．环境与发展，2018，30（10）：225，227.
[124] 刘建，吴云波，崔小爱．新形势下“环保管家”服务推广应用制约因素研究[J]．环境与发展，2018，30（11）：205-206.
[125] Gunningham N. Shaping corporate environmental performance：a review[J]. Environmental Policy & Governance，2009，19（4）：215-231.
[126] Jacobsen N B. Industrial symbiosis in kalundborg，denmark：a quantitative assessment of economic and environmental aspects[J]. Journal of Industrial Ecology，2010，10：239-255.
[127] 丁煌．政府的职责：“服务”而非“掌舵”——《新公共服务：服务，而不是掌舵》评价[J]．中国人民大学学报，2004，18（6）：151-152.

[128] 罗伯特・B. 丹哈特，珍妮特・V. 丹哈特，刘俊生，等. 新公共服务：服务而非掌舵[J]. 中国行政管理，2002（10）：38-44.

[129] 刘晓帆. 萨拉蒙政府与非营利组织关系理论研究[D]. 唐山：华北理工大学，2018.

[130] 陈佳园. 萨拉蒙“第三部门”思想研究[D]. 徐州：中国矿业大学，2018.

[131] Vishanth Weerakkody，Marijn Janssen，Yogesh K Dwivedi. Transformational change and business process reengineering（BPR）：lessons from the british and dutch public[J]. Government Information Quarterly，2011，28（3）：320-328.

[132] McAdam Rodney，Mitchell Neil. Development of a business process re-engineering model applicable to the public sector[J]. Total Quality Management，1998，9：160-163.

[133] 张志强，焦德富，徐艳群，等. 辽宁蒲石河抽水蓄能电站工程环境监理要点[J]. 人民长江，2009，40（17）：77-80.

[134] 张宇，张镀光. 陕西省建设项目环境监理实践[J]. 环境影响评价，2015，37（2）：9-12.

[135] 夏来水，戚茜，杨万民. 试论我国建设项目环境监理的发展及建议[J]. 中国环保产业，2012（1）：35-38.

[136] 曾健华，刘杰，季彤. 广西建设项目环境监理发展现状和对策研究[J]. 中国环保产业，2015（1）：46-49.